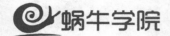

互联网+职业技能系列

职业入门 | **基础知识** | 系统进阶 | 专项提高

Python 爬虫开发
实战教程

微课版

Python Crawler Development

蜗牛学院 卿淳俊 邓强 编著

人民邮电出版社

北京

图书在版编目（CIP）数据

Python爬虫开发实战教程：微课版 / 蜗牛学院，卿淳俊，邓强编著. -- 北京：人民邮电出版社，2020.6
互联网+职业技能系列
ISBN 978-7-115-52788-2

Ⅰ. ①P… Ⅱ. ①蜗… ②卿… ③邓… Ⅲ. ①软件工具—程序设计—教材 Ⅳ. ①TP311.561

中国版本图书馆CIP数据核字(2019)第267697号

内 容 提 要

本书以 Python 语言为基础描述了网络爬虫的基础知识，用大量实际案例及代码，向读者介绍了编写网络爬虫所需要的相关知识要点及项目实践的相关技巧。本书共 5 章，介绍了爬虫的基本结构及工作流程、抓包工具、模拟网络请求、网页解析、去重策略、常见反爬措施，以及大型商业爬虫框架 Scrapy 的应用，最后介绍了数据分析及可视化的相关基础知识。

本书可以作为高校计算机及相关专业的教材，也适合 Python 程序员及具备一定 Python 语言基础的读者自学使用。

◆ 编　著　蜗牛学院　卿淳俊　邓　强
　　责任编辑　左仲海
　　责任印制　王　郁　马振武

◆ 人民邮电出版社出版发行　　北京市丰台区成寿寺路 11 号
　　邮编　100164　　电子邮件　315@ptpress.com.cn
　　网址　https://www.ptpress.com.cn
　　北京天宇星印刷厂印刷

◆ 开本：787×1092　1/16
　　印张：14.25　　　　　　　　　2020 年 6 月第 1 版
　　字数：339 千字　　　　　　　2024 年 7 月北京第 5 次印刷

定价：49.80 元

读者服务热线：(010)81055256　印装质量热线：(010)81055316
反盗版热线：(010)81055315
广告经营许可证：京东市监广登字 20170147 号

前言
Foreword

"大数据(Big Data)"一词越来越多地被提及,人们用它来描述和定义信息爆炸时代产生的海量数据,并用其命名与之相关的技术发展与创新。如今的机器学习、深度学习等前沿科学技术,都离不开海量数据。随着互联网技术的飞速发展和普及应用,人们已经可以随时生成各种信息数据并上传到网络中,所以互联网也是目前最大的数据发源地之一。如何获取这些有价值的数据,并挖掘数据背后的价值,是摆在计算机工作者面前的一个实际问题。网络爬虫的出现解决了数据采集的问题。大到互联网中的各种搜索引擎,小到千千万万的网络爬虫,都无时无刻不在网络中搜集着数据,爬虫已经成为企业和个人获取数据的一个重要手段。

本书从最简单的网络爬虫概念和流程开始,由浅入深地向读者介绍了目前流行的网络爬虫开发技术。编者在编写本书时,围绕"全程实战"的思路,所有知识点的讲解和思路的梳理都是为书中的实战案例做准备的。有了理论和实际的结合,读者在爬虫开发技术这条路上才能走得更远,才能为将来继续学习机器学习和数据分析等与数据科学相关的学科打下坚实的基础。

选用本书作为高校教材时,建议优先考虑在机房进行授课。本书可作为广大爬虫爱好者的自学参考书,读者可将书中的每一个练习和项目都完整地操作一两遍,以掌握爬虫开发的核心技术,后续还可通过更加具体的业务来提高能力。

在编写本书的过程中,蜗牛学院全体讲师及编者家人给予了编者很大的理解和支持。此外,非常感谢蜗牛学院的学员们,是师生无数个日夜的教与学及大量讨论,才促成了本书案例和思路的成形。

另外,本书的配套视频均可通过蜗牛学院在线课堂进行在线观看,官方网址为 http://www.woniuxy.com。配套源代码和资料等可在蜗牛学院官网下载,或在人邮教育社区(www.ryjiaoyu.com)下载。读者也可加入蜗牛学院 IT 技术交流群,QQ 群号码为 934213545。如果需要与编者进行技术交流或商务合作,可添加 QQ 号码 41420872(卿淳俊)或 15903523(邓强),也可发送邮件至 qingchunjun@woniuxy.com 或 dengqiang@woniuxy.com 与编者取得联系。

由于编者经验及水平有限,书中难免存在疏漏和不足之处,欢迎读者批评指正。

编 者
2020 年 4 月

目录 Contents

第1章 静态网页爬虫 1

1.1 爬虫的基本概念和工作原理 2
  1.1.1 什么是网络爬虫 2
  1.1.2 爬虫的结构与工作流程 3
1.2 爬虫抓包分析 4
  1.2.1 使用 Chrome 浏览器进行抓包分析 4
  1.2.2 使用 Fiddler 进行抓包分析 11
1.3 Requests 库的基本使用方法 22
  1.3.1 安装 Requests 库 22
  1.3.2 通过 Requests 发送 GET 请求 22
  1.3.3 在 GET 请求中添加参数 29
  1.3.4 发送 POST 请求 29
  1.3.5 获取请求的状态码 30
  1.3.6 指定请求时使用的 headers 及动态更新 headers 31
  1.3.7 指定 Cookies 和动态更新 Cookies 32
  1.3.8 使用 session 对象保持会话状态 34
1.4 网页解析利器 XPath、CSS-Selector 和正则表达式语法 35
  1.4.1 XPath 的基本语法及使用 35
  1.4.2 常见相对路径引用 37
  1.4.3 XPath 进阶应用 38
  1.4.4 CSS-Selector 的基本语法及使用 40
  1.4.5 正则表达式的基本语法及使用 41
1.5 常见爬虫爬取策略 43
  1.5.1 宽度优先搜索策略 44
  1.5.2 深度优先搜索策略 45
1.6 常见网页 URL 和内容去重策略 48
  1.6.1 去重策略的使用场景 48
  1.6.2 常见爬虫去重策略 48
  1.6.3 BloomFilter 算法 49
  1.6.4 内容去重策略的实现 52
1.7 实战：编写一个基于静态网页的爬虫 52

第2章 常见反爬措施及解决方案 65

2.1 常见反爬手段——身份验证 66
  2.1.1 使用登录的 Cookies 获取数据 66
  2.1.2 模拟登录请求 71
  2.1.3 使用 Selenium 模拟登录 74
2.2 常见反爬手段——验证码 76
  2.2.1 验证码反爬原理 76
  2.2.2 常见验证码类型 77
  2.2.3 常见验证码处理方式 77
2.3 常见反爬手段——速度、数量限制 87
  2.3.1 服务器对速度、数量限制反爬的原理和手段 87
  2.3.2 针对反爬限速、频次限制的突破手段 87
2.4 自己动手搭建 IP 代理池 88
  2.4.1 创建 IP 代理池的基本要求 89
  2.4.2 IP 代理池基本架构 89
  2.4.3 相关组件的安装 90
  2.4.4 同步 I/O 和异步 I/O 的概念和区别 97
  2.4.5 在 Python 中如何实现异步 I/O 98
2.5 常见反爬手段——异步动态请求 105
2.6 常见反爬手段——JS 加密请求参数 110

第3章 自己动手编写一个简单的爬虫框架 122

3.1 简单爬虫框架的结构 123

3.2	编写 URL 管理器	124
3.3	编写资源下载器	125
3.4	编写 HTML 解析器	126
3.5	编写资源存储器	128
3.6	编写爬虫调度器	128

第 4 章　Scrapy 框架应用　131

4.1	Scrapy 的相关概念与原理	132
4.2	安装 Scrapy 框架	134
4.2.1	在 Windows 中安装 Scrapy	134
4.2.2	在 Linux 中安装 Scrapy	136
4.2.3	在 MacOS 中安装 Scrapy	136
4.3	创建第一个 Scrapy 项目	137
4.3.1	创建 Scrapy 项目	137
4.3.2	Scrapy 项目的结构	137
4.3.3	定义爬虫文件	138
4.4	在 PyCharm 中运行和调试 Scrapy 项目	142
4.4.1	在 PyCharm 中运行 Scrapy 项目	143
4.4.2	在 PyCharm 中调试 Scrapy 项目	144
4.5	使用 Scrapy 进行请求间数据传递	146
4.6	Scrapy 命令行用法详解	152
4.7	常用 Scrapy 组件的用法	160
4.7.1	定义数据 Item	160
4.7.2	利用 Item Pipeline 将数据持久化	162
4.7.3	编写 Item Pipeline	163
4.7.4	中间件的用法	173
4.8	Scrapy 中对同一项目不同的 Spider 启用不同的配置	178
4.9	Scrapy 分布式爬虫的运行原理	182
4.9.1	实现多机分布式爬取的关键	182
4.9.2	源码解读之 connection.py	184
4.9.3	源码解读之 dupefilter.py	184
4.9.4	源码解读之 pipelines.py	185
4.9.5	源码解读之 queue.py	186
4.9.6	源码解读之 scheduler.py	187
4.9.7	源码解读之 spider.py	188
4.10	利用 Scrapy+Redis 进行分布式爬虫实践	190
4.10.1	运行环境准备	190
4.10.2	修改 Scrapy 项目配置及相关源码	191
4.10.3	部署到不同的从机中	192
4.10.4	其他可选配置参数	192

第 5 章　爬虫数据分析及可视化　193

5.1	安装 Jupyter Notebook 和 Highcharts 库	194
5.1.1	Jupyter Notebook	194
5.1.2	使用 Jupyter Notebook 的原因	195
5.1.3	Jupyter Notebook 的安装和配置	195
5.1.4	安装过程中可能遇到的错误	196
5.1.5	Jupyter Notebook 的常用设置	198
5.1.6	Highcharts 库的安装和配置	198
5.2	熟悉 Jupyter Notebook 的基本用法	199
5.2.1	创建一个新的 Notebook 文件	199
5.2.2	在 Jupyter Notebook 中运行代码	200
5.2.3	在 Jupyter Notebook 中编写 Markdown 格式文档	202
5.3	熟悉 Highcharts 库的基本用法	203
5.3.1	Highcharts 的基本组成	203
5.3.2	Python charts 库的基本使用	204
5.3.3	charts 的 option 属性设置	207
5.4	利用 Jupyter Notebook 和 Highcharts 实现数据分析和展示	209
5.4.1	数据分析的流程	210
5.4.2	数据分析实践	210
5.5	利用词云实现可视化效果	213
5.5.1	jieba 分词器	213
5.5.2	jieba 分词器的特点及安装方法	214
5.5.3	wordcloud 词云组件	215
5.5.4	利用蜗牛笔记数据生成词云	218

参考文献　222

第1章

静态网页爬虫

本章导读：

■本章将以爬虫编写的相关基础知识为核心，通过一系列相关知识点的讲解和练习，让读者掌握爬虫编写的核心技术原理，并且掌握爬虫编写过程中常用工具的使用方法。在本章结束前要完成一个能够爬取静态网页信息的基础爬虫的编写，以对所学的知识进行实践并加深理解。

本章主要包括以下内容。
（1）爬虫的基本概念。
（2）爬虫抓包分析。
（3）网页内容解析。
（4）简单爬虫编写实战。

学习目标：

（1）掌握爬虫的基本概念和工作原理。
（2）掌握爬虫的基本结构。
（3）掌握爬虫的基本工作流程。
（4）掌握爬虫工作环境相关组件的安装。
（5）掌握使用浏览器进行抓包分析的方法。
（6）熟悉网站结构分析方法。
（7）掌握网页去重和爬取策略。
（8）掌握常见爬取对象的爬取方式。
（9）掌握静态网页的爬虫编写。

1.1 爬虫的基本概念和工作原理

1.1.1 什么是网络爬虫

网络爬虫是一种按照一定的规则，根据网页的结构自动地爬取不同互联网站点（或软件）信息的程序或者脚本。说得通俗一点，爬虫就是预先按照一定规则编写好的脚本程序，当运行它时，它会按照预定的规则爬取相应站点的信息。从规模上来说，爬虫可以很小，小到不满十行代码就可以编写一个最简单的爬虫；也可以非常庞大，如我们都很熟悉的百度、谷歌搜索引擎，其实就是一个"巨型爬虫"，每时每刻都在爬取着互联网上大大小小网站的数据。从编程语言这个层面上来说，网络爬虫可以用任意一种可以发起 Web 请求的语言来编写，常见的爬虫编写语言有 Python、Java、C#等，所以读者在学习爬虫知识时不必纠结于编程语言的选择，尽可以大胆选择自己熟悉的编程语言来编写爬虫。而 Python 作为一种功能强大、语法简洁的编程语言，已经成为大部分爬虫编写者的首选。

另外，从技术层面来说，爬虫非常有趣，要编写一个简单的爬虫并拿到网页数据并不是一件很困难的事情，能够使人们很快获得"成就感"。但如果想成为一个专业的爬虫工程师或者爬虫技术专家，可能就不太一样了，将会面临很多技术挑战。众所周知，现在早已进入大数据时代，各种数据公司对于数据的需求非常旺盛，所以互联网上"爬虫"横行。各平台为了保护自家的数据资源，纷纷使出浑身解数进行"反爬"，各种"反爬"手段层出不穷，反爬与反反爬的"战争"硝烟四起。这也意味着编写网页爬虫是一项颇具挑战性的工作，对爬虫编写者的综合素质要求很高。通常来说，专业的爬虫编写者不仅需要熟练掌握爬虫本身的编程语言的特性，还需要熟练掌握互联网常用的基础协议（如 HTTP、HTTPS、Socket、TCP/IP 等），常用工具（抓包工具、IDE、破解工具）的使用，常用网页解析库的使用，多线程/多进程实现，分布式架构设计，常见关系型/非关系型数据库的使用，常见脚本/协议的加、解密方法，自动化工具的应用等。如果已经准备好接受各种技术挑战，那么就开始学习吧！

网络爬虫按照系统结构和实现技术，大致可以分为以下几种类型：通用网络爬虫、聚焦（定向）网络爬虫、增量式爬虫、深层网络爬虫。实际的爬虫系统一般是由这几种爬虫类型相结合实现的。

（1）通用网络爬虫：如百度、谷歌、雅虎等大型搜索引擎都属于通用网络爬虫。这种爬虫能够爬取不同类型网站的信息，不限具体的网页结构和数据类型，所以通常规模非常庞大。这种爬虫虽然数据爬取功能很强大，但是具有一定的局限性。

① 不同领域、不同背景的用户往往具有不同的数据获取需求，通用网络爬虫所返回的结果通常不具备针对性，存在大量与目标无关的信息。

② 随着互联网数据形式的不断丰富和网络技术的不断发展，除了文字以外，图片、数据库、音视频等不同数据大量出现，通用网络爬虫往往对这些信息含量密集且具有一定结构的数据无能为力，不能很好地发现和获取。

③ 通用网络爬虫大多提供基于关键字的检索，难以支持根据语义信息提出的查询。

（2）聚焦（定向）网络爬虫：为了克服通用网络爬虫的局限性，使爬虫的数据爬取更具有针对性，聚焦网络爬虫应运而生。它可以根据既定的爬取目标，有针对性地访问特定网站的网页和相关链接，获取相应的信息。与通用网络爬虫不同的是，聚焦网络爬虫不追求大的覆盖率，而将爬取目标聚焦于特定的网页或站点,为用户进一步的数据分析和数据挖掘准备数据资源。所以,聚焦网络爬虫是我们学习的重点。

(3)增量式爬虫:增量式爬虫是指对已下载网页采取增量式更新,只爬取新产生的或者发生更新的网页的爬虫。它能在一定程度上保证所爬取的页面是尽可能新的页面。和周期性爬取的爬虫相比,增量式爬虫只会在需要时爬取新产生或发生更新的页面,并不重新下载没有发生变化的页面。增量式爬虫的优点是可以有效地减少数据下载量,及时更新已爬取的网页,减少时间和空间上的消耗。其缺点是爬取算法的复杂度和实现难度较高。

(4)深层网络爬虫:互联网的网页一般分为表层网页和深层网页。表层网页一般指传统搜索引擎可以索引的页面,即以通过超链接可以到达的静态网页为主构成的 Web 页面。深层网页一般指那些不能通过静态网页超链接获取的、隐藏在搜索表单后面的、只有授权用户(登录后)才能获得的页面。例如,爬取论坛数据、用户个人信息数据等,都需要获得相应的访问授权后才能爬取。

通常爬虫工程师的主要任务就是针对特定的需求编写爬虫爬取特定页面的信息,所以学习的主要目标是聚焦网络爬虫、增量式爬虫和深层网络爬虫,下面将学习这些爬虫的具体实现方法和相应的框架应用。

1.1.2 爬虫的结构与工作流程

通用的网络爬虫结构框架图如图 1-1 所示。

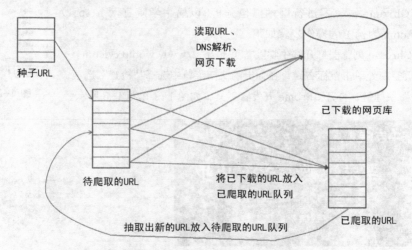

图 1-1 通用的网络爬虫结构框架图

可以看出爬虫的基本工作流程如下。

(1)针对目标待爬取页面进行筛选并作为种子 URL。

(2)将这些 URL 地址加入待爬取的 URL 队列。

(3)从待爬取的 URL 队列中取出待爬取的 URL,解析 DNS,得到主机的 IP 地址,并将 URL 对应的网页下载下来,存储到已下载的网页库中。此外,将这些 URL 放入已爬取的 URL 队列。

(4)从已爬取的 URL 中分析是否有新的待爬取的 URL 地址,如果有则继续解析这些 URL,并将其放入待爬取的 URL 队列，从而进入下一个循环，直到所有待爬取的页面被全部爬取完毕为止。

其中，种子 URL 可能是一个，也可能是多个。这些种子 URL 将作为爬虫爬取页面的入口，所以页面的爬取工作都将从这些种子 URL 开始。待爬取的 URL 和已爬取的 URL 都是一个动态维护的列表，专门用于存储待爬取和已爬取页面的地址。在第 3 章中，将使用实际的代码来实现图 1-1 所示的爬虫框架结构，这里，读者只需要对爬虫基本的工作流程结构有一定的了解即可。

V1-1 爬虫基本概念和工作原理

1.2 爬虫抓包分析

1.2.1 使用 Chrome 浏览器进行抓包分析

要编写一个网络爬虫，除了必须了解爬虫的基本概念和工作流程外，还必须对常见的 Web 协议非常熟悉，所以本节将以 Chrome 浏览器为例，为读者演示如何使用浏览器抓包工具对网站的 HTTP 请求和响应进行分析，同时为读者着重介绍编写网络爬虫时应特别注意的协议内容。如果读者对 HTTP 内容完全不了解，则可以找其他资料了解学习 HTTP 的基本内容后再学习本节内容。通过对本节内容的学习，读者可以学习和掌握利用浏览器抓包工具进行协议分析的方法（以 Chrome 浏览器为例），以及爬虫相关的 HTTP 要点。

直接利用 Chrome 浏览器进行网站抓包分析（以蜗牛学院官网 http://www.woniuxy.com 为例）的操作步骤如下。

（1）利用 Chrome 浏览器打开蜗牛学院首页 http://www.woniuxy.com。

（2）在网页空白处单击鼠标右键，在弹出的快捷菜单中选择"检查"选项，或直接按"F12"快捷键，打开 Chrome 开发者工具，如图 1-2 和图 1-3 所示。

图 1-2 快捷菜单

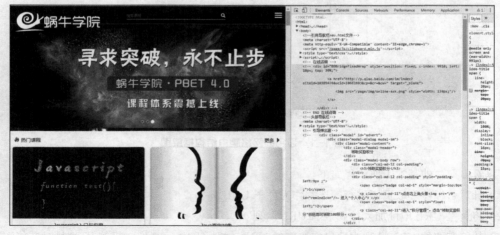

图 1-3 Chrome 开发者工具

（3）按"F5"键，刷新当前页面。

（4）选择 Chrome 开发者工具上的"Network"选项卡（中文版本为"网络"选项卡）。

选择"Network"选项卡后，Chrome 开发者工具将展示当前网站上网络请求的所有信息，如图 1-4 所示。

图 1-4 "Network"选项卡的内容

如果页面请求内容太多，则可以使用 Chrome 提供的过滤请求的功能来进行过滤。选择"Doc"选项卡，即可从所有请求中过滤出静态 HTML 页面的请求，如图 1-5 所示。

图 1-5 过滤特定类型的请求

选中"www.woniuxy.com",得到该 HTML 页面请求的内容,如图 1-6 所示。

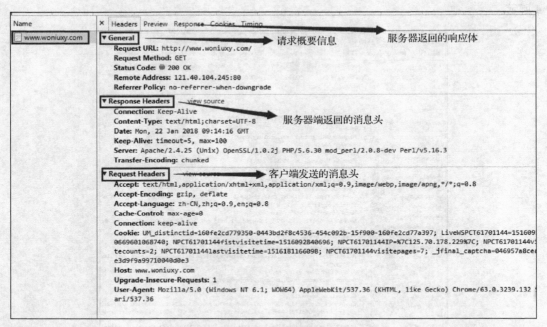

图 1-6 HTML 页面请求的内容

那么,在分析页面网络请求时,究竟需要分析什么呢?在编写爬虫时,需要着重分析以下几个比较重要的部分。首先是请求的头部区域,包括服务器端的响应消息头和客户端的请求消息头。对于一个网络请求来说,头部数据包含一些非常重要的信息,分析如下。

(1) General 部分。

① Request URL:就是要访问的地址。在编写网络爬虫时,需要通过 Python 的 HTTP 库来进行页面访问,在访问时必须提供 URL,所以在这里就可以准确得到当前访问页面的地址。

② Request Method:使用何种方式访问该地址。常见的方式有 GET 和 POST。很多初学者在编写爬虫时并不知道该用 GET 方法还是 POST 方法来发起请求,这里的值就是编写依据,必须严格根据这里记录的值来决定发起请求时是使用 GET 还是 POST。

③ Status Code:服务器返回的状态码。这个状态码也非常重要,返回 200 表示正常访问。除了返回 200 的状态码,编写爬虫时还会经常遇到 301(永久重定向)、302(暂时重定向)、521(服务暂时不可用)等状态码。通常,遇到重定向时,如果是服务器端的重定向,则可以由爬虫自适应自动处理;如果是客户端进行的重定向,则一般需要自行在爬虫中进行处理,这点要特别注意。由于现在很多网站有反爬措施,因此,哪怕在抓包时访问正常,在爬取过程中也随时可能会返回 4XX、5XX 等比较"诡异"的状态码,这种情况一般意味着运行的爬虫已经被网站的"反爬"措施识别,并受到了相应的限制。

(2) Response Headers 部分。

在服务器端返回的消息头中应着重关注以下几个部分。

① Content-Type:这个字段主要表示服务器返回内容的编码格式。在爬虫编写过程中,如果想正确地显示服务器返回的内容,则必须注意此处显示的编码格式,在必要的时候要对 Response 的内

容进行正确的解码，否则会出现乱码的情况。常见的服务器端编码格式有 UTF-8、GBK 等。

② Set-Cookie：在编写爬虫时，经常需要关注服务器端在客户端设置的 Cookies 内容。特别是在某些动态网页中，开发人员经常会在设置 Cookies 时加入一些密钥，客户端必须在获得这些密钥后在 JavaScript 代码中结合某种特定的加密算法得出特定的参数，加在随后的请求中作为加密参数，才能正确获得服务器的响应，如果不加这些加密参数，服务器端会拒绝访问或给出错误的响应内容，这也是一种常见的"反爬"方式。在这种情况下，直接通过发送请求的方式正确获取数据会非常复杂，所以此时需要关注服务器端设置的 Cookies 内容，看看是否有比较有用的内容。

a. 有些服务器会返回一些网站特定的响应内容，这种响应内容是网站特定的，下面来看看访问简书时服务器端返回的头部信息，如图 1-7 所示。

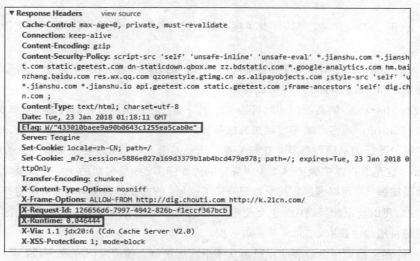

图 1-7 Response Headers

图 1-7 中框起来的内容都有可能会用到后面的爬虫编写中，需要重点关注。

b. 有些读者可能会问这样一个问题：服务器的消息头包含这么多字段，怎样知道应该关注哪些字段呢？其实，对于服务器的常规字段（即每个服务器都会返回的字段，如 Content-Type、Set-Cookie 等），在编写爬虫时不需要特意关注，但出现问题时应该知道怎样解决，如服务器返回的内容输出后是乱码，就应该去查看服务器端返回内容的编码格式并进行正确解码。对于某些不确定的字段，刚开始并不需要关注，但这并不代表它们不重要，通常，在遇到需要加密参数的请求时会用到它们，此时可以通过工具的全局搜索功能找到对应的字段内容，一步步跟踪即可找到该参数出现的位置，很有可能是某处服务器通过头部信息或消息体返回的字段，再仔细进行研究即可。

（3）Request Headers

相比于服务器返回值的头部信息，编写爬虫时更需要关注客户端发送的请求头信息。因为这些信息通常是用户通过爬虫模拟向服务器发送请求的关键信息，如图 1-8 所示。其中比较重要的字段分析如下。

① Accept：这个字段通常用于告诉服务器客户端可接收的介质类型，"/"表示任何类型，"type/*"表示该类型下的所有子类型。有些网站的服务器要求客户端在请求时必须声明客户端可接收的消息类型，否则可能会返回错误信息，所以读者需要注意这一点。

```
▼ Request Headers    View source
    Accept: text/html,application/xhtml+xml,application/xml;q=0.9
    Accept-Encoding: gzip, deflate, br
    Accept-Language: zh-CN,zh;q=0.9
    Accept-Charset: utf-8, iso-8859-1;q=0.5
    Cache-Control: no-cache
    Authorization: Basic YWxhZGRpbjpvcGVuc2VzYW1l
    Connection: keep-alive
    Cookie: ASPSESSIONDATESTART=FDGCBBADDLEBKKDL; _ga=GA1.3.1955560770
    Host: www.fanyunedu.com
    Pragma: no-cache
    Referer: https://www.bing.com
    User-Agent: Mozilla/5.0 (Windows NT 10.0; Win64; x64) AppleWebKit/537.36 (KHTML, like Gecko) Chrome/91.0.4472.114 Safari/537.36
```

图 1-8　Request Headers

② Accept-Encoding：浏览器声明其可接收的编码方法，通常用于声明其是否支持压缩、支持哪种压缩方法等。

③ Accept-Language：浏览器声明其可接收的语言。语言和字符集的区别：如中文是语言，中文有多种字符集，如 Big5、GB2312、GBK 等。

④ Accept-Charset：浏览器声明其可接收的字符集，遇到编码方面的问题时应该关注。

⑤ Authorization：当客户端接收到来自服务器的 WWW-Authenticate 响应时，使用该消息头来回应自己的身份验证信息给服务器，在需要身份认证的请求中通常需要携带该参数的值。

⑥ Cookie：这是客户端向服务器端表明身份的重要标志。如果编写的爬虫在登录时遇到非常复杂的加密请求难以破解，则可以通过直接借助已登录 Cookie 的方式欺骗服务器，从而避开登录环节得到数据。另外，在常见的反反爬策略中，也会使用 Cookie 池来进行数据爬取，即获取多个用户的 Cookie 值，通过爬虫随机从池中获取 Cookie 并爬取数据。

⑦ Referer：浏览器向服务器表明自己是从哪个网页获得当前请求网址的。例如，Referer:http://www.sina.com/</a>。这个字段在爬虫模拟请求时非常重要，因为现在很多网站使用了 SEO，重要的页面都会用 Referer 来标识请求的来源地址，以进行相关的渠道数据统计。如果通过爬虫模拟的请求没有来源地址，则很有可能会被服务器拒绝访问。所以，抓包时，如果在请求中看到这个字段，最好将其添加到模拟的请求中，以避免可能会产生的问题。

⑧ User-Agent：用户代理。这个字段对爬虫编写非常重要，因为服务器会通过这个字段来判断当前发送请求的客户端，如是 PC 端浏览器访问、手机端访问还是其他访问。很多新手在编写爬虫时会忘记设置 User-Agent 字段，此时通过 Python 发送的 HTTP 请求默认的 User-Agent 是"Python-requests"，这无异于直接告诉服务器"我就是爬虫"，反爬规则严格的网站可能会将当前用户或 IP 拖入黑名单，给爬取工作造成很大的困扰。所以，模拟请求时必须设置这个字段，通过这个字段来告诉服务器"我们不是'爬虫'，我们是'浏览器'"。常见的 PC 端用户代理是"Mozilla/5.0(Windows NT6.1；WOW64) AppleWebKit/537.36(KHTML, likeGecko) Chrome/51.0.2704.103Safari / 537.36"。常见的手机端用户代理是"Mozilla/5.0 (iPhone；CPU iPhone OS 5_0_1 like Mac OS X) AppleWebKit/534.46 (KHTML, like Gecko) Mobile/9A405 Safari/7534.48.3"等。用户还可以在 Python 中使用 faker 库来得到 User-Agent。faker 是一个 Python 的第三方库，这个库可以返回各种虚拟的数据，包括人名、地名、电话号码等，User-Agent 也是其中的一种，faker 库可以在每次请求时随机返回一个 User-Agent 值，后面的例子中会使用到这个库。

接下来介绍与头部信息同样重要的消息体数据，即"Response"选项卡中的数据。选择"Response"选项卡，如图 1-9 所示。

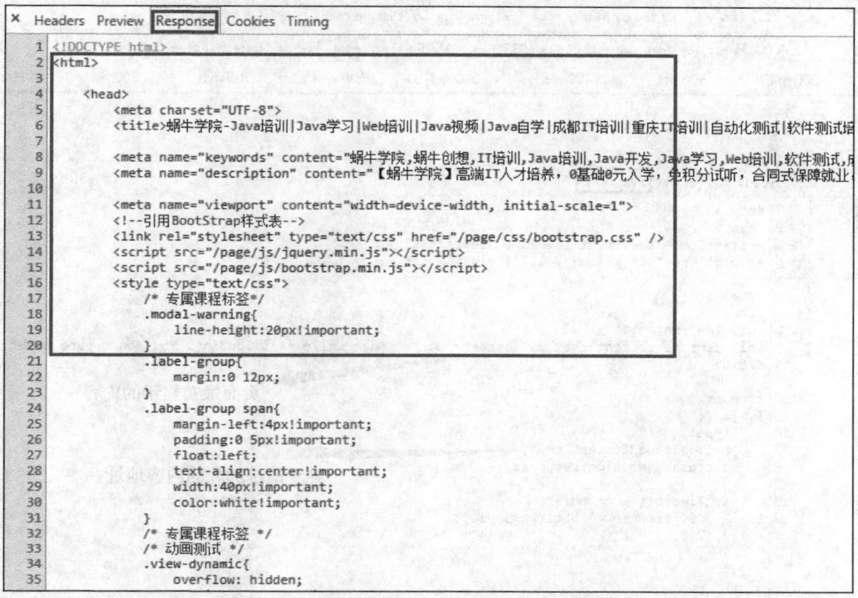

图 1-9 "Response"选项卡

"Response"选项卡中存放着当前请求发送给服务器后，服务器返回的消息内容。通常，对于不同的请求，服务器会返回不同的内容。

常见的返回体有两种：一种是静态 HTML 内容，如图 1-9 中显示的就是蜗牛学院的服务器返回的静态 HTML 页面的源码，这是最简单的一种情况，静态 HTML 页面的内容和用户在浏览器中看到的是一致的；另一种是返回的 HTML 页面代码中加入了 Ajax 请求的 JavaScript（JS）。需要注意的是，如果返回的页面 JS 中包含异步请求的内容，则这一部分内容是不会出现在"Response"选项卡中的。所以，用户经常会遇到这种情况：明明在前端页面中能看到内容或文字，但在该页面对应的"Response"选项卡中却找不到这一部分内容或文字，此时只能试着在"XHR"选项卡中寻找对应的内容。

例如，当访问 http://pythonscraping.com/pages/javascript/ajaxDemo.html 页面时，发现服务器通过异步方式返回的请求内容如图 1-10 所示。

图 1-10 服务器通过异步方式返回的请求内容

按照前面介绍的步骤进行抓包分析，Chrome 爬取的异步请求页面响应内容如图 1-11 所示。

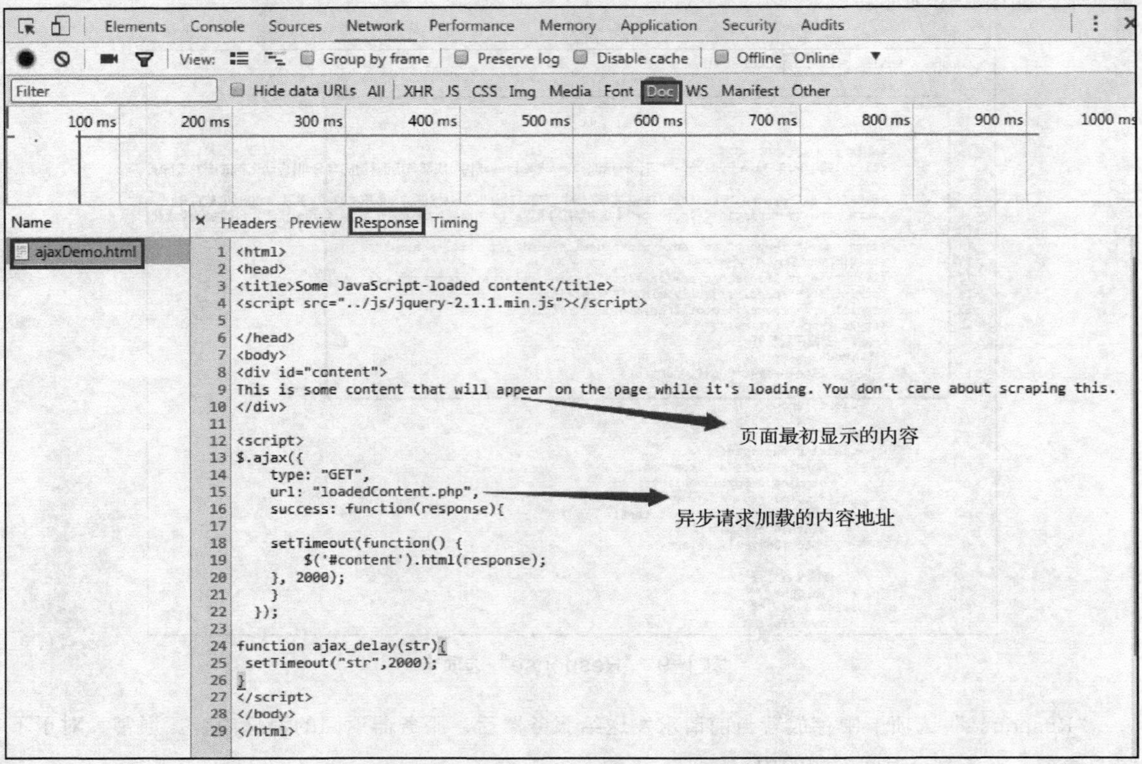

```
1  <html>
2  <head>
3  <title>Some JavaScript-loaded content</title>
4  <script src="../js/jquery-2.1.1.min.js"></script>
5  
6  </head>
7  <body>
8  <div id="content">
9  This is some content that will appear on the page while it's loading. You don't care about scraping this.
10 </div>
11 
12 <script>
13 $.ajax({
14     type: "GET",
15     url: "loadedContent.php",
16     success: function(response){
17 
18     setTimeout(function () {
19         $('#content').html(response);
20     }, 2000);
21     }
22 });
23 
24 function ajax_delay(str){
25   setTimeout("str",2000);
26 }
27 </script>
28 </body>
29 </html>
```

图 1-11　Chrome 爬取的异步请求页面响应内容

当按"Ctrl+F"组合键搜索页面上显示的文字"Here is some..."时，是搜索不到内容的。这是因为此页面使用了 Ajax 加载技术，由实际地址 loadedContent.php 中返回的内容替换原来显示的内容（在网速比较慢的情况下，可以看到页面最初显示的内容，即"This is some..."），而服务器的 Response 中，只包含静态 HTML 页面的内容和 JS。JS 在经过浏览器解析执行后，会按照代码指示通过 Ajax 的形式执行异步请求，异步请求返回的结果将替换页面最初显示的那一部分内容。在服务器的 Response 中，只能搜索到客户端第一次请求返回的文字内容和一些 JS，而最终在浏览器中看到的内容是执行异步请求后替换的内容，因此是无法找到的。这就解释了为什么明明在浏览器中看到的是"Here is some..."，但在服务器的 Response 中却无法搜索到。

那么异步请求的数据在哪里能看到呢？这里需要选择 Chrome 的"XHR"选项卡，过滤出异步请求的内容，才能看到通过异步请求获取的内容，如图 1-12 所示，即为页面上看到的内容。

这里介绍的只是一种比较简单的场景，在真实的网页爬取过程中，整个异步加载的过程可能会由若干个请求组成，非常复杂，目前读者只需了解原理即可。

还有一种比较常见的情况是通过异步请求返回一个 JSON 字符串，如图 1-13 所示。这种情况下，在爬虫中解析 Response 的时候就必须按照 JSON 的格式来进行解析。很多网站的内容数据是通过 JSON 格式来传输的，所以如果找到了异步请求中通过 JSON 来传输数据的请求，就可以在编写爬虫时利用这些请求来爬取数据，在 2.1.2 节中也会有这样的例子。

第 1 章
静态网页爬虫

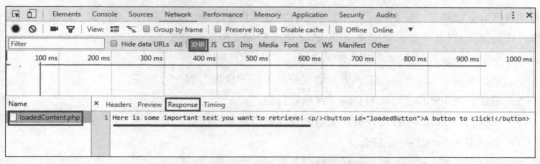

图 1-12　服务器通过异步请求获取的内容

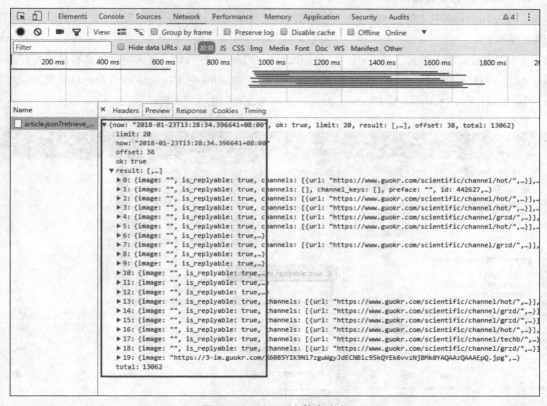

图 1-13　JSON 字符串响应

1.2.2　使用 Fiddler 进行抓包分析

除了用 Chrome 浏览器自带的抓包工具以外，还可以利用其他第三方的抓包工具来进行抓包，Fiddler 就是一个这样的工具（使用 Mac 平台的读者请使用对应的 Charles 抓包工具，其可以说是 Fiddler 的 Mac 版本）。为什么要引入 Fiddler 呢？原因是它比 Chrome 浏览器自带的抓包工具功能更加强大，能够满足更复杂的抓包要求，并且在针对比较复杂的站点进行数据爬取时，效率会更高一些。例如，通过 Fiddler，可以通过设置 HTTPS 代理爬取经过 HTTPS 加密的消息，也可以设置爬取手机端的请求数据，还可截取通信

V1-2　用 Chrome 进行抓包

消息并做修改后重新发送。在本小节中，读者将通过操作 Fiddler 来爬取手机端的请求消息（与 PC 端爬取方式类似），以此来学习如何使用 Fiddler 进行数据的爬取和分析。

在本小节中，读者将会学习以下知识点。

（1）掌握利用 Fiddler 抓包工具进行协议分析（以手机端为例）的方法。

（2）掌握利用 Fiddler 爬取 HTTPS 请求数据的方法。

（3）掌握利用 Fiddler 截取并自定义请求发送服务器的方法。

（4）掌握 Fiddler 的常见用法。

下面来介绍通过 Fiddler 进行手机端抓包的过程。

1. Fiddler 的安装和设置

（1）在 Windows 中安装 Fiddler（注意，安装时需要确保电脑上已经提前安装了.NET Framework 4.5 或以上版本）。

（2）安装成功后，单击 Fiddler 图标，打开软件。Fiddler 打开后，正常情况下会自动设置好浏览器的代理，即自动爬取 PC 端浏览器的请求数据。未打开 Fiddler 时 Chrome 浏览器的默认代理设置如图 1-14 所示；打开 Fiddler 后 Chrome 浏览器的代理设置如图 1-15 所示。

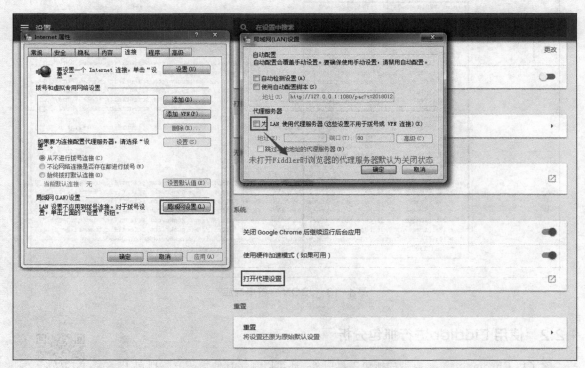

图 1-14　未打开 Fiddler 时 Chrome 浏览器内的默认代理设置

（3）下面来着重讲解如何用 Fiddler 连接手机进行抓包。由于 Fiddler 在整个抓包过程中充当了代理的角色，在抓包时必须先保证手机和 Fiddler 处于同一个 Wi-Fi 环境下（手机使用流量上网模式是不行的），再将手机的网络代理地址设置为安装 Fiddler 所在的电脑的 IP 地址即可。

（4）在 Fiddler 工具栏中选择"Tools"→"Options..."选项。

第1章
静态网页爬虫

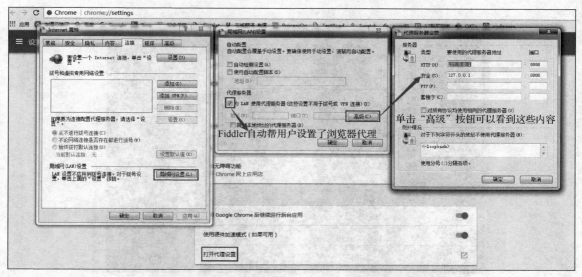

图 1-15　打开 Fiddler 后 Chrome 浏览器的代理设置

（5）在弹出的对话框中选择"Connections"选项卡，勾选"Allow remote computers to connect"复选框，如图 1-16 所示。

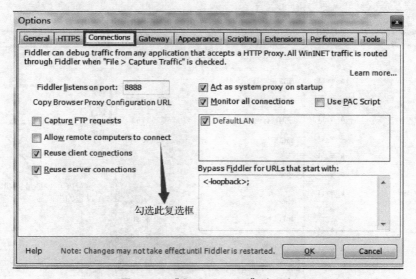

图 1-16　"Connections"选项卡

勾选后会弹出一个提示框，直接单击"OK"按钮即可。当然，其中的监听端口可以改为任意其他可用端口，如 8008 等。

（6）查询电脑 IP 地址。打开命令行窗口，输入"ipconfig"命令即可进行查询，如图 1-17 所示。

例如，编者的电脑 IP 地址是 192.168.4.10，需记住这个 IP 地址，下一步在手机上设置代理时会用到。

（7）打开手机代理设置（以苹果手机为例，安卓手机操作方式与此相同）。苹果手机的设置如图 1-18 所示。

图 1-17 查询电脑 IP 地址

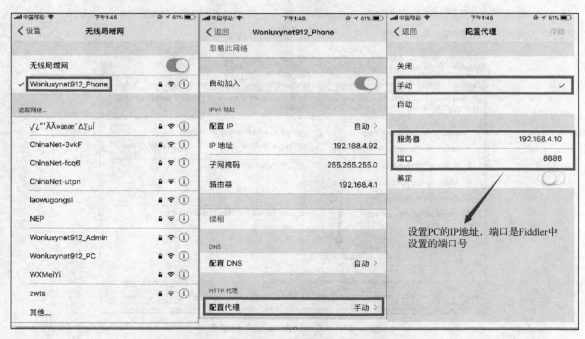

图 1-18 苹果手机的设置

由于苹果手机抓包需要安装 HTTPS 证书，所以要开通 Fiddler 中的 HTTPS 爬取功能。打开 Fiddler，选择"Tools"→"Options"选项，弹出"Options"对话框，选择"HTTPS"选项卡，相关操作如图 1-19 所示。

设置好后，单击"OK"按钮。回到手机端，用浏览器访问电脑 IP 地址，即 http://192.168.4.10:8888（请读者根据自己的实际情况换成实际的 IP 地址），在手机上安装 Fiddler 的证书，如图 1-20 所示。

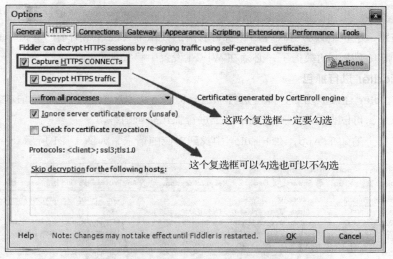

图 1-19 HTTPS 的相关设置

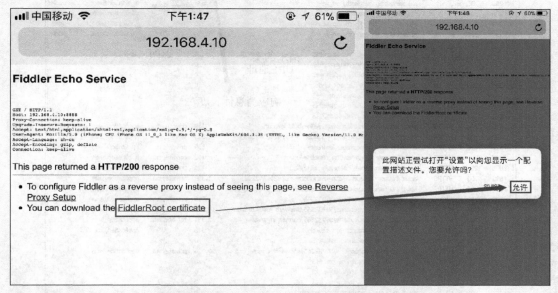

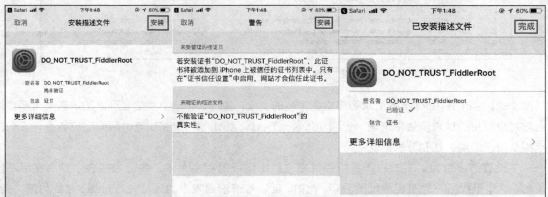

图 1-20 在手机上安装 Fiddler 的证书

一直单击"安装"按钮即可。安装完成后，即可在 Fiddler 的抓包数据列表中看到手机端的请求信息。这里要注意，手机端设置好代理后，所有联网的数据都将经过电脑端的 Fiddler 代理，如果不想再用 Fiddler 爬取手机上的数据了，必须在 Wi-Fi 设置中将代理取消。

2．利用 Fiddler 进行抓包

手机端与 Fiddler 连接成功后，即可进行抓包分析。这里以爬取知乎 App 的请求消息为例进行介绍。读者学会以后，可以自行在电脑上或手机上进行抓包分析的练习。

（1）打开手机上的知乎 App，在 Fiddler 中找到对应的请求，如图 1-21 所示。

图 1-21　在 Fiddler 中找到对应的请求

图 1-21 标识了 Fiddler 的请求列表中各个列的含义。通过这个消息列表，可以基本判断出哪些请求是对用户有用的请求。通常来说，返回 JSON、Text、XML 和 HTML 等类型的响应数据，它们的请求都是用户需要关注和分析的。

（2）设置请求过滤。有时由于目标手机或电脑上运行的程序太多，在请求列表中，会显示不同地址的请求，干扰用户对目标地址的分析。此时，可以对请求列表中的地址进行过滤，方法如图 1-22 所示。

图 1-22　过滤的方法

设置完毕后，必须要单击"Actions"按钮，选择"Run Filterset now"选项，这样，过滤器设置才会生效，如图 1-23 所示。

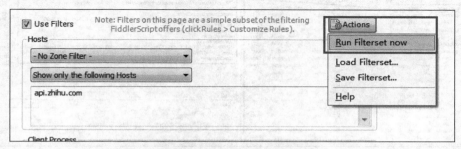

图 1-23　使过滤器设置生效

（3）如果要对重要的数据进行详细分析，则可观察右边的请求信息面板。选中要查看的请求数据，在右边的面板中选择"Inspectors"选项卡，此时下方会出现两个面板，上半部分会显示该请求的详细内容，下半部分会显示该请求对应的服务器端响应的详细内容，如图 1-24 所示。

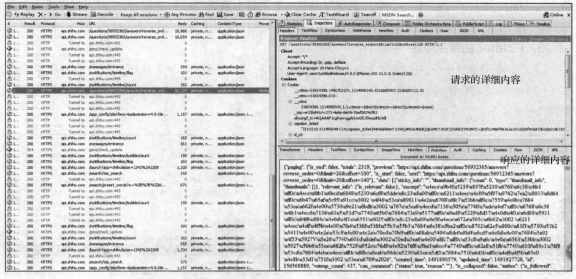

图 1-24　"Inspectors"选项卡的内容

在右边的"请求区域"中可以查看每个请求对应的头部信息、对应的 URL 参数和 POST 请求的请求体数据。另外,利用 Fiddler 可以非常方便地复制用户感兴趣的请求信息,并在 Fiddler 中进行修改后发送。这个功能有什么作用呢?在编写爬虫时,很多请求关系会非常复杂,也会带有很多复杂参数,如果想分析不同的请求参数对请求结果的影响,则需要利用这个功能实现。用户可以先复制请求,再对请求的参数进行任意的修改并发送,最后观察服务器的响应信息,决定应该如何发送请求信息。修改请求数据的具体操作方式如图 1-25 所示。

图 1-25　修改请求数据的具体操作方式

首先,在左边的请求列表中选择想要复制的请求,直接拖动到右边的"Composer"选项卡中。然后,Fiddler 会自动将该请求对应的请求体输入到"Composer"选项卡的请求框中。如果是 POST 请求,则会将该 POST 请求对应的请求体输入到请求框中。接着,可以随意编辑这个请求的所有内容,如修改 Cookie、User-Agent 等参数。编辑完成后,单击右上角的"Execute"按钮即可发送出去。发送后,可以在左边的请求列表中看到刚刚发送的请求,这样即可继续对该请求的结果进行分析。

3. Fiddler 的常见用法

(1)使用 QuickExec 执行命令行。在 Fiddler 中,可以利用命令来快速执行一些常用操作。在 Fiddler 的请求会话列表底部(黑色区域)有一个命令输入框,可以在其中输入一些 Fiddler 命令,如图 1-26 所示。

图 1-26　在 Fiddler 中输入命令

常用命令如下。

① cls：用于快速清空所有请求会话列表。

② select html：快速选择会话列表中所有返回类型为 HTML 的请求。类似的还有"select json""select javascript"等。输入命令后按回车键，Fiddler 将选中所有指定类型的请求。

③ ?（问号）：在该命令中可以使用"?"搭配关键字在请求会话中寻找特定的关键字内容。例如，"?code=utf-8"可以查找所有请求会话中包含关键字"code=utf-8"的请求。

（2）利用 Fiddler 设置请求和响应的断点。在进行爬虫编写之前，一般会反复对目标网站进行请求和响应，并通过观察其内容来总结规律。有时，需要在发送请求之前和获取服务器的响应之后对其进行修改，此时，可以使用 Fiddler 提供的断点功能。通过 Fiddler 的断点功能，可以实现以下功能。

① 拦截响应数据，并进行相应修改。

② 修改请求数据中的头信息，实现相应功能，如模拟真实用户请求等功能。

③ 构建请求数据，随意进行数据提交。

从断点类型的角度来说，Fiddler 的断点分为以下两类。

① 请求发送时设置的断点。

② 服务器响应时设置的断点。

设置请求时断点和设置响应时断点如图 1-27 和图 1-28 所示。

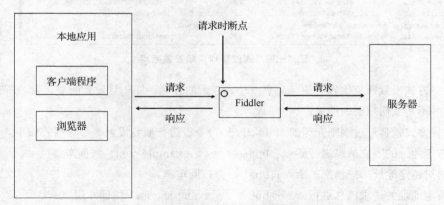

图 1-27　设置请求时断点

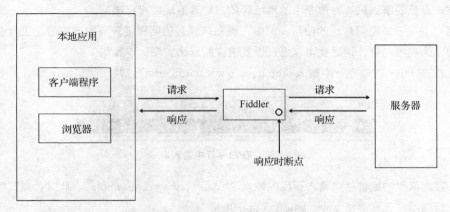

图 1-28　设置响应时断点

从图 1-27 和图 1-28 中可以看到，通过 Fiddler 设置代理后，无论是客户端发送的请求消息还是服务器返回的响应消息，设置断点后 Fiddler 都可以进行拦截。拦截后，可以对此消息进行任意编辑，编辑完成后再由 Fiddler 发送给相应的浏览器或服务器。

Fiddler 中有两种设置断点的方式。一种是通过操作菜单进行设置，如图 1-29 所示。

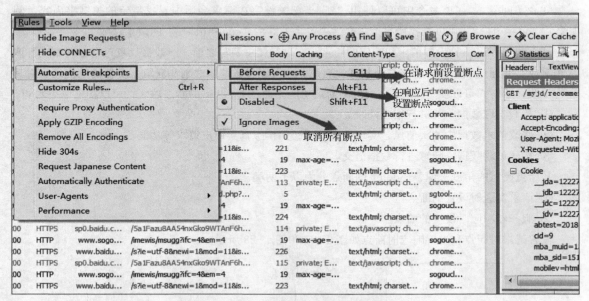

图 1-29 通过操作菜单设置断点

通过这种方式设置断点比较方便，但有一个比较大的弊端，即一旦设置断点，会对所有的请求生效，这通常并不是我们想要的结果。

另外一种方式就是通过刚刚介绍的 QuickExec 命令行进行断点设置，命令格式如下。

① 对特定地址的响应消息进行断点：bpafter www.example.com，按回车键。
② 取消对特定地址响应消息的断点：bpafter，按回车键。
③ 对特定地址的请求消息进行断点：bpu www.example.com，按回车键。
④ 取消对特定地址请求消息的断点：bpu，按回车键。

这种方式设置的断点只针对命令中的地址起效，对其他地址没有影响。

下面用一个例子来说明断点的使用。例如，现在需要对访问百度首页的响应信息进行修改，将其修改为自定义的响应信息，这时就可以通过设置响应断点来实现，步骤如下。

首先，在 Fiddler 的命令行中输入"bpafter www.baidu.com"，并按回车键，如图 1-30 所示。

图 1-30 在命令行中输入命令

然后，在浏览器的地址栏中输入百度的地址"https://www.baidu.com"。此时，浏览器左下角的状态栏会一直显示"正在等待 www.baidu.com 的响应"。

接着，回到 Fiddler 中，单击被拦截的响应会话，如图 1-31 所示。

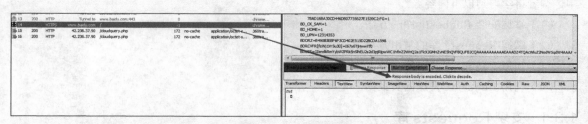

图 1-31　单击被拦截的响应会话

查看右边的响应体面板，发现响应内容已被编码，单击图 1-32 所示的提示进行解码。

图 1-32　解码信息

解码成功后，选择"TextView"选项卡，删除原来的内容，加入自定义的响应内容，单击绿色按钮即可，如图 1-33 所示。

图 1-33　运行修改后的响应内容

最后，回到浏览器中查看结果，如图 1-34 所示。

图 1-34　查看结果

以上就是修改响应消息的例子。读者可以利用同样的步骤操作并修改请求的消息，以达到调试请求消息的目的。

1.3 Requests 库的基本使用方法

Requests 库号称是最好用的,同时也是被使用最多的 Python HTTP 库。从底层实现来看,Requests 库由 Python 的 urllib 3 封装而成,比 urllib 3 提供了更友好的接口调用体验。相比于使用 urllib 2、urllib 3 和 httplib 等库来说,Requests 只需要使用少量代码便可以完成大量的工作,也是很多人编写爬虫的不二之选。本节将讲解 Requests 库中常见的请求方法,并通过它获取网页的基本内容。在本节中,读者将学习到以下内容。

(1)掌握安装 Requests 库的方法。
(2)掌握 Requests 库的常用方法。
(3)利用 Requests 获取网页基本内容。
(4)利用 Requests 发送网页数据。

1.3.1 安装 Requests 库

在 Python 中安装 Requests 库非常简单,直接使用 pip 即可。将 pip 环境配置好后,直接在命令行中运行命令"pip install requests",按回车键后,即可开始进行安装,如图 1-35 所示。

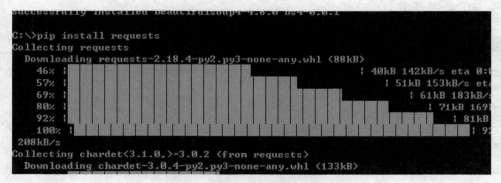

图 1-35 安装 Requests 库

安装完成后,要想在代码中使用 Requests 库,需要先在代码中使用 import requests 语句导入 Requests 库。在 Requests 库被导入到项目中后,即可开始使用 Requests 库中提供的各种方法。

1.3.2 通过 Requests 发送 GET 请求

接下来,将以 HTTP 请求测试网站 httpbin 为例,通过实际例子来说明 Requests 库的常用方法。这里先介绍一下 httpbin 网站,网站地址为 https://www.httpbin.org,它是一个非常简单的专门用于测试各种不同的 HTTP 方法的网站,是一个很好的测试学习网站。用户可以通过不同的 HTTP 请求客户端(自己写脚本或使用请求工具,如 POSTMAN),调试 HTTP 请求的不同参数和请求类型返回结果的异同,来学习 HTTP 请求的参数和返回结果的特点。以下为通过 Requests 库发送一个最基本的 GET 请求代码。

```
import requests
```

```
# 发送GET请求，将返回一个Response对象
r = requests.get("http://httpbin.org/get")
print(r.text)
```

代码非常简单，运行后，GET 方法将返回一个 Response 对象。该对象中包含着服务器响应的所有 Response 数据，用户可以通过调用 Response 对象的相应方法得到对应的内容。在上面的代码中，通过 Response 对象的 text 方法，得到了服务器响应的文本，如图 1-36 所示。

```
{
  "args": {},
  "headers": {
    "Accept": "*/*",
    "Accept-Encoding": "gzip, deflate",
    "Connection": "close",
    "Host": "httpbin.org",
    "User-Agent": "python-requests/2.18.4"
  },
  "origin": "125.70.76.173",
  "url": "http://httpbin.org/get"
}
```

图 1-36 服务器响应的文本

读者可以自己通过浏览器直接访问 http://httpbin.org/get，鼠标右键单击，在弹出的快捷菜单中选择"查看源代码..."选项即可进行比较。可以看出，GET 方法将会把服务器返回的响应内容直接返回。这里由于服务器返回的内容也是一个 json 字符串，所以可以利用 Requests 库提供的 json 方法直接反序列化得到其中某个键的内容，以下代码为利用 Requests 库的 json 方法得到 headers 中的 Host 键的内容。

```
import requests

r = requests.get('http://httpbin.org/get')
print(r.json()['headers']['Host'])
```

解析后的结果如图 1-37 所示。

```
C:\Anaconda3\python.exe E:/pycharm_project/practice/practice/requests_demo.py
httpbin.org

Process finished with exit code 0
```

图 1-37 解析后的结果

利用 Response 对象的 json() 方法可以直接反序列化服务器返回的 json 字符串，用户只需要通过相应的键把值取出来即可。需要注意的是，如果服务器返回的 Content-Type 的值为 text/html，则说明响应内容是纯文本格式的，所以可以使用 Response 对象的 text 方法来得到响应的文本内容。

说到响应内容，Response 对象的 content 方法也可以获取返回的内容。通过 content 方法，不仅能获取文本响应内容，还能获取多媒体内容，如图片、音视频等内容。例如，以下为获取百度的 Logo 图片的代码。

```
r = requests.get("https://www.baidu.com/img/bd_logo1.png")
with open("d:/bdlog.jpg", "wb") as f:
    f.write(r.content)
```

　　那么，当获取文本响应内容时，content 方法和 text 方法有什么区别呢？通过分析 Requests 库的源码可以发现，text 方法返回的值是经过处理的 Unicode 数据，是 string 类型的；而 content 方法返回的是未经处理的字节形式的页面原始内容，如果把 content 的内容打印出来，会看到内容是以"b"开头的，代表字节类型。相对来说，由于 text 方法需要做编码转换，所以效率较直接使用 content 方法低，也更耗费计算资源。但通常在解析服务端响应的页面内容时，大部分情况下会直接使用 text 方法，只有当响应的内容是多媒体，如图片、音频等非文本内容时，才会使用 content 方法进行解析。为什么要使用 text 方法呢？因为 text 方法在识别返回页面中的字符编码格式时，通常会根据服务器响应内容的 headers 中指定的 charset 进行解码，无须手工进行操作，且只要开发人员在响应内容中设置了 charset，都可以自动正确编码。

　　Requests 库确实太好用，而使用户忽略了很多细节。这对于想进一步提高能力，或者喜欢研究底层逻辑的读者来说就不那么友好了。那么，text 方法究竟是如何获取响应内容中的 charset 值的呢？实际上，text 方法使用的解码方式是根据 response.encoding 值来决定的。那么，response.encoding 又是怎么知道返回页面的编码格式的呢？这个问题还是要分析 Requests 库的源码。在 Requests 库的 adapters.py 文件中，可以发现 build_response 方法中定义了 response.encoding 的值。

```
def build_response(self, req, resp):
    """Builds a :class:`Response <requests.Response>` object from a urllib3
    response. This should not be called from user code, and is only exposed
    for use when subclassing the
    :class:`HTTPAdapter <requests.adapters.HTTPAdapter>`

    :param req: The :class:`PreparedRequest <PreparedRequest>` used to generate the response.
    :param resp: The urllib3 response object.
    :rtype: requests.Response
    """
    response = Response()

    # Fallback to None if there's no status_code, for whatever reason.
    response.status_code = getattr(resp, 'status', None)

    # Make headers case-insensitive.
    response.headers = CaseInsensitiveDict(getattr(resp, 'headers', {}))

    # Set encoding.
    response.encoding = get_encoding_from_headers(response.headers)
    response.raw = resp
    response.reason = response.raw.reason

    if isinstance(req.url, bytes):
        response.url = req.url.decode('utf-8')
    else:
        response.url = req.url
```

```
        # Add new Cookies from the server.
        extract_cookies_to_jar(response.cookies, req, resp)

        # Give the Response some context.
        response.request = req
        response.connection = self

        return response
```

可见，响应内容的编码格式是由一个名称为 get_encoding_from_headers(response.headers) 的方法来赋值的，这看起来像是分析响应内容中的 headers 获取的值。

继续分析 get_encoding_from_headers 方法的定义，即可知道响应值的编码格式究竟是根据什么来确定的。在 Requests 库的 utils.py 文件中，可以找到这个方法的定义。

```
def get_encoding_from_headers(headers):
    """Returns encodings from given HTTP Header Dict.
    :param headers: dictionary to extract encoding from.
    :rtype: str
    """

    content_type = headers.get('content-type')

    if not content_type:
        return None

    content_type, params = cgi.parse_header(content_type)

    if 'charset' in params:
        return params['charset'].strip("'\"")

    if 'text' in content_type:
        return 'ISO-8859-1'
```

看到这里，想必大家已经非常清楚 text 方法对响应内容的解码逻辑了。它的逻辑是，检查响应内容的 headers 中是否指定了 Content-Type 字段，如果没有指定，则返回空。但 Requests 库作为其官方网站所宣传的"让 HTTP 服务人类"的 Python HTTP 库，会继续帮助用户调用一个名称为 apparent_encoding 的方法来确认编码。那么，apparent_encoding 方法是怎么实现的呢？其实它的底层是调用 Python 的一个第三方库 chardet 来实现检测的。当然，chardet 库检测的结果不一定准确，有一定的概率性，所以这个方法才叫作"apparent_encoding"，即"看起来的编码格式"。如果"看起来的编码格式"方法的检测结果是正确的，那么 text 就会返回正确的无乱码的文本内容，如果它的检测结果是不正确的，用户就会得到一堆乱码，此时，用户只能自己分析正确的编码格式，并手工设置 response.encoding 的值；或者使用 content 方法，手动解码以得到正确的响应内容。

接下来，回到 get_encoding_from_headers 方法，为空的分支分析结束后，如果响应内容中指定了 Content-Type，那么 Requests 库会调用 cgi 模块的 parse_header 方法来解析 Content-Type 中的内容；如果开发人员在 Content-Type 中设置了 charset，那么 get_encoding_from_headers 方法会解析出 charset 的值，并作为返回值返回给调用方。所以，结合前面的源码分析，response.encoding 就得到了正确的页面编码，从而让 text 方法显示正确的页面内容。如果开发人员没有设置 charset，那么应判断 Content-Type 字段，如果其中包含"text"关键字，即响应内容是文本数据，则返回编码格式为 ISO-8859-1。可能有很多读者会问，为什么要使用 ISO-8859-1 的默认编码格式，而不使用包含了更多字符的 UTF-8 为默认编码格式呢？原因在于 Requests 库的编者严格遵循了 HTTP 标准的规定，如果 HTTP 响应中 Content-Type 字段没有指定 charset，则默认页面是 ISO-8859-1 编码。

了解了 text 和 content 方法的区别以及具体的实现，相信读者现在对使用 requests 方法获取服务端的响应内容有了进一步的认识。接下来，将用两个不同的页面来做一个实验，以验证刚刚学习的知识。

首先是 Google.cn 的网页，之所以要选择 Google.cn 的网页，是因为它的响应内容的 headers 中没有设置 charset。按照刚刚分析过的思路，可以预测使用 text 方法输出的内容应该会乱码，下面编写代码来检验一下。

```
import requests

r = requests.get('https://www.google.cn')
print(r.text)
```

其果然出现了乱码，Google.cn 的源码和响应内容对比如图 1-38 所示。

图 1-38　Google.cn 的源码和响应内容对比

这种情况的出现就是因为没有指定 charset，而 Requests 库自动使用了 ISO-8859-1 编码。接下来，输出 response.encoding，response.apparent_encoding，content-type，观察它们的值。

```
import requests

r = requests.get('https://www.google.cn')
print(r.encoding)
print(r.apparent_encoding)
print(r.headers.get("content-type"))
```

运行之后，输出结果如下。

```
C:\Anaconda3\python.exe "D:/Software/PyCharm 2016.1.5/workspace/practice/practice/demo.py"
ISO-8859-1
utf-8
text/html

Process finished with exit code 0
```

看来 apparent_encoding 返回的编码格式是正确的。那么，怎样才能得到正确的解码后的页面内容呢？方法有两种，一种是手工调用 apparent_encoding 方法。既然在指定了 content-type 字段的情况下，Requests 库不调用 apparent_encoding 方法，那么用户可以自己调用。以下代码用于手工调用 apparent_encoding 方法。

```
r = requests.get("https://www.google.cn/")
```

```
if (r.encoding == "ISO-8859-1"):
    r.encoding = r.apparent_encoding #这里直接写r.encoding="utf-8"也可以
print(r.encoding)
print(r.text)
```

从结果可以看到，编码格式变成了 UTF-8，页面可以正确输出。

另一种方法是使用 content，并在 content 方法中指定解码格式。代码如下。

```
r = requests.get("https://www.google.cn/")
print(r.content.decode('utf-8'))
```

其结果和另一种方法的运行结果完全一致，通过这种方法，也能够得到正确的页面。所以，只要掌握了 Requests 库的解码规则，就可以很灵活地使用各种方式进行字符的解码了。

下面来看一个比较特别的例子。使用浏览器来访问百度首页并且抓包，会发现百度在返回页面响应时，指定了 Content-Type 并且设置了 charset 为 UTF-8，一切看起来都很正常，如图 1-39 所示。

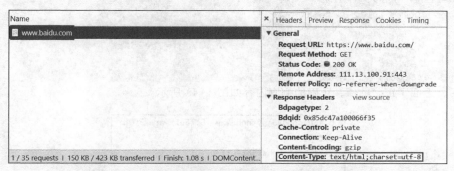

图 1-39 使用 Chrome 开发者工具查看百度首页的 Headers 内容

接下来，使用 Requests 库来进行访问，代码如下。

```
import requests

r = requests.get('https://www.baidu.com')
print(r.text)
```

其输出的内容如图 1-40 所示（由于结果较长，编者将内容复制到了 TXT 文档中，以方便查看）。

```
<!DOCTYPE html>
<!--STATUS OK--><html> <head><meta http-equiv=content-type content=text/html;charset=utf-8><meta http-equiv=X-UA-Compatible content=IE=Edge><meta content=always name=referrer><link rel=stylesheet type=text/css href=https://ssl.bdstatic.com/5eNlbjq8AAUYm2zgoY3K/r/www/cache/bdorz/baidu.min.css><title>ç¾åº¦ä¸ä¸ï¼ä½ å°±ç¥é</title></head> <body link=#0000cc> <div id=wrapper> <div id=head> <div class=head_wrapper> <div class=s_form> <div class=s_form_wrapper> <div id=lg> <img hidefocus=true src=//www.baidu.com/img/bd_logo1.png width=270 height=129> </div> <form id=form name=f action=//www.baidu.com/s class=fm> <input type=hidden name=bdorz_come value=1> <input type=hidden name=ie value=utf-8> <input type=hidden name=f value=8> <input type=hidden name=rsv_bp value=1> <input type=hidden name=rsv_idx value=1> <input type=hidden name=tn value=baidu><span class="bg s_ipt_wr"><input id=kw name=wd class=s_ipt value maxlength=255 autocomplete=off autofocus=autofocus></span><span class="bg s_btn_wr"><input type=submit id=su value=ç¾åº¦ä¸ä¸ class="bg s_btn" autofocus></span> </form> </div> </div> <div id=u1> <a href=http://news.baidu.com name=tj_trnews class=mnav>æ°é»</a> <a href=https://www.hao123.com name=tj_trhao123 class=mnav>hao123</a> <a href=http://map.baidu.com name=tj_trmap class=mnav>å°å¾</a> <a href=http://v.baidu.com name=tj_trvideo class=mnav>è§é¢</a> <a href=http://tieba.baidu.com name=tj_trtieba class=mnav>è´´å§</a> <noscript> <a href=http://www.baidu.com/bdorz/login.gif?login&amp;tpl=mn&amp;u=http%3A%2F%2Fwww.baidu.com%2f%3fbdorz_come%3d1 name=tj_login class=lb>ç»å½</a> </noscript> <script>document.write('<a href="http://www.baidu.com/bdorz/login.gif?login&tpl=mn&u='+ encodeURIComponent(window.location.href+ (window.location.search === "" ? "?" : "&")+ "bdorz_come=1")+ '" name="tj_login" class="lb">ç»å½</a>');
                </script> <a href=//www.baidu.com/more/ name=tj_briicon class=bri style="display: block;">æ´å¤äº§å</a> </div> </div> </div> <div id=ftCon> <div id=ftConw> <p id=lh> <a href=http://home.baidu.com>å³äºç¾åº¦</a> <a href=http://ir.baidu.com>About Baidu</a> </p> <p id=cp>&copy;2017 Baidu <a href=http://www.baidu.com/duty/>ä½¿ç¨ç¾åº¦åå¿è¯»</a>  <a href=http://jianyi.baidu.com/ class=cp-feedback>æè§åé¦</a> äº¬ICPè¯030173å·  <img src=//www.baidu.com/img/gs.gif> </p> </div> </div> </div> </body> </html>

Process finished with exit code 0
```

图 1-40 用 Requests 库访问百度首页输出的内容

图 1-40 中出现了乱码,可是在响应中已经指定了 Content-Type,并设置了 charset。此外,response.encoding 的输出结果是 ISO-8859-1,而不是服务器端指定的 UTF-8。再继续输出 response.apparent_encoding 和 response.headers.get("content-type"),发现返回的值分别是 UTF-8 和 text-html。

为什么刚刚在浏览器中抓包看到的 Content-Type 设置了 charset,而用 Requests 库访问却只返回 text-html,而没有返回 charset 的值呢?编者猜测是百度设置的反爬措施起了作用。因为刚刚并没有在请求中设置 User-Agent,这就相当于向被爬取的目标自报家门,表明这不是一个正常的请求,而是来自于爬虫的请求。为了验证这个猜想,不妨在代码中设置 User-Agent,将其伪装成一个正常的客户端后再次尝试,代码如下所示。

```
import requests
headers = {
    'User-Agent': 'Mozilla/5.0 (Windows NT 6.1; WOW64) \
    ApplewebKit/537.36 (KHTML, like Gecko) \
    chrome/63.0.3239.132 Safari/537.36'
}
r = requests.get('https://www.baidu.com', headers = headers)
print(r.encoding)
print(r.headers.get("content-type"))
```

运行后,返回了正确的值,正确的响应内容如图 1-41 所示。

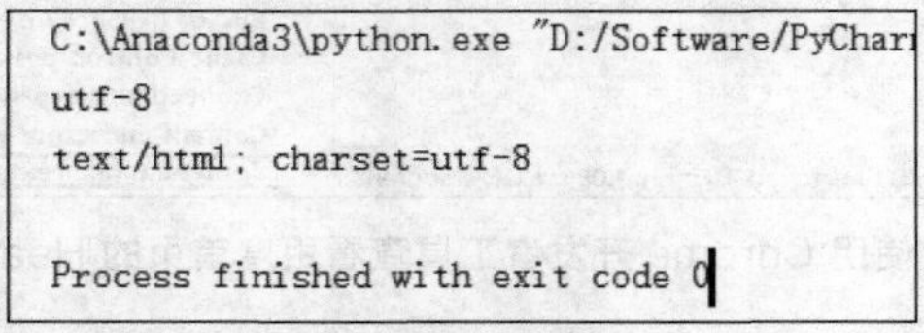

图 1-41 正确的响应内容

再次输出 r.text,没有出现乱码,其结果如图 1-42 所示。

图 1-42 r.text 的结果

这个例子告诉我们,在编写爬虫时,一些爬虫的基本伪装设置是必需的,否则极易被网站的反爬措施侦测到,从而使编写的爬虫失效或引起错误。在第 2 章中,将具体介绍常见的反爬措施。

1.3.3 在 GET 请求中添加参数

很多时候，在发送 GET 请求时，需要在请求地址后面添加请求参数。添加时，Python 中要求以字典形式提供请求参数，这些参数自动以参数形式被添加到 URL 后，代码如下所示。

```
import requests

url = 'http://httpbin.org/get'
params = {
    'name': 'woniu',
    'password': '123'
}
r = requests.get(url, params=params)
print(r.text)
```

请求结果如图 1-43 所示。

需要注意的是，当通过 GET 方法发送请求参数时，第二个参数必须是"params"，不能写为其他参数名（代码中加粗的部分）。

```
{
    "args": {
        "name": "woniu",
        "password": "123"
    },
    "headers": {
        "Accept": "*/*",
        "Accept-Encoding": "gzip, deflate",
        "Connection": "close",
        "Host": "httpbin.org",
        "User-Agent": "python-requests/2.18.4"
    },
    "origin": "125.70.76.173",
    "url": "http://httpbin.org/get?name=woniu&password=123"
}
```

图 1-43 请求结果

1.3.4 发送 POST 请求

通过 POST 方式发送请求时，需要以 Python 的字典形式添加请求参数。这里仍以 httpbin 网站为例来介绍如何发送 POST 请求，代码如下。

```
import requests

url = 'http://httpbin.org/post'
data1= {
    'name': 'woniu',
    'password': '123'
}
```

```
r = requests.post(url, data=data1)
print(r.text)
```

其运行结果如下。

需要注意的是,当通过 POST 方法发送请求时,第二个参数必须是"data",不能写为其他参数名(代码中加粗的部分)。

```
{
    "args": {},
    "data": "",
    "files": {},
    "form": {
        "name": "woniu",
        "password": "123"
    },
    "headers": {
        "Accept": "*/*",
        "Accept-Encoding": "gzip, deflate",
        "Connection": "close",
        "Content-Length": "23",
        "Content-Type": "application/x-www-form-urlencoded",
        "Host": "httpbin.org",
        "User-Agent": "python-requests/2.19.1"
    },
    "json": null,
    "origin": "117.175.129.64",
    "url": "http://httpbin.org/post"
}
```

1.3.5 获取请求的状态码

通过 Requests 库,用户可以非常方便地获取当前请求返回的状态码,在编写爬虫时,为了让爬虫代码更健壮,通常需要在代码中判断请求返回的状态码,并根据状态码执行相应的处理逻辑。获取请求状态码的代码如下。

```
import requests

url = 'http://httpbin.org/post'

data = {
    'name': 'woniu',
    'password': '123'
}
r = requests.post(url, data=data)
print(r.status_code)
```

运行结果如图 1-44 所示。

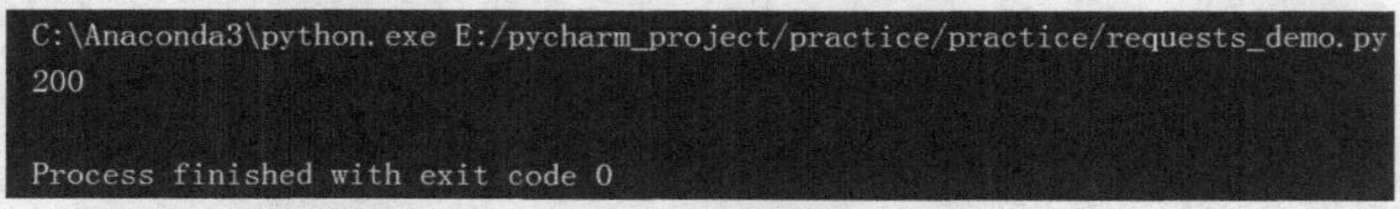

```
C:\Anaconda3\python.exe E:/pycharm_project/practice/practice/requests_demo.py
200

Process finished with exit code 0
```

图 1-44　运行结果

结果中请求的状态码为 200，表示请求成功。如果 status_code 方法返回其他值，如 302、404、500 等，用户可以根据不同的状态码指定不同的处理逻辑。

1.3.6　指定请求时使用的 headers 及动态更新 headers

随着现代互联网反爬技术的普及，常见的大型网站已经加入了反爬技术，以防止定向爬虫大规模爬取网站信息。而反爬最基本的一条规则就是判断客户端发送的请求中包含的 User-Agent 和 Cookies。通过 Requests 库发送的请求中，默认的 User-Agent 是 Python-requests，并且没有携带任何 Cookie 信息。如果以默认形式发送请求，那么基本上是无法爬取数据的。如果要添加 User-Agent 和 Cookies,则最简单的方式是在请求中添加 headers。下面先发送请求查看 Requests 库发出的 HTTP 报文的默认内容，代码如下。

```
import requests

url = 'http://httpbin.org/get'

r = requests.get(url)
print(r.text)
```

运行结果如下。

```
{
  "args": {},
  "headers": {
    "Accept": "*/*",
    "Accept-Encoding": "gzip, deflate",
    "Connection": "close",
    "Host": "httpbin.org",
    "User-Agent": "python-requests/2.19.1"
  },
  "origin": "117.175.129.64",
  "url": "http://httpbin.org/get"
}
```

可以看到，默认情况下发出的报文中包含了 Accept-Encoding、User-Agent 等信息。如果要更新 headers 中的信息，或者自行添加 headers 信息，则只需要将自定义的 headers 创建为一个新的字典并作为参数添加到 Python 的请求中即可，代码如下。

```
import requests

url = 'http://httpbin.org/headers'    #访问此URL将直接返回请求的headers信息

headers = {
    'name': 'woniu',
    'pwd': '123',
    'User-Agent': 'Mozilla/5.0 (Windows NT 6.1; WOW64) \
ApplewebKit/537.36 (KHTML, like Gecko) \
chrome/63.0.3239.132 Safari/537.36'
}

r = requests.get(url, headers=headers)
print(r.text)
```

运行结果如下。

```
{
  "headers": {
    "Accept": "*/*",
    "Accept-Encoding": "gzip, deflate",
    "Connection": "close",
    "Host": "httpbin.org",
    "Name": "woniu",
    "Pwd": "123",
    "User-Agent": "Mozilla/5.0 (Windows NT 6.1; WOW64) ApplewebKit/537.36 (KHTML, like Gecko) chrome/63.0.3239.132 Safari/537.36"
  }
}
```

这样，自行添加的 Name 和 Pwd 已经被成功添加到请求头中，并且顺利更新了爬取所使用的 User-Agent 信息。

需要注意的是，headers 必须是字典结构。如果只需要更新 headers 中的某一项，则按照字典方式进行更新即可。例如，需要将 Name 由原来的"woniu"改为"woniuxy"，则添加语句 headers['name']='woniuxy'即可。

1.3.7　指定 Cookies 和动态更新 Cookies

在 1.3.6 节中，可以看到 Requests 默认库的请求头是不包含 Cookies 信息的，但编写爬虫时，为了尽可能模拟真实用户，必须在请求时添加 Cookies 信息以通过服务器认证。在 Requests 库中，有两种添加 Cookies 的方式：一种是在 headers 中直接添加 Cookies 字段，另一种是在请求中以参数形式单独添加 Cookies。接下来分别使用这两种方式来添加 Cookies。

（1）通过 headers 添加 Cookies 字段，即在 headers 中加上一个 Cookies 字段，代码如下。

```
import requests

url = 'http://httpbin.org/cookies'    #访问此URL将直接返回请求中的Cookies信息

headers = {
    'name': 'woniu',
    'pwd': '123',
    'User-Agent': 'Mozilla/5.0 (Windows NT 6.1; WOW64) \
ApplewebKit/537.36 (KHTML, like Gecko) \
chrome/63.0.3239.132 Safari/537.36',
    'Cookie': 'sessionid=jfldfiie4MFDIFndkfdnvldFXMLssf9FDLd'
}

r = requests.get(url, headers=headers)
print(r.text)
```

运行结果如下，可见 Cookies 信息已经被成功发送给服务器。

```
{
  "cookies": {
    "sessionid": "jfldfiie4MFDIFndkfdnvldFXMLssf9FDLd"
  }
}
```

（2）在请求中以参数形式单独添加 Cookies。这种方式的本质就是将获取的 Cookies 信息进行解析并封装成一个字典，再通过在 GET 或 POST 方法中传入 Cookies 参数进行发送。代码示例如下。

```
import requests

url = 'http://httpbin.org/cookies'    #访问此URL将直接返回请求的headers信息

headers = {
    'name': 'woniu',
    'pwd': '123',
    'User-Agent': 'Mozilla/5.0 (Windows NT 6.1; WOW64) \
AppleWebKit/537.36 (KHTML, like Gecko) \
chrome/63.0.3239.132 Safari/537.36',
    # 在这里注释掉前一个例子中的Cookies信息
    # 'Cookie': 'sessionid=jfldfiie4MFDIFndkfdnvldFXMLssf9FDLd'
}
cookies = {
    "DSESSIONID": "f1987887-3d1d-4a85-ad75-c6270e588290",
    "JSESSIONID": "1gmfzynp0ns6s1u6a92xkqgi6q",
    "_ckk": "ns_397a592791064029bf1336eff1cf516e",
    "_domain": "cloud.flyme.cn",
    "_islogin": "true",
    "_keyLogin": "",
    "_rmtk": "",
    "_uid": "",
    "_uticket": "ns_0393027c2f9f686e3499e8ebb8d1d622",
    "lang": "zh_CN",
    "sn_map": "810EBMA3TE53",
    "sn_openNetBySms": "%23810EBMA3TE53",
    "ucuid": "8a135520affa423584307f6e2c210f02"
}
r = requests.get(url, headers=headers, cookies=cookies)
print(r.text)
```

运行结果如下。

```
{
  "cookies": {
    "DSESSIONID": "f1987887-3d1d-4a85-ad75-c6270e588290",
    "JSESSIONID": "1gmfzynp0ns6s1u6a92xkqgi6q",
    "_ckk": "ns_397a592791064029bf1336eff1cf516e",
    "_domain": "cloud.flyme.cn",
    "_islogin": "true",
    "_keyLogin": "",
    "_rmtk": "",
    "_uid": "",
    "_uticket": "ns_0393027c2f9f686e3499e8ebb8d1d622",
    "lang": "zh_CN",
    "sn_map": "810EBMA3TE53",
    "sn_openNetBySms": "%23810EBMA3TE53",
    "ucuid": "8a135520affa423584307f6e2c210f02"
```

```
    }
}
```

　　一般来说，编写爬虫时遇到的真实网站字符串比较长，无论是手工通过抓包的形式获取 Cookies，还是通过 Selenium 获取 Cookies，通常都需要经过一定的字符串解析工作才能得到用户最终所需要的字典形式。下面假设已经将 Cookies 字符串存储到文本文件中，来看看如何将其解析成 Cookies 字典形式。待解析 Cookies 文件"cookie.txt"的内容如下。

```
sn_openNetBySms=%23810EBMA3TE53; sn_map=810EBMA3TE53;
DSESSIONID=f1987887-3d1d-4a85-ad75-c6270e588290; JSESSIONID=; _uid=; _keyLogin=; _rmtk=;
_uticket=ns_0393027c2f9f686e3499e8ebb8d1d622; _ckk=ns_397a592791064029bf1336eff1cf516e;
ucuid=8a135520affa423584307f6e2c210f02; _domain=cloud.flyme.cn;
_islogin=true; lang=zh_CN; JSESSIONID=1gmfzynp0ns6s1u6a92xkqgi6q
```

　　读者可以看到，这种文件是没有办法直接使用的，需要使用 Python 编写解析方法，将其内容解析出来，代码如下。

```
def get_cookies(path):
    cookies = dict()
    with open(path, 'r') as f:
        for line in f.read().split(';'):
            name, value = line.strip().split('=', 1)
            cookies[name] = value
    return cookies
```

　　这段代码并不复杂，即先将保存了 Cookies 的文件打开，并按照";""="将读取出来的 Cookies 内容进行拆分，再分别放到新建的 Cookies 字典中，最后返回给调用者一个 Cookies 字典，达到最终的目的。除了保存在文件中的 Cookies 可以这样处理之外，使用 Selenium 得到的 Cookies 也可以如此解析。

1.3.8　使用 session 对象保持会话状态

　　Requests 库作为"让 HTTP 服务人类"HTTP 库，对于 session（会话）状态保持是不需要用户操心的。Requests 通过会话对象 session 来完成所有的工作，并且对用户是全透明的，用户无须关心细节。会话对象使用户能够跨请求保持某些参数，它也会在同一个 Session 实例发出的所有请求之间保持 Cookies，期间使用 urllib 3 的 connection pooling 功能。所以如果向同一主机发送多个请求，底层的 TCP 连接将会被重用，从而带来显著的性能提升。在爬虫中，如果爬虫需要保持会话状态，例如，需要登录后采集、单独获取验证进行处理，就离不开会话对象。

　　下面讲解会话对象 session 的具体用法。为了演示会话对象的作用，这里通过请求的方式向 httpbin 网站的地址"http://httpbin.org/cookies/set?name=value"发送请求，设置一个键值对作为 Cookies 信息。为了体现会话保持状态与非会话保持状态的区别，在第一个请求中分别使用 session 会话对象和普通 Requests 对象来进行请求，请求完毕后，再通过发送第二个"http://httpbin.org/cookies"请求来得到第一个请求设置的 Cookies 信息。如果第二个请求中的 Cookies 能够正确显示，则说明会话状态被保持了，反之，没有保持会话状态。

　　首先使用普通的 Requests 请求实现上述需求，代码如下。

```
import requests
requests.get("http://httpbin.org/cookies/set?sessioncookie=123456789")
r = requests.get("http://httpbin.org/cookies")
```

```
print(r.text)
```

运行结果如下。

```
{
  "cookies": {}
}
```

很明显，通过第一个请求设置的 Cookies 并没有在第二个会话中保持下来。接下来观察使用会话对象 session 进行同样操作的结果，代码如下。

```
import requests
sess = requests.Session()
sess.get("http://httpbin.org/cookies/set?sessioncookie=123456789")
r = sess.get("http://httpbin.org/cookies")
print(r.text)
```

运行结果如下。

```
{
  "cookies": {
    "sessioncookie": "123456789"
  }
}
```

结果说明，session 对象确实可以保持会话状态。它对于用户在编写爬虫时需要保持登录状态的情况非常有用，可以大大提高编程效率。

V1-3　Requests 库的使用

1.4　网页解析利器 XPath、CSS-Selector 和正则表达式语法

爬虫获取到网页后，一个非常重要的操作就是在返回的页面内容中获取用户想要爬取的内容。读者通过前面的学习可知，当请求发送到服务器端后，服务器会返回相应的请求内容，包括 HTML 文本、图片、JS 脚本等静态内容，但它们本质上是一串具有特殊结构的"字符串"。如果想从这些字符串中获取特定的内容，就需要进行解析。解析工作主要和 Python 相关，凡是 Python 支持的文本解析方法都可以用于解析爬虫爬取到的内容，常用的解析方法包括 XPath、CSS-Selector、正则表达式等。在本节中，读者将学习到以下知识。

（1）XPath 的基本语法及使用。
（2）CSS-Selector 的基本语法及使用。
（3）正则表达式的基本语法和使用。

1.4.1　XPath 的基本语法及使用

什么是 XPath 呢？从字面上看，XPath 的意思是 XML 路径语言（XML Path Language），它是一种用来确定 XML 文档中某部分位置的语言。XML 文档结构是一个标准的树状结构，有根节点及各个子节点。而 XPath 基于 XML 的树状结构，提供了在 XML 数据结构树中找寻节点的能力。起初，XPath 是一个通用的、介于 XPointer 与 XSL 间的语法模型，但由于 XPath 的语法非常简单易学，所以很快被开发者当作小型查询语言使用。

XPath 是基于树状结构的文档解析，为了方便定位这个树状结构中的任意节点，XPath 语法中有两个非常重要的概念，一个是绝对路径，另一个是相对路径，也代表了 XPath 定位元素的两种方式。

所谓绝对路径，是指编写 XPath 表达式时严格按照文档节点路径结构进行编写，目标元素的上一级元素必须是其父元素，它的下一级元素必须是其子元素，不能跨级引用。绝对路径用符号"/"表示，当绝对路径符号出现在一个 XPath 表达式的开头时，它必须是从根节点开始的，如"/html/..."；当绝对路径符号出现在 XPath 表达式中时，则表示它的下一级元素是一个直接子元素。

所谓相对路径，是指可以从任意节点开始进行查找，在查找过程中，可以通过相对路径符号"//"来表示该节点下的任意节点。

在同一个 XPath 表达式中，可以同时使用绝对路径和相对路径，即中间某一段用绝对路径，而其他部分用相对路径。用户可以根据实际的需要灵活选择绝对路径和相对路径，但是在编写过程中一定要注意使用不同的符号表示它们。

接下来，以一个页面实例来说明 XPath 表达式的编写方式。如以下代码所示，是从蜗牛官网页面中摘取的一段标准 HTML 代码片段。

```html
<html>
    <head></head>
    <body>
        <div class="col-md-7 col-sm-7 nav-with-6 col-padding" id="nav"
                                        style="margin:0 40px 0 40px;">
            <div class="collapse navbar-collapse ">
            <ul class="nav navbar-nav">
                <li><a href="/">在线课堂</a></li>
                <li>
                    <a id="java" href="/note/java1">Java开发</a>
                </li>
                <li>
                    <a id="py" href="/note/py1">Python开发</a>
                </li>
                <li>
                    <a id="web" href="/note/web1">Web前端</a>
                </li>
                <li>
                    <a id="test" href="/note/test1">软件测试</a>
                </li>
                <li>
                    <a id="typenews" href="/note/news-1">业界资讯</a>
                </li>
                <li>
                    <a id="typeschool" href="/note/sch1">学院动态</a>
                </li>
                <li>
                    <a id="typecontr" href="/note/con1">学员投稿</a>
                </li>
                <li>
                    <span id='hidden' name='data_item'></span>
```

```
                </li>
            </ul>
        </div>
    </div>
</body>
</html>
```

大家在编写 XPath 表达式时一定要注意分析树状文档的结构，通常需要先明确要查找的目标元素节点所处的位置，哪些为其父节点，以及目标元素节点的特别的属性（能够区别于其他元素的属性，如 id、name 等），根据这些信息，再灵活选择使用绝对路径还是相对路径。

如果要从上面的 HTML 文档中提取第一个 div 元素，即 id 为 nav 的 div 元素，使用绝对路径定位时，写法只有一种：/html/body/div。绝对定位的 XPath 表达式必须从根节点开始，所以第一个元素为 html，再从 html 元素的子元素中寻找目标元素的父元素，这里 body 元素是目标元素 div 的父元素，所以把 body 写在 html 的后面，body 元素的子元素即为目标元素，所以直接把目标元素写在后面即可完成查找。

这里需要注意以下几点。

（1）元素的 XPath 绝对路径可通过 firebug 直接查询，一般不需要手工编写，手工编写不仅麻烦而且容易出错。

（2）一般不推荐使用绝对路径的写法，因为一旦页面结构发生变化，该路径就会随之失效，必须重新编写。

（3）当 XPath 的路径以 "/" 开头时，表示让 XPath 解析器从文档的根节点开始解析；当 XPath 路径以 "//" 开头时，表示让 XPath 器从文档的任意符合条件的节点开始解析。而当 "/" 出现在 XPath 路径中时，表示寻找父节点的直接子节点；当 "//" 出现在 XPath 路径中时，表示寻找父节点下任意符合条件的子节点，不管嵌套了多少层级。

1.4.2 常见相对路径引用

明白了 1.4.1 节提到的要点后，接下来介绍常见的相对路径引用的写法。

（1）查找页面根元素的表达式为//。

（2）查找页面上所有的 a 元素的表达式为//a。

（3）查找页面上 ul 元素下的第一个 li 元素（使用绝对路径表示，用 "/" 符号）的表达式为//ul/li[1]。

（4）查找页面上 ul 元素下的所有子 li 元素（不管嵌套了多少个其他标签，使用相对路径表示，用 "//" 符号）的表达式为//ul//li。而由于所有 li 元素都是 ul 元素的直接子元素，因此其绝对路径表示的表达式为//ul/li。

（5）查找页面上 ul 元素下的最后一个 li 元素的表达式为//ul//li[last()]（注意：在 XPath 中没有 first()方法，用//ul//li[1]即可获取第一个元素）。

（6）查找页面上第一个 ul 元素的表达式为//ul[1]。如果页面上只有一个 ul 元素，则可以不加后面的索引。

（7）查找页面上 id 属性为 nav 的 div 元素的表达式为//div[@id='nav']。

（8）查找页面上 class 属性为 collapse navbar-collapse 的 div 元素的表达式为//div[@class='collapse navbar-collapse']。

（9）查找页面上 id 属性为 nav 的 div 元素下的第二个 li 元素的表达式为//div[@id='nav']//li[2]（注意：在 XPath 中没有第 0 元素这样的表示方法，即从 1 开始）。由于所有的 li 元素都不是 div 元素的直接子元素，所以只能使用相对路径来获取。

（10）查找页面上 id 属性为 hidden 并且 name 属性为 data_item 的 span 元素的表达式为//span[@id='hidden'][@name='data_item']。

当编写的 XPath 表达式层级比较多的时候，如//table[@id='data']/tr/td/span/a，可以将中间的 tr、td 和 span 用符号"*"替换，但前提是必须保持表达式中的层级关系，即//table[@id='data']/*/*/*/a，之所以能这样写，是因为 XPath 只关心节点在目标文档中的位置，在结构一定的情况下（如路径中间的元素是唯一的、不指定具体元素名称或属性不重复）就可以替换为"*"，但文档本身的结构不能改变，即不能把表达式中的三个"*"省略为一个。

1.4.3　XPath 进阶应用

除了 1.4.2 节介绍的基于相对路径或绝对路径的表达式外，XPath 还有很多比较灵活的写法，下面列举几种比较常用的写法。

1. 模糊匹配

一般而言，在通过属性进行定位时，可以不把属性的值写为精确的值，而是通过 start-with、contains 等关键字来指定属性的模糊匹配。模糊匹配的优势在于，它在匹配属性值中某一部分为动态生成的元素时特别方便。例如，读者可能会见过有些元素的 id 属性为 table-？，后面的"？"并不是固定的一个值，它可能由后台通过计算返回，在这种情况下，如果想用 XPath 进行匹配，就必须使用模糊匹配模式。

下面是一个使用模糊匹配的例子。在 1.4.1 节的 HTML 源码中，查找 href 属性中包含"java"关键字的 a 元素的表达式为//a[contains(@href,'java')]；查找 id 属性中以"type"关键字开头的 a 元素的表达式为//a[starts-with(@id,'type')]。

2. 直接通过文本匹配

如果要查找某些纯文本的对象，则可以通过使用 text() 来定位。如某个超链接元素的文本为"退出"，那么 XPath 的表达式可以写为//*[text()='退出']。这个表达式中的"*"指文档中的任意元素，后面方括号中指出该元素需要满足的条件为 text()='退出'，即元素文本为"退出"。需要提醒读者的是，不要轻易使用"//*"等类似的表达式，因为这样会使 XPath 解析器进行全文查找操作，非常耗时，除非这个元素确定很难使用其他方式定位，否则最好不要使用这种表达式。

3. XPath 的轴表达式

除了根据 DOM 文本结构中的子节点位置的方式来查找文档中的元素之外，还可以通过"轴（Axes）"表达式来进行元素定位。轴表达式通常应用在通过普通的元素很难定位的元素上，如元素属性重复、元素属性缺失等。XPath 中的轴表达式为用户提供了"父（parent）／子（child）节点""兄弟（sibling）节点""前（preceding）／后（following）节点""祖先（ancestor）／后代（descendant）节点"的查找方式。

接下来以网站 http://www.guru99.com 中的部分 HTML 代码为例来进行演示和用法说明，代码使用的区域如图 1-45 所示，大家可以在该页面中对照进行试验。

```
          WEB
  ▸ Learn Java
  ▸ Learn SQL
  ▸ Learn PL/SQL
  ▸ Learn VBScript
  ▸ Learn Python
  ▸ Learn Perl
  ▸ Learn Linux
  ▸ Learn Javascript
  ▸ Learn Apache
  ▸ Learn PHP
  ▸ Learn AngularJS
  ▸ Learn Node.js
  ▸ Learn JSP
  ▸ Learn SQLite
  ▸ Learn Web Services
  ▸ Learn C#
  ▸ Learn ASP.Net
  ▸ Learn WAPT Pro
```

图 1-45 代码使用的区域

（1）following:: 与 preceding::

following:: 指在当前上下文节点之后的所有节点，除属性节点和命名空间节点之外。

例如，要在示例代码段中查找 "Learn SQL" 之后含有 "Learn Python" 内容的 a 节点，表达式如下（可在 Chrome 控制台[开发者工具下的 "Console" 选项卡]中进行试验）。

```
$x("//a[contains(text(),'Learn SQL')]/following::a[contains(text(),'Learn Python')]")
```

在该表达式中，//a[contains(text(),'Learn SQL')]定位到了含有 "Learn SQL" 的 a 节点，following::a 能够找到这个 a 节点后面的所有 a 节点，而哪个才是用户需要找的 a 节点呢？contains(text(),'Learn Python')包含了该 a 节点必须满足的条件，所以最终用户可顺利找到想要查找的对象。

preceding:: 与 following:: 基本类似，前者表示查找的目标在当前节点之前，后者表示查找的目标在当前节点之后，仅此而已，用户需要根据实际情况进行选择。

（2）following-sibling:: 和 preceding-sibling::

following-sibling:: 和 following:: 的区别是，following-sibling:: 只会标识出当前上下文节点之后的兄弟节点，而不包含其他子节点。例如，还是在示例代码段中查找 "Learn SQL" 之后含有 "Learn Python" 内容的 a 节点，但这次需要用 following-sibling:: 来查找，该如何编写呢？先分析源码，由于//a[contains(text(),'Learn SQL')]中 a 节点没有兄弟节点，所以不能直接利用 following-sibling:: 来定位其他 a 节点。经过观察，发现最终要找的 a 节点是 Learn SQL 的父节点 li 的兄弟节点下面的子节点，所以表达式可以改写如下。

```
$x("//a[contains(text(),'Learn SQL')]/parent::li/following-sibling::li/a[contains(text(),'Learn Python')]")
```

其中，parent::li 指定前面 a 节点的父节点 li，并在 following-sibling::li 中找到父节点 li 的兄弟节点，最后通过 a[contains(text(),'Learn Python')]找到兄弟节点 li 下的包含 "Learn Python" 的 a 节点，完成查找。

preceding-sibling::与following-sibling::的用法基本类似，这里不再赘述。

（3）parent::和child::

parent::可指定要查找的当前节点的直接父节点。例如，若父节点是 div，则可写成 parent::div；若父节点是 li，则可写成 parent::li。如果要找的节点不是直接父节点，则不可使用 parent::，可使用 ancestor::，代表父辈、祖父辈等节点。同样，child::表示直接子节点，所以前面的表达式也可以改写如下，效果相同。

```
$x("//a[contains(text(),'Learn SQL')]/parent::li/following-sibling::li/child::a[contains(text(),'Learn Python')]")
```

（4）ancestor::和descendant::

ancestor::可以查找当前上下文节点的祖先节点，descendant::则正好相反，可查找后代节点。例如，若要求通过"Learn SQL"来查找标题 Web 的节点，则可使用如下代码。

```
$x("//a[contains(text(),'Learn SQL')]/ancestor::div[@class='featured-box']/descendant::b[.='Web']")
```

"ancestor::div[@class='featured-box']" 可定位到"Learn SQL"的父节点中 class 属性为 featured-box 的节点，而标题 Web 正是该 div 节点的后代节点之一，所以加上 descendant::b[.='Web'] 即可找到目标节点。

进一步思考，如果将上面的 XPath 改为如下表达式，还能找到想要的节点吗？

```
$x("//a[contains(text(),'Learn SQL')]/ancestor::div[@class='featured-box']/child::b[.='Web'] ")
```

答案是不能，因为标题 Web 是 div[@class='featured-box']的后代节点，而非直接子节点，所以是不能使用 child::来获取的。

另外，了解以下知识，可以使 XPath 表达式的编写更加灵活。

首先，了解".//"和"//"的区别。

```
//div[.//a[text()='SELENIUM']]/ancestor::div[@class='rt-grid-2 rt-omega']/following-sibling::div
```

V1-4　XPath 库的使用

其中，第一个 div 后面的[.//a[text()='SELENIUM']]中的".//"有什么作用呢？平时使用的不都是"//"吗？原来"//"是指从全文中搜索"//"后面的节点，而".//"则指在前面节点的子节点中进行查找。例如，前面的表达式代表从任意 div 节点中查找其子节点中文本为 SELENIUM 的 a 节点。

其次，学会用"."替代"text()"。凡是用text()的地方均可以直接用"."来表示，如表达式 a[text()='SELENIUM']和 a[.='SELENIUM']是等价的。

1.4.4　CSS-Selector 的基本语法及使用

CSS-Selector 和 XPath 类似，其不同之处在于 CSS-Selector 主要使用 CSS 的特性结合 HTML 文档进行解析。现在主流浏览器对 CSS3 语法的支持已经比较成熟了，所以 CSS-Selector 功能也是很强大的。

下面是一些常见的 CSS-Selector 的定位方式。

（1）定位 id 为 flrs 的 div 元素，可以写为#flrs，相当于 XPath 语法的//div[@id='flrs']。

（2）定位 id 为 flrs 的元素下的 a 元素，可以写为#flrs > a，相当于 XPath 语法的//div[@id='flrs']/a。

（3）定位 id 为 flrs 的元素下的 href 属性值为/forexample/about.html 的元素，可以写为#flrs > a[href="/forexample/about.html"]。

当需要指定多个属性值时，可以逐一加在后面，如#flrs> input[name="username"][type="text"]。

为了方便读者比较，这里通过表 1-1 来对比使用 XPath 和 CSS-Selector 进行元素选择时，两者语法上的常见差异。

表 1-1　CSS-Selector 和 XPath 语法上的常见差异

目标元素	CSS-Selector	XPath
所有元素	*	//*
所有的 p 元素	p	//p
所有的 p 元素的子元素	p > *	//p/*
根据 id 获取元素	#foo	//*[@id='foo']
根据 class 获取元素	.foo	//*[@class='foo']
拥有某个属性的元素	*[title]	//*[@title]
所有 p 元素的第一个子元素	p > *:first-child	//p/*[0]
下一个兄弟元素	p + *	//p/following-sibling::*[0]

从语法上看，这两种选择器在某些情况下是非常相似的，尤其是">"和"/"。虽然它们并不总是有着相同的功能（在 XPath 中，其取决于正在使用的轴）。但通常情况下，它们指的都是某个父元素的子元素。此外，空白符" "和"//"都意味着当前元素的所有后代元素，而星号"*"类似于通配符，表示所有元素，而不管是哪种标签名。

1.4.5　正则表达式的基本语法及使用

正则表达式的解析方式和前面两种方式都不同，它可以匹配和处理任何格式的字符串。正则表达式有属于自己的独特的语法，所有的正则表达式都是由正则表达式语言来创建的，所以在使用它之前，必须了解相应的基本语法和命令。

虽然正则表达式是一门独立的编程语言，但是它并不能独立地安装和运行，通常被内嵌在其他语言内部作为字符串文本解析工具来使用。现在几乎所有的语言都支持正则表达式，但从语法上说，正则表达式与大家使用的任何一种编程语言都没有相似之处。

在具体介绍正则表达式的基本语法之前，先来看正则表达式的几个例子。

（1）wo+niu，可以匹配 woooniu、wooniu、woooooooniu 等，"+"代表前面的字符必须至少出现一次。

（2）wo*niu，可以匹配 wniu、woniu、woooooniu 等，"*"代表字符可以不出现，也可以出现一次或者多次。

（3）wo?niu，可以匹配 wniu 或者 woniu，"?"代表前面的字符最多只可以出现一次。

构造正则表达式的方法和创建数学表达式的方法一样，即用多种元字符与运算符将小的表达式结合在一起，以创建更大的表达式。正则表达式的组件可以是单个的字符、字符集合、字符范围、字符间的选择或者这些组件的任意组合。

正则表达式是由普通字符以及特殊字符（称为元字符）组成的文字模式。其描述了在搜索文本时要匹配的一个或多个字符串。正则表达式作为一个模板，会使某个字符模式与所搜的字符串进行匹配。

1. 普通字符

普通字符包括没有显式指定为元字符的所有可打印和不可打印字符。这包括所有大写和小写字母、所有数字、所有标点符号和其他符号。

什么是不可打印字符呢？可以将其简单地理解为不可见的字符，正则表达式中常见的不可见字符如表1-2所示。

表1-2 正则表达式中常见的不可见字符

字符	描述
\cx	匹配由 x 指明的控制字符。例如，\cM 匹配一个 Ctrl+M 或回车符。x 的值必须为 A～Z 或 a～z 之一；否则，将 c 视为一个原义的 "c" 字符
\f	匹配一个换页符，等价于\x0c 和\cL
\n	匹配一个换行符，等价于\x0a 和\cJ
\r	匹配一个回车符，等价于\x0d 和\cM
\s	匹配任何空白字符，包括空格符、制表符、换页符等，等价于[\f\n\r\t\v]
\S	匹配任何非空白字符，等价于[^\f\n\r\t\v]
\t	匹配一个制表符，等价于\x09 和\cI
\v	匹配一个垂直制表符，等价于\x0b 和\cK

2. 特殊字符

所谓特殊字符，是指一些有特殊含义的字符，如 wo*niu 中的 "*"，其表示任何字符串。如果要查找的字符本身就是特殊字符，则必须先进行转义，如要查找 "*"，则需要对 "*" 进行转义，即在其前加一个 "\" 转义符，例如，w*oniu 匹配 w*oniu。

正则表达式中常见的特殊字符如表1-3所示。

表1-3 正则表达式中常见的特殊字符

字符	描述
$	匹配输入字符串的结尾位置。如果设置了 RegExp 对象的 Multiline 属性，则$也匹配 \n 或\r。要匹配 "$" 字符本身，应使用\$
( )	标记一个子表达式的开始和结束位置。子表达式可以获取供以后使用。要匹配这些字符本身，应使用\(和\)
*	匹配前面的子表达式零次或多次。要匹配 "*" 字符本身，应使用*
+	匹配前面的子表达式一次或多次。要匹配 "+" 字符本身，应使用\+
.	匹配除换行符\n 之外的任何单字符。要匹配 "." 字符本身，应使用\.
[	标记一个中括号表达式的开始。要匹配 "[" 字符本身，应使用\[

续表

字符	描述
?	匹配前面的子表达式零次或一次，或指明一个非贪婪限定符。要匹配"?"字符本身，应使用\?
\	将下一个字符标记为特殊字符、原义字符、向后引用或八进制转义符。例如，n 匹配字符 n，\n 匹配换行符，\\匹配\，而\(则匹配(
^	匹配输入字符串的开始位置，当在方括号表达式中使用时，表示不接受该字符集合。要匹配"^"字符本身，应使用\^
{	标记限定符表达式的开始。要匹配"{"字符本身，应使用\{
|	指明两项之间的一个选择。要匹配"|"字符本身，应使用\\|

3. 限定符

除了特殊字符外，正则表达式中还会使用限定符。什么是限定符呢？它是用来指定正则表达式的一个给定组件必须出现多少次才能满足匹配。限定符有*、+、?、{n}、{n,}、{n,m}共 6 种，如表 1-4 所示。

表 1-4　常见的限定符

字符	描述
*	匹配前面的子表达式零次或多次。例如，zo*能匹配 z 以及 zoo，*等价于{0,}
+	匹配前面的子表达式一次或多次。例如，zo+能匹配 zo 以及 zoo，但不能匹配 z。+等价于{1,}
?	匹配前面的子表达式零次或一次。例如，do(es)?可以匹配 do, does 中的 does, doxy 中的 do。?等价于{0,1}
{n}	n 是一个非负整数，表示匹配确定的 n 次。例如，o{2}不能匹配 Bob 中的 o，但是能匹配 food 中的两个 o
{n,}	n 是一个非负整数，表示至少匹配 n 次。例如，o{2,}不能匹配 Bob 中的 o，但能匹配 fooooood 中的所有 o，o{1,}等价于 o+，o{0,}则等价于 o*
{n,m}	m 和 n 均为非负整数，其中 n≤m，表示最少匹配 n 次且最多匹配 m 次。例如，o{1,3}将匹配 fooooood 中的前三个 o。o{0,1}等价于 o?。注意，逗号和两个数之间不能有空格

例如，匹配两位数字的章节，可以这样匹配：Chapter [1-9][0-9]?。那么这个表达式是什么意思呢？其意思是匹配 Chapter 文本后面的内容，而其后面跟有 1 个 1~9 之间的数字和 0 个或 1 个 0~9 之间的数字。

正则表达式不是通过本小节的讲解就能完全学会的，只有多练习和实践，才能加深对正则表达式的理解，从而更加灵活地使用正则表达式解决更多的实际问题。

V1-5　正则表达式的基本使用

1.5　常见爬虫爬取策略

通过 1.3 节的学习，基本上可以了解如何通过 Python 的 Requests 库向服务器发起请求，并且通过不同的解析模块对服务器响应消息进行解析。接下来，可以开始编写爬虫了。但在正式进行爬虫编写实践之前,还需要了解常见网页(站)的爬取策略,这样有利于在编写爬虫的过程中更高效地进行目标信息的爬取。

常见的爬虫爬取策略主要有宽度优先搜索策略、深度优先搜索策略、PageRank 策略、OPIC 策略、大站优先策略等。其中,PageRank、OPIC 和大站优先策略通常用于大型通用型爬虫,如常见的百度、谷歌等搜索引擎,非常适合进行海量页面爬取,即针对不同页面或网站计算内容权重,再对权重较高的页面优先进行爬取,以提高爬取效率。而对于本章研究的定向爬虫来说,最常用的爬取策略是宽度优先搜索策略和深度优先搜索策略,下面主要讲解这两种爬取策略的原理。

1.5.1 宽度优先搜索策略

宽度优先搜索策略的基本思路如下:将新下载网页中发现的链接直接插入待爬取 URL 队列的末尾,即网络爬虫会先爬取起始网页中链接的所有网页,再选择其中的一个链接网页,继续爬取在此网页中链接的所有网页。

有很多研究将宽度优先搜索策略应用在聚焦爬虫中,其认为,与初始 URL 在一定链接距离内的网页具有主题相关性的概率很大。

宽度优先搜索策略主要涉及队列(queue)算法,是一种符合先进先出(First In First Out,FIFO)特征的线性数据结构。在宽度优先搜索策略下,爬虫如何对网页进行爬取呢?现在假设待爬取网页分布结构如图 1-46 所示。

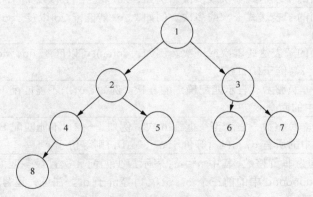

图 1-46 网页分布结构

按照宽度优先搜索策略进行搜索的过程如表 1-5 所示。

表 1-5 宽度优先搜索策略的过程

搜索次数	URL 队列	调度器	子树入栈
第一次搜索	1		
		1	
			2,3
第二次搜索	2		
	3		
		2	
			4,5

续表

搜索次数	URL 队列	调度器	子树入栈
第三次搜索	3		
	4		
	5		
		3	
			6, 7
第四次搜索	4		
	5		
	6		
	7		
		4	
			8
第五次搜索	5		
	6		
	7		
	8		
		5	
			null
第六次搜索	6		
	7		
	8		
		6	
			null
第七次搜索	7		
	8		
		7	
			null
第八次搜索	8		
		8	
			null
	null		
		完成	

1.5.2 深度优先搜索策略

从概念上来说，深度优先搜索策略就好比"顺藤摸瓜"。在执行深度优先搜索策略的爬虫中，网络爬虫将会从起始页开始，一个链接一个链接地跟踪下去，直到处理完一条线路上所有内容的爬取后，再转入下一个起始页面重新开始，继续跟踪这个起始页面下的所有链接，直到所有分支处理结束。在整个过程中，每个节点只能访问一次。从数据结构层面来说，深度优先搜索算法涉及的算法结构是堆栈（stacks），而堆栈具有后进先出（Last In First Out，LIFO）的特征。

现在假设待爬取的网页分布结构如图1-47所示。

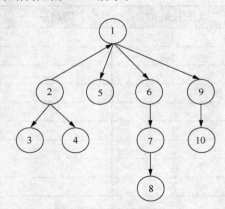

图1-47 网页分布结构

针对图1-47所示的网页分布结构,按照深度优先搜索策略进行搜索时,过程如表1-6所示。

表1-6 深度优先搜索策略的过程

搜索次数	URL 队列	调度器	子树入栈
第一次搜索	1		
		1	
			2, 5, 6, 9
第二次搜索	2		
	5		
	6		
	9		
		2	
			3, 4
第三次搜索	3		
	4		
	5		
	6		
	9		
		3	
			null
第四次搜索	4		
	5		
	6		
	9		
		4	
			null

续表

搜索次数	URL 队列	调度器	子树入栈
第五次搜索	5		
	6		
	9		
		5	
			null
第六次搜索	6		
	9		
		6	
			7
第七次搜索	7		
	9		
		7	
			8
第八次搜索	8		
	9		
		8	
			null
第九次搜索	9		
		9	
			10
第十次搜索	10		
			null
	null		
		完成	

表 1-6 详细记录了按照深度优先搜索策略进行网页爬取时的顺序，大家可以结合网页结构进行理解。

通过对比两种不同的搜索策略，大家可以注意到，在深度优先搜索策略中，每次加入队伍的页面 URL 都将被加到待爬取 URL 列表的头部，并从其开始爬取新的页面，这就是"后进先出"；而在宽度优先搜索策略中，每次加入队伍的页面 URL 都将被加到待爬取 URL 列表的尾部，而每次爬取的时候都从 URL 列表的头部开始爬取，这就是"先进先出"。这就是两种搜索策略之间最大的不同。

其实，这两种策略都有各自的特点，那么应该如何进行选择呢？从爬取内容的相关性角度来看，宽度优先搜索可能略胜一筹。因为通常认为和主题相关性越高的页面，其深度离根页面的路径是越短的，网页路径越深，所包含的信息相关性越低。例如，浏览某个新闻 A，然后在这个新闻 A 的页面通过链接跳转到另一个新闻 B。如果在新闻 B 的页面又通过一个链接跳转到了新闻 C，那么可以认为新闻 B 和新闻 A 的相关性更高，而新闻 C 和新闻 A 的相关性相对于新闻 B 来说没那么高。所以，若编

V1-6 常见爬虫爬取策略

写爬虫是要爬取相关性更强的信息数据，按照宽度优先搜索原则，会得到更满意的结果。而从爬取的方便程度来看，深度优先对于大多数网站的爬取是更方便的，因为只需要顺着路径一级一级往里爬就可以了。例如，被广泛使用的爬虫框架Scrapy，就默认采用深度优先搜索。当然，也可以修改默认配置，使其以宽度优先的方式进行爬取。关于Scrapy框架的使用将在本书第4章"Scrapy框架应用"中进行详细介绍，现在只需要对这些搜索策略有所了解即可。

1.6 常见网页URL和内容去重策略

编写网络爬虫时，除了1.5节介绍的网页爬取策略之外，另一个比较重要的知识就是网页去重策略。为什么去重策略很重要呢？因为当爬取一个比较大的网站时，有非常多的网页需要爬取，由于网站内容和链接之间的复杂关联性，爬虫在爬取网页时很有可能形成"环"，例如，A页面包含B页面的链接，B页面又包含了A页面的链接，形成一个死循环，这会给爬虫的正常运行带来致命的问题，大大降低爬取效率，甚至得到一堆无用的数据，所以去重对于爬虫而言是非常重要的。本节将学习常见的网页去重策略。了解并掌握这些策略，可以在爬取海量网页时大大提高爬取效率，例如，在使用Scrapy进行网页爬取时，去重策略可以帮助用户自定义Scrapy的中间件，改造框架自带的去重方法，提高去重效率。此外，如果以后需要自己编写爬虫框架，也会用到这些去重策略。

1.6.1 去重策略的使用场景

在使用爬虫爬取网页内容时，主要有以下几个场景需要使用去重策略。

（1）在执行单一页面解析的时候，可能会提取到重复的链接，需要对爬取的URL进行去重。

（2）在执行不同任务、不同页面解析的时候，可能会提取到重复的链接，需要进行URL去重。

（3）在进行数据提取的时候，可能会遇到重复数据，如一份重要性比较高的数据被多个站点以不同形式引用（类似于论文的引用，但被引用的论文重复发表在多个期刊），需要对爬取的内容进行去重。

1.6.2 常见爬虫去重策略

下面讲解针对URL地址的去重库。针对URL地址的去重，最重要的目的就是避免爬虫在爬取的过程中形成"环"的致命问题，所以必须知道哪些URL是爬虫已经爬取过的。为了做到这一点，可将所有爬取过的URL放到一个数据库中。问题的关键在于，随着已爬取的URL越来越多，其数据量会越来越大。在这种情况下，存储已爬取URL数据的"容器"本身的访问效率和资源利用率就值得关注了。常见的去重策略有以下3种。

（1）关系型数据库去重。

（2）缓存数据库去重。

（3）内存去重。

下面分别分析这几种去重策略的优劣。

对于关系型数据库，每次爬取到URL时都需要先将其存入到数据库中，再进行一次查询，当数据量变得非常大时，查询效率明显是比较低的，所以，这种策略通常适用于小型站点或爬取量很小的爬虫的去重。

对于缓存数据库来说，最常用的是Redis，特别是在Scrapy框架中，Scrapy-Redis基本是标配。Redis 去重时使用了其中的 Set 数据类型，它与 Python 中的内置数据类型 Set 类似，也是一种内存去重方式，但是它可以将内存中的数据持久化到硬盘中，应用非常广泛，是比较推荐的一种常用去重策略。

关于最后一种内存去重策略，在具体实现时有以下几种选择。

（1）直接将 URL 存储到 Python 的内置数据结构 Set 中。Set 数据结构基于 Hash 机制，是一个无序的不重复数据集合。Set 的使用非常方便，但随着 URL 越来越多，其将占用大量内存。如果存储一亿个链接地址，每个链接平均有 40 个字符（即 320 位），则要占用将近 4GB 的内存，资源消耗非常惊人。

（2）对上一种去重策略的优化，即在将 URL 存储到 Set 中前，先通过 MD5 或 SHA-1 等单向哈希算法生成摘要，经过 MD5 处理后的信息摘要长度只有 128 位，经过 SHA-1 处理后的信息摘要长度只有 160 位，故其比第一种去重策略好很多。

（3）采用 Bit-Map 方法，建立一个 BitSet，将每个 URL 经过一个哈希函数映射到 BitSet 的某一位。这种策略消耗的内存是最少的，但缺点是单一哈希函数发生冲突的概率较高，极易发生误判的情况，导致去重失败。

对于内存去重策略来说，无论采取哪个策略都可以，但其最大的问题是内存大小的限制和断电容易丢失，一旦服务器死机，所有数据将全部消失。

对于数据量千万级的爬虫来说，上面介绍的内存去重的第二种选择+缓存数据库去重基本上可以解决问题，但数据量达到上亿甚至十几亿时，就需要用到效率更高的算法——布隆过滤器（BloomFilter）算法。

1.6.3 BloomFilter 算法

BloomFilter 是由布隆（Bloom）在 1970 年提出的一种多哈希函数映射的快速查找算法，它是一种空间效率很高的随机数据结构，它利用位数组很简洁地表示了一个集合，并能判断一个元素是否属于这个集合。BloomFilter 的高效是有一定代价的：在判断一个元素是否属于某个集合时，有可能会把不属于这个集合的元素误认为属于这个集合。因此，BloomFilter 不适用于那些"零错误"的应用场景。而在能容忍低错误率的应用场景中，BloomFilter 通过极少的错误换取了极小的内存占用。

BloomFilter 算法基于什么工作原理呢？前面介绍了内存去重策略的第三种方式——Bit-Map，其原理和 BloomFilter 非常相似，BloomFilter 可以说是 Bit-Map 方案的升级版。由于 Bit-Map 采用单一哈希函数来处理，因此冲突率很高，极易产生误判，所以 BloomFilter 采用了多个哈希函数进行处理。

具体实现机制如下。

首先，创建一个 m 位的位数组，将所有位初始化为 0，其次选择 k 个不同的哈希函数，第 i 个哈希函数对字符串 str 进行哈希的结果记为 h(i, str)，且 h(i, str)的取值范围为 0～m-1。这里来看一个例子：假设现在创建一个 15 位的位数组，初始值全部设为 0，以空白颜色表示，待加入的字符串经哈希计算后的结果对应的位数设为 1，以绿色表示，如图 1-48 所示。

图 1-48　BloomFilter 位表示方法

假设现在有两个简单的哈希函数：fnv 和 murmur。输入一个字符串"hello"，分别使用这两个哈希函数对"hello"进行散列计算并将其映射到上面的位数组中，所有对应的位都会被标识为 1，如图 1-49 所示。

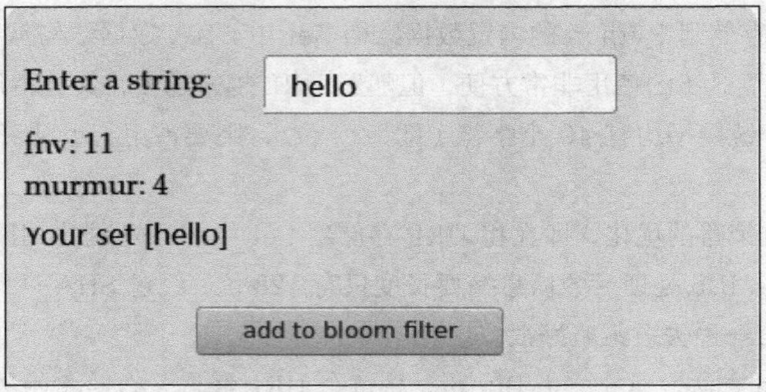

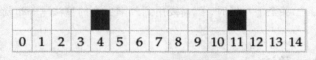

图 1-49　将被测字符串经过不同的哈希函数进行散列计算

从图 1-49 可以看出，"hello"字符串被 fnv 和 murmur 经过散列计算后的结果是 11 和 4，说明在位数组中，应该将其第 11 位和第 4 位标识为 1，这样即可将字符串映射到位数组中的 k 个二进制位上，如图 1-50 所示。

图 1-50　位数组映射

那么如何判断字符串是否已存在呢？只需要将新的字符串经过同样的哈希函数进行散列计算，并将结果进行哈希映射，再检查每一个映射所对应的 m 位数组的值是否都为 1 即可。若其中任何一位不为 1，则可以判定该 str 一定没有被记录过；但是如果一个字符串对应的任何一位都为 1，这种情况下实际上不能 100%肯定该字符串被 BloomFilter 记录过，因为哈希函数存在散列冲突现象（即两个散列值相同，但两个输入值是不同的），所以存在不确定性。那么怎么解决呢？实际上没有办法完全解决这个问题，但当分配的内存足够大时，不确定性会变得很小。Bloom Filter 可以有效利用内存实现常数级的判重任务，但是"鱼和熊掌不可兼得"，其付出的代价是一定的误判（概率很小），所以本质上 BloomFilter 是"概率数据结构"。以上就是它的基本原理，当然，位向量不会只是 15 位，哈希函数也不会仅是两个简单的函数。这只是为了降低讲解难度，便于读者了解原理。

了解原理后，接下来的问题是如何选择 BloomFilter 的参数。我们知道，哈希函数的选择对性能的影响是很大的，一个好的哈希函数要能近似等概率地将字符串映射到各个位上。选择 k 个不同的哈希函数是比较麻烦的，一种比较常见的替代方案是选择一个哈希函数，并送入 k 个不同的参数，这样也能达到目的。

要选取 k（哈希函数的个数）、m（位数组的大小）、n（字符串数量）的取值，必须弄明白它们的数量关系，k、m 和 n 的对应关系如表 1-7 所示。

表 1-7　k、m 和 n 的对应关系

m/n	k	k=1	k=2	k=3	k=4	k=5	k=6	k=7	k=8
2	1.39	0.393	0.400						
3	2.08	0.283	0.237	0.253					
4	2.77	0.221	0.155	0.147	0.160				
5	3.46	0.181	0.109	0.092	0.092	0.101			
6	4.16	0.154	0.0804	0.0609	0.0561	0.0578	0.0638		
7	4.85	0.133	0.0618	0.0423	0.0359	0.0347	0.0364		
8	5.55	0.118	0.0489	0.0306	0.024	0.0217	0.0216	0.0229	
9	6.24	0.105	0.0397	0.0228	0.0166	0.0141	0.0133	0.0135	0.0145
10	6.93	0.0952	0.0329	0.0174	0.0118	0.00943	0.00844	0.00819	0.00846
11	7.62	0.0869	0.0276	0.0136	0.00864	0.0065	0.00552	0.00513	0.00509
12	8.32	0.08	0.0236	0.0108	0.00646	0.00459	0.00371	0.00329	0.00314
13	9.01	0.074	0.0203	0.00875	0.00492	0.00332	0.00255	0.00217	0.00199
14	9.7	0.0689	0.0177	0.00718	0.00381	0.00244	0.00179	0.00146	0.00129
15	10.4	0.0645	0.0156	0.00596	0.003	0.00183	0.00128	0.001	0.000852
16	11.1	0.0606	0.0138	0.005	0.00239	0.00139	0.000935	0.000702	0.000574
17	11.8	0.0571	0.0123	0.00423	0.00193	0.00107	0.000692	0.000499	0.000394
18	12.5	0.054	0.0111	0.00362	0.00158	0.000839	0.000519	0.00036	0.000275
19	13.2	0.0513	0.00998	0.00312	0.0013	0.000663	0.000394	0.000264	0.000194
20	13.9	0.0488	0.00906	0.0027	0.00108	0.00053	0.000303	0.000196	0.00014
21	14.6	0.0465	0.00825	0.00236	0.000905	0.000427	0.000236	0.000147	0.000101
22	15.2	0.0444	0.00755	0.00207	0.000764	0.000347	0.000185	0.000112	7.46e-05
23	15.9	0.0425	0.00694	0.00183	0.000649	0.000285	0.000147	8.56e-05	5.55e-05
24	16.6	0.0408	0.00639	0.00162	0.000555	0.000235	0.000117	6.63e-05	4.17e-05
25	17.3	0.0392	0.00591	0.00145	0.000478	0.000196	9.44e-05	5.18e-05	3.16e-05
26	18	0.0377	0.00548	0.00129	0.000413	0.000164	7.66e-05	4.08e-05	2.42e-05
27	18.7	0.0364	0.0051	0.00116	0.000359	0.000138	6.26e-05	3.24e-05	1.87e-05
28	19.4	0.0351	0.00475	0.00105	0.000314	0.000117	5.15e-05	2.59e-05	1.46e-05
29	20.1	0.0339	0.00444	0.000949	0.000276	9.96e-05	4.26e-05	2.09e-05	1.14e-05
30	20.8	0.0328	0.00416	0.000862	0.000243	8.53e-05	3.55e-05	1.69e-05	9.01e-06
31	21.5	0.0317	0.0039	0.000785	0.000215	7.33e-05	2.97e-05	13.8e-05	7.16e-06
32	22.2	0.0308	0.00367	0.000717	0.000191	6.33e-05	2.5e-05	1.13e-05	5.73e-06

表 1-7 表示的是 k、m、n 在不同取值的情况下所对应的误判概率，即不存在的字符串有一定概率被误判为已经存在的。k 表示哈希函数的个数，m 表示内存大小（即多少位），n 表示去重对象的数量。例如，在代码中申请了 256MB 的内存，即 1<<31（m=2^31，约 21.5 亿），k 设置为 7，此时找到 k=7 那一列，当误判率为 8.56e-05 时，m/n 值为 23。所以计算得到 n= 21.5/23≈0.93 亿，表示误判率为 8.56e-05 时，256MB 内存可满足约 0.93 亿条字符串的去重；同理，当误判率为 0.000112 时，256MB 内存可满足约 0.98 亿条字符串的去重。

BloomFilter 本身的算法是比较复杂的，对于爬虫编写来说，只需要掌握其中的原理，至于具体实现，在于编程者个人的算法功底。就实际运用来说，已经有不少人使用 Python 实现了 BloomFilter 算法，如 pybloom 等，可以直接安装并进行调用。

1.6.4 内容去重策略的实现

对内容进行去重的策略其实和 URL 去重策略比较类似，只是内容去重针对的不是 URL 地址，而是内容的字符串而已。通常，当要爬取的实际内容比较多时，如爬取一篇文章的内容，如果单纯地对所有文章内容包括标点符号都进行去重对比，效率肯定是比较低的。因为这样要比较的内容很多，且即便是转发的文章，内容一般也不可能完全一致。所以通常采取的比较简便的做法是优先比较文章题目，将每个文章的题目单独爬取出来与已经爬取的文章题目进行比较，如果一致则可认为内容是重复的，直接丢弃，如果不一致，则进行文章内容的爬取，这样可以大幅度减少重复内容的爬取。

V1-7 常见网页 URL 和内容去重

本节介绍了一些目前常见的爬虫去重策略，它们各有优缺点。在爬虫的编写中，需要根据实际情况选择具体使用哪种去重策略。具体的策略选择和所爬取信息的数量级、爬取内容都有关系。没有所谓的最好的策略，只有更合适的策略。

1.7 实战：编写一个基于静态网页的爬虫

经过前面各节对爬虫基本知识的讲解，本节将按照编写爬虫的基本流程带领读者编写一个最基本的爬虫，使读者掌握基本爬虫的编写方法。下面将以蜗牛学院官网的"蜗牛笔记"页面为例，通过编写一个最基本的网络爬虫，爬取所有笔记的标题、作者、笔记类别、发表日期、阅读次数及正文内容（文字和图片链接），进而掌握爬虫编写流程、页面分析方法、Requests 库的基本使用以及页面内容提取、结果保存的基本技巧。

在编写爬虫时，一般可以遵循以下工作流程。

（1）分析待爬取页面结构，确定待爬取内容分布及定位方法。

（2）抓包分析页面请求，验证页面请求规律。

（3）编写爬虫代码，模拟请求并获取数据。

（4）数据的保存和处理。

（5）根据数据调整脚本（防止特殊数据干扰）。

（6）总结：可进一步完善的步骤。

编写爬虫前，一定要明确要取的内容，再按照前面介绍的工作流程开始工作。下面进行详细讲解。

（1）分析待爬取页面结构，确定待爬取内容分布及定位方法。

打开蜗牛学院官网，并单击"蜗牛笔记"链接，如图 1-51 所示，进入"蜗牛笔记"的主页面。

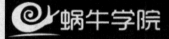

图 1-51 单击"蜗牛笔记"链接

进入"蜗牛笔记"主页面后，可以发现该页面是一个列表，通过列表标题的链接可以进入笔记详情页面。结合要爬取的内容的需求，可以看出要爬取的内容可以从笔记详情页面中全部获取到，即只需要在笔记详情页面爬取数据即可。

爬取内容的位置确定后，需确定需要哪些 URL。由需求分析得到，要请求的 URL 主要有两部分：文章详情的 URL、文章列表的 URL。如何获取这些 URL 呢？接下来分析页面元素（以 Chrome 浏览器为例，其他浏览器的操作类似）。

① 分析文章详情的 URL 从何而来。可以在文章列表中单击任意一篇文章的标题，用鼠标右键单击目录菜单，在弹出的快捷菜单中选择"检查"选项；或者按"F12"键，打开 Chrome 开发者工具，如图 1-52 所示，在"Elements"选项卡中可以看到文章详情的 URL。

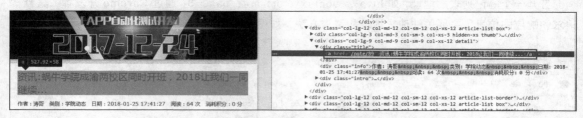

图 1-52　Chrome 开发者工具

<a>标签的 href 属性中包含所需的文章详情地址，但该地址为短地址形式，不包含访问的主机地址，此时，可以通过 Python 的 urllib 包的 urlparse 类中的 urljoin 方法来进行处理。文章详情 URL 爬取问题解决。

② 分析文章列表的 URL 地址从何而来。进入"蜗牛笔记"的主页面时，默认进入了文章列表页面，此时的 URL 地址是 http://woniuxy.com/note。很明显，通过访问此 URL 即可进入文章列表页面，但能不能直接使用这个地址呢？从页面中可以看到，整个蜗牛笔记总共有 8 页，如果想获取所有笔记，则必须循环所有列表，所以必须知道文章列表页 URL 的命名规律。怎么获得其命名规律呢？这里可以访问第 2 页的列表进行尝试，如图 1-53 所示。

图 1-53　访问第 2 页的列表

可以看到，当访问第 2 页时，列表的 URL 地址变成了 http://woniuxy.com/note/page-2。这里的关键是"page-2"，由这个参数可以大胆判断当前列表页面和"page-"后面的数字是对应关系，即第 1 页的地址是"http://woniuxy.com/note/page-1",第 n 页的地址是"http://woniuxy.com/note/page-n"。得到这个结论后,可以进行验证,在浏览器地址栏中输入"http://woniuxy.com/note/page-1",发现浏览器返回到第 1 页的列表。发现此命名规律后,文章列表 URL 的问题就解决了,在脚本中可以通过字符串的方式自动生成所有文章列表页面的 URL。

(2)抓包分析页面请求,验证页面请求规律。

这里的主要任务是根据步骤(1)分析出的信息,利用抓包工具进行验证。验证什么内容呢?主要验证的内容是抓包分析爬取的 URL 请求返回的响应信息中是否有加密参数或通过异步 Ajax 请求返回的内容。如果有,则需要进一步分析如何处理这些异步请求和加密的参数;如果没有,则可以开始编写爬虫了。

打开一个笔记列表的地址,如 http://woniuxy.com/note/page-3,通过 Chrome 开发者工具查看请求和响应的信息,主要关注请求地址和请求方法,如图 1-54 所示。

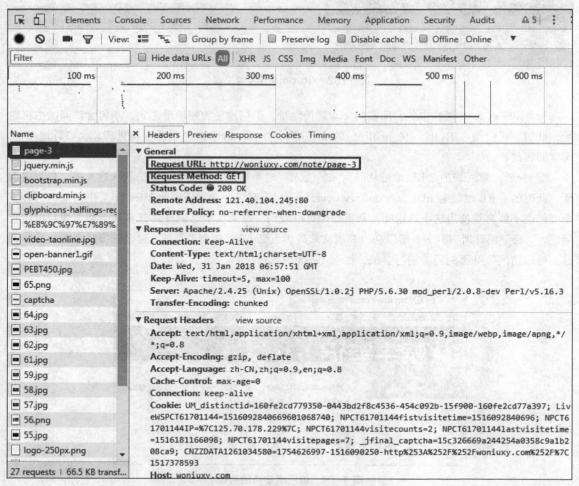

图 1-54 查看请求和响应的信息

再查看抓包请求的 Response 信息,如图 1-55 所示。

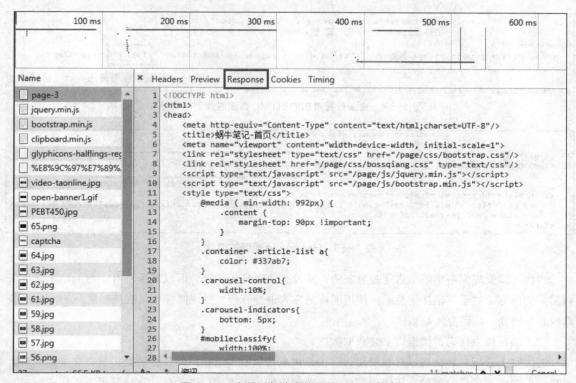

图 1-55 查看抓包请求的 Response 信息

查看 Response 信息的目的是确认是否有异步请求返回的内容。现在有很多电商网站（如淘宝或京东）的商品价格，基本上是通过异步请求服务器获得的，客户端第一次请求的时候并不会返回这些内容。这样就会造成一种现象：明明在页面上可以看到这些信息，但在返回的 Response 中找不到。这说明这些信息是通过异步加载的，要取得真实的数据必须找到对应的异步请求信息，再从异步请求中取得这些数据。当遇到某些页面元素不太好确认是否为动态加载时，有一种比较简单的方法来辨别：以京东某商品信息为例，商品 URL 地址为 https://item.jd.com/10718048595.html，先将在 Chrome 中抓包得到的 Response 复制出来，存为文本文件 resp.txt；再在浏览器的页面上单击鼠标右键，在弹出的快捷菜单中选择"另存为..."选项，在弹出的保存地址对话框中，在"保存类型"下拉列表中选择"网页，全部"选项，将其保存到本地，如图 1-56 所示。

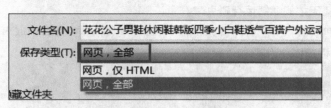

图 1-56 选择保存类型

将 Response 和网页都保存到本地后，将保存的 xxx.html 和 resp.txt 使用任意的文本编辑器或文本比较工具打开，对比两者的不同，所有在 xxx.html 中有但是在 resp.txt 中没有的内容，都属于异步请求返回的内容，在原始请求的 Response 中是找不到的，如图 1-57 和图 1-58 所示。

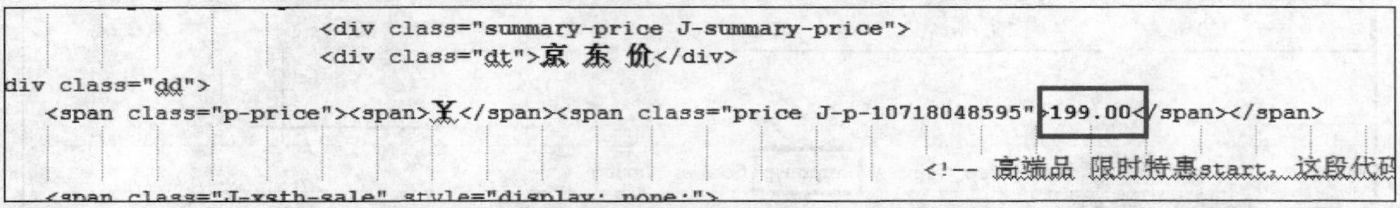

```
<div class="summary-price J-summary-price">
    <div class="dt">京 东 价</div>
<div class="dd">
    <span class="p-price"><span>¥</span></span><span class="price J-p-10718048595">￥199.00</span></span>
        <!-- 高端品 限时特惠start，这段代码
<span class="J-xsth-sale" style="display: none;">
```

图 1-57 直接查看京东的 HTML 页面时找到的价格

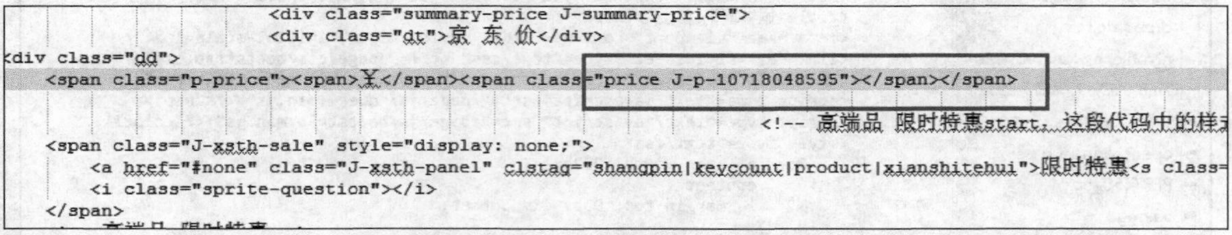

```
<div class="summary-price J-summary-price">
    <div class="dt">京 东 价</div>
<div class="dd">
    <span class="p-price"><span>¥</span></span><span class="price J-p-10718048595"></span></span>
        <!-- 高端品 限时特惠start，这段代码中的样
<span class="J-xsth-sale" style="display: none;">
    <a href="#none" class="J-xsth-panel" clstag="shangpin|keycount|product|xianshitehui">限时特惠<s class=
    <i class="sprite-question"></i></a>
</span>
```

图 1-58 Response 返回的数据

由此可以发现蜗牛学院的官网是静态的，并没有使用异步请求，所以直接使用 Response 即可获得需要的内容。对于笔记详情页面，使用同样的方式进行分析，发现同样可以直接使用 Response 获取内容。至此，抓包分析结束。

（3）编写爬虫代码，模拟请求并获取数据。

通过以上分析之后，可以开始使用代码模拟请求获取数据了。虽然最终需要将所有文章全部解析出来，但在编写代码的时候，可以先调试好一页的数据，再逐步改进代码，直到满足所有爬取需求，如以下代码所示。

```
import requests

# 请求第一页的数据
r = requests.get("http://woniuxy.com/note/page-1")
print(r.text)
```

这段非常简单的代码将模拟在浏览器的地址栏中输入 "http://woniuxy.com/note/page-1" 地址后，服务器端返回 Response 的过程。通过 print(r.text) 可以看到服务器端返回的响应内容。特别提醒，由于现在大部分网站（特别是一些大型网站）都有反爬措施，因此在写爬虫程序的时候（包括调试脚本期间）最好不要直接使用默认的 headers 参数来发送请求，否则很容易被服务器封 IP 地址或账号。在 headers 中，至少应该定义好访问所用的 Cookies 和 User-Agent，否则，一旦被反爬措施识别了，就只能等几小时甚至几天才能继续运行爬虫。

在返回的响应中包含着该页所有详情页面的 URL，可以将这些 URL 抽取出来。接下来导入 lxml 包，利用 XPath 来解析 URL，代码如下所示。

```
import requests
from lxml import etree

# 请求第一页的数据
r = requests.get("http://woniuxy.com/note/page-1")
html = etree.HTML(r.text)        # 将返回的文档树通过etree的HTML方法解析为文档对象
page_urls = html.XPath("//div[@class='title']/a")
for url in page_urls:
    print(url.get('href'))
```

这段代码中添加了抽取所有文章详情页面链接的语句，并通过输出语句输出详情页面的 URL。输出结果如图 1-59 所示。

```
/note/89
/note/88
/note/87
/note/86
/note/85
/note/84
/note/83
/note/82
/note/81
/note/80
```

图 1-59　输出结果

可以看到，获取的 URL 链接并不是完整的，当直接使用这样的链接去请求文章详情页面时，明显不会成功。那么应该如何处理呢？Python 的 urllib 库为用户提供了 parse 类，用以解析 URL 地址，利用其中的 urljoin 方法可以很方便地实现 URL 地址拼接的功能，其可接收两个参数，第一个参数通常是爬取的网站地址，第二个参数是要拼装到网站地址后面的实际路径地址，代码如下所示。

```python
import requests
from lxml import etree
from urllib.parse import urljoin

base_url = "http://www.woniuxy.com/"

# 请求第一页的数据
r = requests.get("http://woniuxy.com/note/page-1")
html = etree.HTML(r.text)          # 将返回的文档树通过etree的HTML方法解析为文档对象
page_urls = html.XPath("//div[@class='title']/a")
for url in page_urls:
    full_url = urljoin(base_url, url.get('href'))
    print(full_url)
```

编写完成后，再次运行代码，可以看到此次正确获得了文章详情页面的链接，如图 1-60 所示。

```
http://www.woniuxy.com/note/89
http://www.woniuxy.com/note/88
http://www.woniuxy.com/note/87
http://www.woniuxy.com/note/86
http://www.woniuxy.com/note/85
http://www.woniuxy.com/note/84
http://www.woniuxy.com/note/83
http://www.woniuxy.com/note/82
http://www.woniuxy.com/note/81
http://www.woniuxy.com/note/80
```

图 1-60　获得的文章详情页面的链接

urllib.parse 类中还有许多解析 URL 地址非常有用的方法。例如，urlsplit（将完整的 URL 拆解为 protocol、host、domain、path 等几部分）、parse_qsl（解析请求字符串）等，大家可以参考相关的资料或 Python 源码进行学习。

列表页面的主要任务就是得到文章详情页面的 URL，现在这个任务基本上已经完成。接下来的工作就是构造一个循环，通过这个循环访问所有列表页面。通过观察列表页面的 URL，可以将"http://woniuxy.com/note/page-1"地址最后的数字作为变量，通过循环得到所有页面的地址。将现有代码整理成为一个方法，以供后面的代码调用。

```
import requests
from lxml import etree
from urllib.parse import urljoin

base_url = "http://www.woniuxy.com/"
list_url = "http://www.woniuxy.com/note/page-{}"

def parse_list_page():
    for i in range(1, 9):
        print("正在处理第{}页的数据，请稍候...".format(str(i)))
        r = requests.get(list_url.format(str(i)))
        html = etree.HTML(r.text)
        page_urls = html.XPath("//div[@class='title']/a")
        for url in page_urls:
            yield urljoin(base_url, url.get('href'))
```

这个方法的主要目的是获取每个列表中所有文章详情页面的 URL，所以可以将其封装成一个专门的方法。由于 URL 的数量比较多，这里以生成器的方式返回文章 URL。

解决列表页面的问题后，接下来研究详情页面。以同样的操作，先编写一个请求访问单个页面，再将单个文章详情页面的数据抽取过程理顺。

```
import requests
from lxml import etree

r = requests.get("http://woniuxy.com/note/65")
print(r.text)
```

通过 requests 能够正常获取数据，此后即可进行数据解析。这个页面中要解析的内容较多，用户需要的数据基本上都在这个页面中。

首先是页面标题。随便打开一篇文章详情，在标题处单击鼠标右键，在弹出的快捷菜单中选择"检查"选项，查看元素位置，标题元素的路径如图 1-61 所示。

```
<div class="col-lg-12 col-md-12 col-sm-12 col-xs-12 article-detail">
    <div class="col-lg-9 col-md-9 col-sm-9 col-xs-9 title">
        资讯:蜗牛学院11月就业信息报来袭，平均月薪5.4K
    </div> == $0
    ▶<div class="col-lg-3 col-md-3 col-sm-3 col-xs-3 favorite">…</div>
    ▶<div class="col-lg-12 col-md-12 col-sm-12 col-xs-12 info">…</div>
```

图 1-61 标题元素的路径

很明显，通过 XPath 的 class 属性获取时，属性值较长。但它有一个明显的特征，即 class 属性中包含"title"关键字，所以在调用 XPath 的时候可以稍微灵活一点，改为如下代码。

```
title = html.XPath("//div[contains(@class, 'title')]")[0]
```

运行后，发现能够正常获取文章标题对象。这里要注意对页面特殊内容的处理和提取。观察除标题外，其他元素（如作者、类型、类别等）在页面中的位置。在"作者"字段上单击鼠标右键，查看元素位置，可以看到info中所包含的内容如图1-62所示。

```
<div class="col-lg-12 col-md-12 col-sm-12 col-xs-12 info"> == $0
    "
            作者：涛哥   类型：学院动态   
            类别：资讯   日期：2017-12-11   
            阅读：155 次   消耗积分：0 分
    "
</div>
```

图 1-62 info 中所包含的内容

可以看到，用户需要的几个字段在页面中是写在一起的，通过 HTML 中的" "标记进行了分隔，这意味着不能单独地将它们提取出来，使用 Python 自带的字符串处理方法来解析时，会很麻烦。针对这种情况，最好通过 1.4.5 节讲过的正则表达式来进行提取。根据正则表达式的规则，可以使用如下代码来提取相关信息。

```
info_obj = html.XPath("//div[contains(@class, 'info')]")[1]
    result = re.findall('作者：(.*?)\s+类型：(.*?)\s+类别：(.*?)\s+日期：(\d{4}-\d{2}-\d{2})\s+阅读：(\d+) 次\s+消耗积分：(\d+) 分', info_obj.text, re.S)
    (author, tech_type, artical_type, date, read_num, score) = result[0]
    print("作者：" + author)
    print("文章类型：" + tech_type)
    print("文章类别：" + artical_type)
    print("发布日期：" + date)
    print("阅读数：" + read_num)
    print("积分：" + score)
```

通过正则表达式提取的结果如图 1-63 所示。

```
作者：强官涛
文章类型：Python开发
文章类别：实验
发布日期：2019-01-10
阅读数：19
积分：0
```

图 1-63 提取结果

接下来要提取的是文章内容和文章内引用的图片的 URL 地址。在提取文章内容的时候有一个难点，即要提取的文章内容通常在整个 HTML 结构中是包含在数个<p>标签中的，位置不确定，数量也不确定，如 content 中的内容如图 1-64 所示。如果使用 XPath 方式提取，肯定是不好处理的，其无法做到针对所有文章提取的通用化。

针对这种情况应该如何处理呢？首先，要明确一点，要提取的是所有文章的文本内容，这些内容是作为文本节点散布在 HTML 各个元素节点之间的，这就决定了在提取的时候不能依赖特定的路径。针对这种应用场景，XPath 提供了一个比较特殊的方法来进行文本内容的提取，代码如下所示。

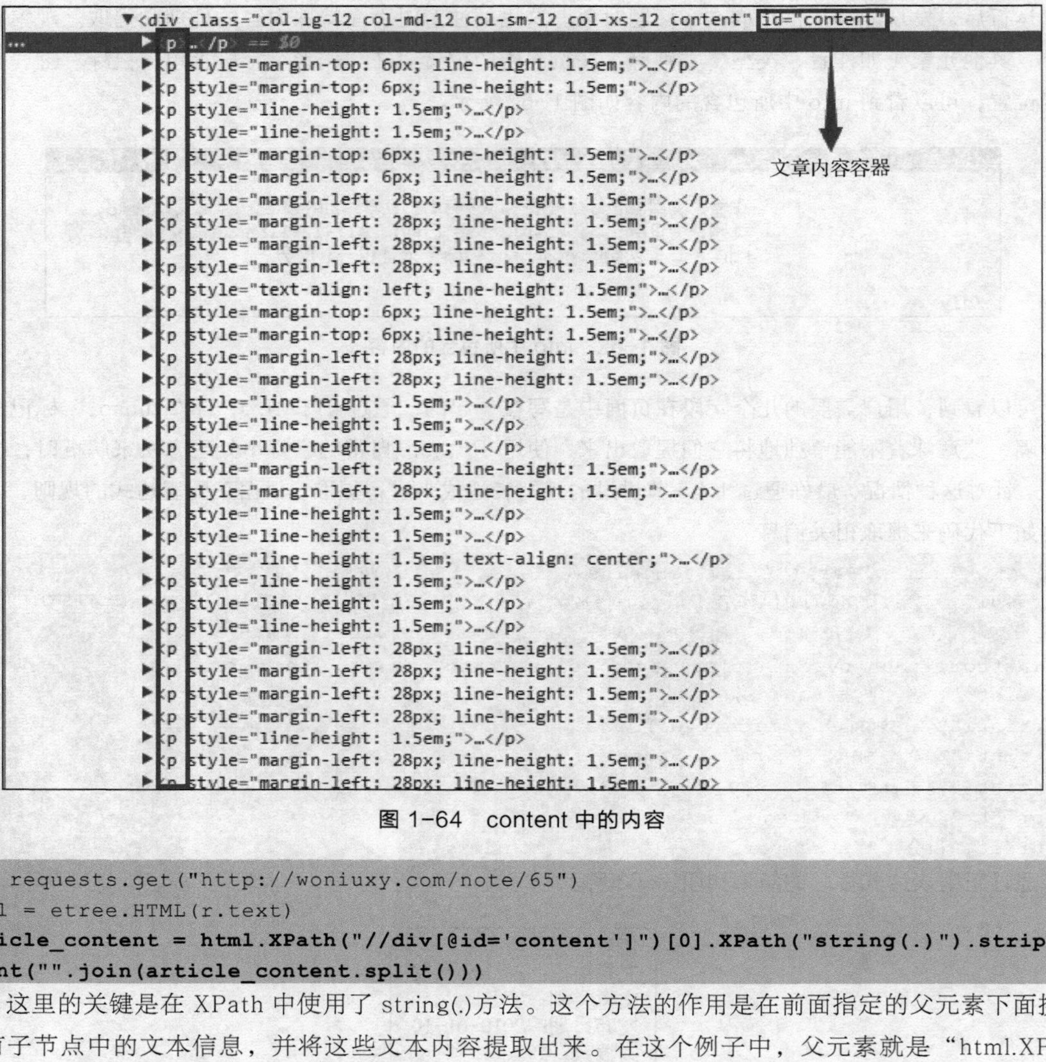

图 1-64 content 中的内容

```
r = requests.get("http://woniuxy.com/note/65")
html = etree.HTML(r.text)
article_content = html.XPath("//div[@id='content']")[0].XPath("string(.)").strip()
print("".join(article_content.split()))
```

这里的关键是在 XPath 中使用了 string(.)方法。这个方法的作用是在前面指定的父元素下面搜索所有子节点中的文本信息,并将这些文本内容提取出来。在这个例子中,父元素就是"html.XPath("//div[@id='content']")[0]"。为什么要指定它为父元素呢?可以观察图 1-64,其 id 为 content 的 div 其实就是要提取的文章内容的容器,所有文章内容都在里面。指定它为父元素进行文本的提取,就能更精确地提取想要的文章内容,而不是界面中其他不相关的文字。这样,运行代码之后,即可取得这篇文章的所有文本内容,并去掉了所有的 HTML 标签和空格内容。

这里总结获取某个页面指定区域的所有文本信息的方法,只需要以下两步。
① 找到要提取的文本信息的父元素节点。
② 利用 XPath 的 string(.)方法获取该元素下的所有文本内容。

最后一步操作就是提取所有的图片信息。研究一下图片的规律,可以发现所有文章内图片都符合两个规律:都由<img>元素组成,都是 id 为 content 的 div 元素的子元素。可以很容易地通过 XPath 把它们都提取出来,代码如下所示。

```
r = requests.get("http://woniuxy.com/note/65")
html = etree.HTML(r.text)
```

```python
img_list = []
for pic in html.XPath("//div[@id='content']//img"):
    pic_url = urljoin(base_url, pic.get('src'))
    img_list.append(pic_url)
for img in img_list:
    if 'qrcode' not in img:     # 去掉文本末尾的关注二维码
        print(img)
```

运行代码后，可获取文章中的图片，如图 1-65 所示。

```
C:\Anaconda3\python.exe E:/pycharm_project/practice/spiders/woniu_note_spider/main.py
http://www.woniuxy.com/upload/image/201712/20171211_165209.jpg

Process finished with exit code 0
```

图 1-65 获取文章中的图片

至此，已经成功地从待提取文章页面提取到了所有需要的内容，接下来可以对文章详情页面内容提取的整个过程进行封装，以方便程序的调用，代码如下。

```python
content_list = []

# 封装对文章详情页面进行提取的操作
def parse_note_page(url):
    print("正在提取页面{}的内容...".format(url))
    resp = requests.get(url)
    html = etree.HTML(resp.text)
    # 获取文章标题
    title_obj = html.XPath("//div[contains(@class, 'title')]")[0]
    title = title_obj.text.strip()
    # 获取作者、文章类型、类别、发布日期、阅读数
    info_obj = html.XPath("//div[contains(@class, 'info')]")[1]
    result = re.findall(' 作者： (.*?)\s+ 类型： (.*?)\s+ 类别： (.*?)\s+ 日期：(\d{4}-\d{2}-\d{2})\s+阅读：(\d+) 次\s+消耗积分：(\d+) 分', info_obj.text, re.S)
    (author, tech_type, artical_type, date, read_num, score) = result[0]
    img_list = []
    # 获取文章内容
    article_content = html.XPath("//div[@id='content']")[0].XPath("string(.)").strip()
    article_content = "".join(article_content.split())
    # 获取文章中的图片链接
    for pic in html.XPath("//div[@id='content']//img"):
        pic_url = urljoin(base_url, pic.get('src'))
        if 'qrcode' not in pic_url:
            img_list.append(pic_url)
    # 将所有内容添加到一个列表中，以方便进行数据保存处理
    content_list.append([url, title, author, tech_type, article_type, date, read_num, article_content, img_list])
```

（4）数据的保存和处理。

将内容提取出来后，爬虫的编写工作就完成了一大半，剩下的工作就是对爬取到的内容进行保

存和处理。对于爬虫爬取到的数据，有多种方式进行保存，常见的保存方式有两种：通过文件保存（Excel和CSV等）和通过数据库保存（MongoDB、MySQL等）。在本节中，因为数据量不大，方便起见，将采用CSV文件的方式进行保存，Python自带CSV操作模块，操作起来很方便，不需要依赖第三方库。

要将数据保存为CSV文件，必须先在文件中导入CSV模块，再通过语句新建CSV文件，建好文件后直接将数据以"行"的形式写入即可，代码如下所示。

```python
with open("woniu.csv", 'w', newline='', encoding='utf-8') as out:
    csv_writer = csv.writer(out, dialect='excel')
    csv_writer.writerow(['文章地址', '标题', '作者', '文章类型', '类别', '日期', '阅读数', '文章内容', '图片链接'])
```

这里的open方法和平时打开文件所使用的open方法基本上是一样的，文件名参数包含.csv扩展名即可。newline=' '可以避免Python在写入文件时插入不必要的空行。创建好文件后，调用CSV模块的writer方法获取输入对象。在创建writer对象时，dialect参数的作用是指定CSV文件的编码风格，默认为Excel风格，即用逗号（,）分隔。准备就绪后，可以调用writer的writerow方法将数据写入到CSV文件中。在上面的例子中，通过"csv_writer.writerow(['文章地址', '标题', '作者', '文章类型', '类别', '日期', '阅读数', '文章内容', '图片链接'])"语句创建了CSV表格的标题列，提取的内容将通过一个循环写入。这里，使用writerow方法时必须提供一个列表参数，在写入时，writerow会将该列表对应地写入文件的每一行，这就是前面在保存提取出来的数据时要将其保存到一个列表content_list中的原因。

最后，整理代码，将调用过程补充完整，完整的爬虫代码如下。

```python
import requests
import csv
from lxml import etree
from urllib.parse import urljoin


base_url = 'http://www.woniuxy.com/'
list_url = 'http://www.woniuxy.com/note/page-{}'

# 保存所有的文章内容，每篇文章作为一个元素加入到content_list中
content_list = []


# 封装抽取详情页面URL地址操作
def parse_list_page():
    for i in range(1, 9):
        print("正在处理第{}页的数据，请稍候...".format(str(i)))
        r = requests.get(list_url.format(str(i)))
        html = etree.HTML(r.text)
        # 提取详情页面的URL地址
        page_urls = html.XPath("//div[@class='title']/a")
        for url in page_urls:
            # 通过生成器返回每一个详情页面的URL地址
            yield urljoin(base_url, url.get('href'))
```

```python
# 封装详情页面信息提取操作
def parse_note_page(url):
    print("正在提取页面{}的内容...".format(url))
    resp = requests.get(url)
    html = etree.HTML(resp.text)
    # 提取文章标题
    title_obj = html.XPath("//div[contains(@class, 'title')]")[0]
    title = title_obj.text.strip()
    # 提取文章作者、文章类型、类别、发表日期、阅读数
    info_obj = html.XPath("//div[contains(@class, 'info')]")[1]
    result = re.findall('作者:(.*?)\s+类型:(.*?)\s+类别:(.*?)\s+日期:(\d{4}-\d{2}-\d{2})\s+阅读:(\d+) 次\s+消耗积分:(\d+) 分', info_obj.text, re.S)
    (author, tech_type, artical_type, date, read_num, score) = result[0]
    img_list = []
    # 提取文章正文内容
    article_content = html.XPath("//div[@id='content']")[0].XPath("string(.)").strip()
    article_content = "".join(article_content.split())
    # 提取文章中的图片链接
    for pic in html.XPath("//div[@id='content']//img"):
        pic_url = urljoin(base_url, pic.get('src'))
        if 'qrcode' not in pic_url:
            img_list.append(pic_url)

    # 将所有提取内容保存到一个列表中
    content_list.append([url, title, author, tech_type, article_type, date, read_num, article_content, img_list])

# 主调用过程
if __name__ == '__main__':

    # 创建CSV文件并写入数据
    with open("woniu.csv", 'w', newline='', encoding='utf-8') as out:
        csv_writer = csv.writer(out, dialect='excel')
        csv_writer.writerow(['文章地址', '标题', '作者', '文章类型', '类别', '日期', '阅读数', '文章内容', '图片链接'])

        # 创建循环读入所有的URL地址的操作并进行处理
        for url in parse_list_page():
            parse_note_page(url)

        print("内容提取完毕,开始写入结果文件")
        for page in content_list:
            # 将content_list中的内容逐行写入CSV文件
            csv_writer.writerow(page)

    print("全部处理完毕,请检查!")
```

(5)根据数据调整脚本(防止特殊数据干扰)。

至此,爬虫编写工作已经完成了大约99%。但在看到最终的提取数据前,还不能说爬虫所爬取的

内容就是完全正确或者所需要的。需要进一步检查爬取的数据内容，才能知道处理的数据中是否含有某些特殊数据，如特殊的格式、特殊的内容等。如果有，则一般需要针对这种情况进行单独处理或调整脚本。在本节中，得到的数据并没有比较明显的异常情况，所以基本上可以认为爬虫是可用的，不需要做进一步修改。

（6）总结。

最后进行总结和完善。在本节中，完整编写了一个最基本的爬虫，主要是为了让大家通过这个爬虫程序了解爬虫编写的基本步骤和流程，亲自体验爬虫编写常见的分析方法。在真实的大型爬虫项目中，需要面对的可能不仅仅是页面内容的复杂性，更多的是解决如何被反爬，以及提高爬取效率的问题，这才是爬虫编写最困难的部分。通过本节的学习，大家应该能够初步应对一些非常简单的没有反爬措施的网站。在接下来的章节中，将继续针对"反爬"和"爬取效率"这两个难点，为大家讲解如何编写更好的爬虫程序。

V1-8　蜗牛官网
note 爬取实战

第2章

常见反爬措施及解决方案

学习目标：

（1）熟悉常见反爬措施。
（2）熟悉常见反爬措施的应对方法。

本章导读：

■随着大数据技术的发展，很多平台对于数据的需求越来越高，而拥有数据的平台不甘于自己的数据被众多的网络爬虫爬取，所以一场爬虫与反爬虫的"战争"就此展开。作为一个专业的爬虫工程师，可能会面对互联网上众多网站的反爬措施，针对这些反爬措施必须采取适当的"反反爬"方案，最终才能突破反爬限制，取得需要的数据。这些方案当中蕴含着各种技巧，也是编写爬虫最大的挑战之一。本章的各个核心案例将针对现在常见的不同类型的反爬措施给出相应的案例和解决方案，大家可以根据这些案例进行研究学习，逐步掌握常见的"反反爬"技巧。

本章主要包括以下内容。
（1）常见反爬手段——身份验证。
（2）常见反爬手段——验证码。
（3）常见反爬手段——速度、数量限制。
（4）自己动手搭建 IP 代理池。
（5）常见反爬手段——异步动态请求。
（6）常见反爬手段——JS 加密请求参数。

2.1 常见反爬手段——身份验证

V2-1 常见反爬手段的介绍

首先来看反爬手段一：身份验证。在目前主流网站的反爬措施中，为了增加爬虫爬取信息的难度，在访问某些重要信息数据时，通常会要求在页面请求中附带相关的身份验证信息，这就要求在请求的发送过程中必须附带登录后的 Cookies 数据。

如何获取登录后的 Cookies 数据呢？一般可用以下两种方式来实现。

（1）人工登录页面后，通过页面请求抓包获取当前会话的 Cookies 信息，并把 Cookies 信息复制到请求的 headers 中即可模拟已登录的请求来获取数据。这种方式的优点是简单、直接、没有技术难度，对于实现临时爬取需求是非常方便的；缺点就是 Cookies 一般有时效性，不适用于长时间爬取和不同时段多次反复爬取的场景。

（2）直接用爬虫来模拟登录操作，并在后续的操作中使用 session 对象保持会话即可。这种方式又分为以下两种情况。

一种情况是直接分析目标网站登录请求的各种参数和 JS 具体执行过程，并用爬虫脚本来模拟登录，属于"硬登录"。这种情况的优点是不需要借助第三方工具，执行效率高；缺点是现在大部分网站的登录请求做得比较复杂，如淘宝、京东等，登录操作时相关的 JS 文件及请求非常多，且会通过各种加密手段进行参数加密、JS 混淆等，要一一进行分析可能会异常复杂，因此对爬虫编写者的综合技术要求比较高，费时费力。

另一种情况是借助第三方库来进行模拟登录，常用的工具有自动化测试工具 Selenium、PhantomJS 等。这些第三方工具可以模拟用户真实登录的操作，并且模拟浏览器自动处理 JS 执行过程，无需人工介入分析，所以其优点就是使用方便；缺点是 Selenium 等第三方工具由于需要进行页面渲染、JS 处理等操作，执行效率较差，不适合大规模爬取需求。在实际的使用过程中，用户可将 Selenium 和 Requests 库结合起来使用，即登录操作使用 Selenium，在后续请求中直接将 Selenium 获取的 Cookies 信息导出并加入到 Requests 库中使用即可。

本节将通过实际操作学习模拟登录的几种方式，包括直接使用 Cookies、分析登录请求直接"硬"登录，以及结合 Selenium 等第三方工具辅助登录获取认证信息。

2.1.1 使用登录的 Cookies 获取数据

这里以 http://sc.189.cn 为例进行演示，爬取需求如下：使用某用户的信息进行登录后，爬取其指定时间段内的通话记录。爬取指定用户的通话记录必然需要登录，下面直接使用 Cookies 信息进行登录。

整个爬虫编写流程如下。

（1）按照用户正常操作过程对目标网站进行抓包。
（2）提取正确的 Cookies 数据并加入爬虫脚本。
（3）构造相关参数进行请求结果验证。

讲解和操作过程如下。

首先，必须按照用户正常操作过程对目标网站进行抓包。这一步主要做两件事：一是要模拟用户正常操作过程，即模拟用户输入账号名、密码、身份信息、查询时间段后，最终获取通话记录的过程；二是进行抓包。既然登录过程直接略过了，则直接输入 Cookies 值即可。抓包主要抓两方面内容，即最终正确可用的 Cookies 以及最后发送通话记录的真实请求地址。

抓包时会面临以下两个问题。

第一个问题是哪个 Cookie 是正确可用的？首先来看整个操作流程：打开登录页面→输入用户名、密码、验证码，单击"登录"→"费用"→"详单查询"→输入查询时间段和身份信息→得到最后的查询结果。用户可通过浏览器来查看各个主要操作节点 Cookie 的变化。具体做法如下：先输入 http://sc.189.cn，打开 Chrome 控制台，找到"Application"选项卡中的"Cookies"。随后清空目标网站相关的 Cookies，再刷新页面，可以发现在访问首页时网站向客户端设置了 Cookies。此时，Cookies 的信息很少，如图 2-1 所示。

Name	Value	Dom...	Path	Expires	Size	H...
__qc_wId	951	login....	/	Session	11	
code_v	20170913	login....	/web	Session	14	
loginStatus	non-logined	.189.cn	/	Session	22	
lvid	3cf7d9d5c7c3dd19ed19...	.189.cn	/	2028-0...	36	
nvid	1	.189.cn	/	2028-0...	5	
pgv_pvid	2262900672	.login...	/	2038-0...	18	
s_cc	true	.189.cn	/	Session	8	
s_fid	36A0F6AB3C8A4787-37...	.189.cn	/	2023-0...	38	
svid	2218E02325C47B4	.189.cn	/	2020-0...	19	
trkId	163AC68B-7605-4743-B...	.189.cn	/	2028-0...	41	

图 2-1　Cookies 的信息

接下来进行正常登录，登录完成后查看 Cookies 的变化。登录后的 Cookies 信息如图 2-2 所示。

Name	Value	Domain	Path	Expires / ...	Size	HT...	Secure
.ybtj.189.cn	6D3D6B1F343B0C024F46FE2B...	.189.cn	/	2018-02-...	44		
Hm_lpvt_9564af367fd2e...	1517548875	.sc.189...	/	Session	50		
Hm_lvt_9564af367fd2ee...	1516759472,1517026450,1517...	.sc.189...	/	2019-02-...	82		
JSESSIONID	xiFU8NbPFTLcC2yuuFOic4uqo...	sc.189.cn	/	Session	74	✓	
SHOPID_COOKIEID	10023	.189.cn	/	2018-03-...	20		
TY_SESSION_ID	d686d26c-d7e8-46ee-997d-4e...	sc.189.cn	/commo...	Session	49		
__utma	213102998.1469731943.15175...	.sc.189...	/	2020-02-...	61		
__utmb	213102998.2.10.1517548562	.sc.189...	/	2018-02-...	31		
__utmc	213102998	.sc.189...	/	Session	15		
__utmz	213102998.1517548562.1.1.ut...	.sc.189...	/	2018-08-...	114		
aactgsh111220	02883418521	.189.cn	/	2018-02-...	24		
cityCode	sc	.189.cn	/	2018-03-...	10		
code_v	20171129	sc.189.cn	/commo...	Session	14		
isLogin	logined	.189.cn	/	2018-02-...	14		
loginStatus	logined	.189.cn	/	Session	18		
lvid	3cf7d9d5c7c3dd19ed1977e4d...	.189.cn	/	2028-01-...	36		
nvid	1	.189.cn	/	2028-01-...	5		
s_cc	true	.189.cn	/	Session	8		
s_fid	36A0F6AB3C8A4787-37272F1...	.189.cn	/	2023-02-...	38		
s_sq	%5B%5BB%5D%5D	.189.cn	/	Session	17		
scIsBiz	yes	.sc.189...	/	2019-02-...	10		
scIsLogin	yes	.sc.189...	/	Session	12		
svid	2218E02325C47B4	.189.cn	/	2020-02-...	19		
trkHmClickCoords	798%2C530%2C750	.189.cn	/	Session	31		
trkId	163AC68B-7605-4743-B345-2...	.189.cn	/	2028-01-...	41		
userId	202%7C201701000000223200...	.189.cn	/	2019-02-...	32		

图 2-2　登录后的 Cookies 信息

最后，定位到话费查询的详单查询页面，其 Cookies 信息如图 2-3 所示。

图 2-3 定位到话费查询的详单查询页面后的 Cookies 信息

此时，用户可以在页面中输入查询时间段和身份信息进行详单信息查询。综上所述，在这个过程中，登录前设置了一次 Cookie，登录后设置了一次 Cookie，单击查询详单时又设置了一次 Cookie，所以，如果直接使用登录后的 Cookie 信息是无法爬取最终数据的，因为 Cookies 信息不全，无法通过服务器的验证。

第二个问题是如何找到真实的查询详单的请求。由于抓包时，爬取的请求很多，因此学会分辨最终的请求地址及相应的参数是解决问题的关键。这里介绍如下技巧。

① 在进行目标操作前，清空以前所有的请求记录，避免因数据过多造成分析干扰。

② 如果是提交数据的操作，则要找到带有提交数据的请求，这才是真实的请求地址。如果是获取数据的操作，则要在 Response 中找到请求结果的数据。

在本案例操作中，在进入详单查询页面时，要先清空以前的数据包，再查找对应的请求。清空历史抓包数据后，单击"立即查询"按钮发起查询请求，在请求数据中找到真实请求地址，真实请求地址如图 2-4 所示。

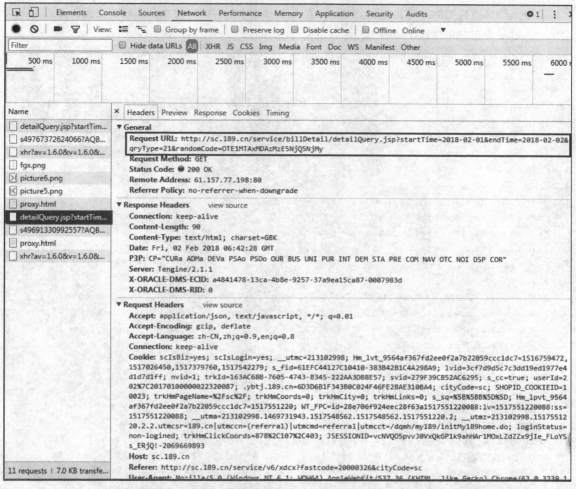

图 2-4　真实请求地址

请求地址中的参数如图 2-5 所示，下面来进行分析。

图 2-5　请求地址中的参数

其中，startTime 和 endTime 是查询的时间段，用户自己定义即可；qryType 是查询类型，应该是固定的，照写即可；randomCode 看起来是一个随机数，但要想进行正确请求，必须知道 randomCode 是不是变化的。怎么才能知道它是不是变化的呢？很简单，重新登录，进行抓包对比即可。经过对比可发现，randomCode 始终是一样的，所以在请求中也可以将它固定，照写即可。在平时爬取的过程中，经常会遇到随机变化的参数，这种情况比较麻烦，通常需要分析页面上的隐藏域或者跟踪 JS 执行过程来获得随机参数的值，这样才能正确发送成功。

在进入详单查询页面之后，复制 Cookies 信息到脚本中，并编写请求获取详单数据，注意，脚本中的 Cookies 字段已用加粗字体表示，如以下代码所示。

```
import requests

headers = {
    "User-Agent": "Mozilla/5.0 (Windows NT 6.1; WOW64) ApplewebKit/537.36 (KHTML, like Gecko) chrome/63.0.3239.132 Safari/537.36",
    "Connection": "keep-alive",
    "Accept": "text/html,application/xhtml+xml,application/xml;q=0.9,image/webp,image/apng,*/*;q=0.8",
    "Accept-Encoding": "gzip,deflate",
    "Accept-Language": "zh-CN,zh;q=0.9,en;q=0.8",
    "Content-Type": "application/x-www-form-urlencoded",
    "Cookie": "scIsBiz=yes; scIsLogin=yes; __utmc=213102998; \
Hm_lvt_9564af367fd2ee0f2a7b22059ccc1dc7=1516759472,1517026450,1517379760,1517542279; \
    s_fid=61EFC44127C10410-383B42B1C4A298A9; lvid=3cf7d9d5c7c3dd19ed1977e4d1d7d1ff; \
    nvid=1; trkId=163AC68B-7605-4743-B345-222AA3DB8E57; svid=279F39CB52AC6295; \
    s_cc=true; userId=202%7C20170100000022320087; .ybtj.189.cn=6D3D6B1F343B0C024F46FE2BAE310BA4; \
    cityCode=sc; SHOPID_COOKIEID=10023; \
    trkHmPageName=%2Fsc%2F; trkHmCoords=0; \
    trkHmCity=0; trkHmLinks=0; \
JSESSIONID=pdtVV4cfgQKNv1y0WpYxvrC8YywJusnbhra1SXUFQ9dJdL-2FAym!-2069669893; \
    aactgsh111220=02883418521; isLogin=logined; loginStatus=logined; \
WT_FPC=id=28e706f924eec28f63a1517551220088:lv=1517555347150:ss=1517555347150; \
    __utma=213102998.1469731943.1517548562.1517551220.1517555344.3; \
    __utmz=213102998.1517555344.3.3.utmcsr=189.cn|utmccn=(referral)|\
utmcmd=referral|utmcct=/dqmh/my189/initMy189home.do; __utmt=1; \
    trkHmClickCoords=85%2C438%2C2028; s_sq=%5B%5BB%5D%5D; \
    __utmb=213102998.2.10.1517555344; \
    Hm_lpvt_9564af367fd2ee0f2a7b22059ccc1dc7=1517555349"
}

params = {
    'startTime': '2018-02-01',
    'endTime': '2018-02-02',
    'qryType': '21',
    'randomCode': 'OTE1MTAxMDAzMzE5NjQ5NjMy'
}

resp = requests.get("http://sc.189.cn/service/billDetail/detailQuery.jsp", params=params, headers=headers)
print(resp.json())
```

请求返回结果是一个 json 字符串，所以直接使用 Response 对象的 json 方法进行解析即可。请求返回结果如图 2-6 所示（内容较多，已省略部分结果）。

```
1 ▾ {
2     'retCode': '0',
3     'retMsg': '',
4     'sessNum': 'true',
5     'json': {
6         'retInfo': [{
7             'CALL_TYPE': '主叫',
8             'ACC_NUMBER': '
9             'OTHERPHONE': '
10            'START_TIME': '2018-02-01 10:01:31',
11            'TIMELONG': '25',
12            'MONEY': '0.00',
13            'CT_MONEY': '0.15',
14            'OTHER_MONEY': '0.00',
15            'YH_MONEY': '-0.15',
16            'DEGREE': '0.00',
17            'CALCUNIT': '传统国内长话',
18            'WANDER_STATE': '0.15',
19            'CALLED_CITYCODE': '0',
20            'BILLING_AREA': ''
21 ▾      }, {
22            'CALL_TYPE': '主叫',
23            'ACC_NUMBER': '
24            'OTHERPHONE': '
25            'START_TIME': '2018-02-01 10:03:09',
26            'TIMELONG': '297',
27            'MONEY': '0.00',
28            'CT_MONEY': '0.75',
29            'OTHER_MONEY': '0.00',
30            'YH_MONEY': '-0.75',
31            'DEGREE': '0.00',
32            'CALCUNIT': '传统国内长话',
33            'WANDER_STATE': '0.75',
34            'CALLED_CITYCODE': '0',
35            'BILLING_AREA': ''
36 ▾      }, {
37            'CALL_TYPE': '主叫',
```

图 2-6　请求返回结果

本小节演示的是先爬取 Cookies 信息，再将其手工复制到脚本中使用。在实际的开发过程中，更常见的做法是将 Cookies 数据保存到本地文件中，如保存到一个 TXT 文件中，再在爬虫脚本中进行读取。

2.1.2　模拟登录请求

接下来介绍通过分析并模拟登录请求的方式进行登录操作。以 CSDN 网站为例，假设现在的爬取需求是使用自己的账号登录网站，并爬取自己账号下所有文章的标题。

直接用请求模拟登录操作时的关键是要明确真实的登录请求地址和发送的参数。一般来说，只要有这些内容，即可登录成功。真实的登录请求地址通常比较好找，比较难找的是请求参数，大部分情况下，这些参数是加密的或者是动态变化的，如果没有找到其规律，就无法正确登录。

接下来进行抓包分析。打开浏览器并输入 CSDN 的登录地址，输入用户名并登录，查看登录请求的参数。在操作的时候要注意，系统登录成功后会有一个 302 的重定向跳转，登录成功后会导致登录之前的请求数据消失，所以最好勾选 Chrome 开发者工具的 "Network" 选项卡中的 "Preserve log" 复选框，使浏览器自动保留所有历史请求数据，如图 2-7 所示。

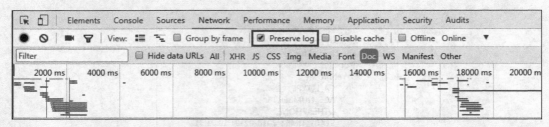

图 2-7 勾选 "Preserve log" 复选框

抓包结束后，通过分析，确定登录所使用的真实请求信息，如图 2-8 所示。

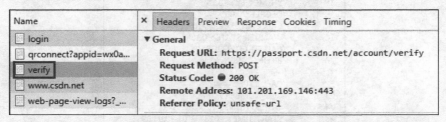

图 2-8 登录所使用的真实请求信息

该请求中的参数如图 2-9 所示。

```
▼ Form Data    view source    view URL encoded
    gps:
    username: ██████
    password: ██████
    rememberMe: true
    lt: LT-499457-qCcmKssAPeHD4XF5rSRw6YQujGdsSZ
    execution: e2s1
    _eventId: submit
```

图 2-9 请求中的参数

其中，各参数的含义如下。

（1）gps：服务器需要的客户端的位置信息，但客户端未设置，所以为空，登录时不用考虑。

（2）username：用户账户，已知。

（3）password：用户密码，已知。

（4）rememberMe：是否记住登录，true 和 false 都可以，不用考虑。

（5）lt：看起来像一个随机字符串，意义不清楚，来源未知。

（6）execution：看起来像一个随机字符串，意义不清楚，来源未知。

（7）_eventId：事件类型，提交事件，应该是固定的，已知。

要继续进行登录的话，必须清楚 lt 和 execution 是怎么来的，有什么规律。按照往常爬虫编写的经验，通常这种参数的来源有两种：一种是 HTML 页面内的隐藏域字段，如果是这种情况，那么一般可以在页面上用鼠标右键单击，查看源码，在源码中搜索"lt"或"execution"找到该字段，如图 2-10 所示；另一种是通过 JS 设置的动态字符串，如果是这种情况，可以在 Chrome 中通过按"Shift+Ctrl+F"组合键进行全局查找。

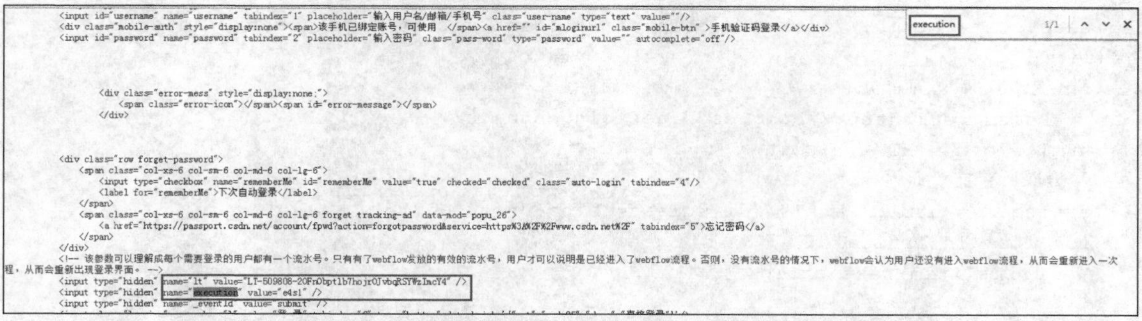

图 2-10　源码中查找参数的相关信息

在源码中找到 lt 和 execution 字段的定义后可见，这两个字段是通过请求 login 页面时在响应内容中返回的，所以只需要解析响应，获取这两个字段的值并放到 login 请求的参数中即可。清楚了请求逻辑后即可编写代码，主要代码如下所示。

```python
import requests
from lxml import etree

login_url = 'https://passport.csdn.net/account/login'

# 封装登录操作
def csdn_login(sess, username, password):
    headers = {
        'Accept': 'text/html,application/xhtml+xml,application/xml;q=0.9,image/webp,image/apng,*/*;q=0.8',
        'Accept-Encoding': 'gzip, deflate, br',
        'Accept-Language': 'zh-CN,zh;q=0.9,en;q=0.8',
        'Connection': 'keep-alive',
        'Upgrade-Insecure-Requests': '1',
        'User-Agent': 'Mozilla/5.0 (Windows NT 6.1; WOW64) \
        ApplewebKit/537.36 (KHTML, like Gecko) \
        chrome/63.0.3239.132 Safari/537.36',
    }
    data = {
        'gps': '',
        'username': username,
        'password': password,
        'rememberMe': 'false',
        '_eventId': 'submit'
    }

    r = sess.get(login_url)

    html = etree.HTML(r.text)
    lt = html.XPath("//input[@name='lt']")[0].get('value')
    execution = html.XPath("//input[@name='execution']")[0].get('value')
    data['lt'] = lt
    data['execution'] = execution
    # 执行登录操作
```

```python
    sess.post('https://passport.csdn.net/account/verify', data=data, headers=
headers)
    # 登录成功后访问首页
    r = sess.get('http://blog.csdn.net/qingchunjun')
    html = etree.HTML(r.text)
    # 提取所有文章标题
    articals = html.XPath("//li[@class='blog-unit']/a/h3")
    for item in articals:
        print(item.text.strip())

if __name__ == '__main__':
    sess = requests.Session()
    csdn_login(sess, 'account', 'password')
```

由于登录 CSDN 之前就在页面中设置了 Cookie，为了在操作过程中保持所有会话信息，可以通过 Requests 库的 session 对象来进行操作。运行上述代码，爬取结果如图 2-11 所示。

```
C:\Anaconda3\python.exe E:/pycharm_project/practice/practice/csdn_login.py
Xpath中关于部分常用轴表达式使用总结
基于Jmeter+Maven+Jenkins持续集成接口测试框架
selenium从零开始到放弃之疑难杂症总结
关于adb4robotium跨进程框架抛出InputStream cannot be null的异常的解决方案
在Android中使用adb命令时关于权限方面的一些总结
Android Intent中的FLAG，很全
软件测试工程师的"三十六变"
自动化杂谈之我们应该以怎样的过程学习自动化
敏捷杂谈之敏捷测试中理想的测试组织
Selenium Webdriver元素定位的八种常用方式
史上最简单Robotium跨进程操作实践——基于ADB框架

Process finished with exit code 0
```

图 2-11 爬取结果

2.1.3 使用 Selenium 模拟登录

前面介绍了如何通过分析登录请求参数的方式来"硬登录"待爬取网站获取信息，但针对某些网站的登录请求和交互过程非常复杂的情况，要想明确整个登录过程的请求参数来源和加密过程，需要花费大量的人力和时间，故如果暂时没有办法"硬登录"，也可以选择借助第三方工具的方式来进行模拟登录，如常用的 Selenium+PhantomJS 或 Selenium+ChromeDriver（headless）。

这里简单介绍一下 Selenium。Selenium 是自动化测试中常见的一个测试工具，它可以借助各大浏览器厂商提供的 Driver 程序，通过浏览器底层 API 直接操作浏览器，实现模拟真实用户的各种操作的目的。PhantomJS 和 ChromeDriver 就是第三方浏览器厂商提供的对应的驱动程序，对于爬虫编写来说，它们的意义有两点：从页面上模拟用户的实际操作，把 JS 解析的工作交给浏览器完成，降低脚本编写难度；通过 Selenium 可以直接取得需要的 Cookies 等数据，从实现上来说比较方便。

针对前面 CSDN 的例子，下面使用 Selenium+ChromeDriver 方式来模拟登录获得 Cookies，利用获得的 Cookies 得到登录账号的文章列表（使用 Selenium+PhantomJS 方式的过程与此类似，它们都属于 headless 模式）。相关代码如下所示。

```python
from selenium import webdriver
from selenium.webdriver.chrome.options import Options
import time, requests
from lxml import etree

# 以headless模式运行Chrome浏览器
def get_headless_chromedriver():
    chrome_options = Options()
    chrome_options.add_argument("--disable-gpu")
    chrome_options.add_argument("--headless")
    chrome_options.add_argument("--window-size=1920x1080")
    return webdriver.chrome(chrome_options=chrome_options)

# 使用Session对象保持后续会话
req = requests.Session()
# 调用headers的clear方法清除原始session里面的Python机器人信息
req.headers.clear()
driver = get_headless_chromedriver()
driver.get("https://passport.csdn.net/account/login")
driver.find_element('id', "username").send_keys('username')
driver.find_element('id', 'password').send_keys("password")
driver.find_element('class name', "logging").click()
time.sleep(0.5)
cookies = driver.get_cookies()
# 将Selenium获取的Cookies信息添加到session的cookies中
for cookie in cookies:
    req.cookies.set(cookie['name'], cookie['value'])

r = req.get('http://blog.csdn.net/qingchunjun')
html = etree.HTML(r.text)
articals = html.XPath("//li[@class='blog-unit']/a/h3")
for item in articals:
    print(item.text.strip())
```

这里有以下内容需要注意。

（1）由于混合使用了 Selenium 和 Requests，为了不影响后续操作，建议使用 headless 模式运行浏览器。PhantomJS 本身就是 headless 模式，而 Chrome 则需要设置。与设置相关的代码可以参考上面代码中的 get_headless_chromedriver()方法。

（2）"req.headers.clear()"语句的意思是删除原始 req 中标记的 Python 的信息。此信息会被一些网站捕捉到从而造成登录爬取失败，所以最好删除。

（3）获取到 Selenium 导出的 Cookie 信息后，通过 session 对象的 cookies.set 方法添加到 Cookies 中即可，后面在请求过程中 session 将自动携带该 Cookie 信息。

执行该脚本后，运行结果如图 2-12 所示，同 2.1.2 节的运行结果相同（见图 2-10）。

```
C:\Anaconda3\python.exe E:\pycharm_project\practice\practice\csdn_login_selenium.py
Xpath中关于部分常用轴表达式使用总结
基于Jmeter+Maven+Jenkins持续集成接口测试框架
selenium从零开始到放弃之疑难杂症总结
关于adb4robotium跨进程框架抛出InputStream cannot be null的异常的解决方案
在Android中使用adb命令时关于权限方面的一些总结
Android Intent中的FLAG,很全
软件测试工程师的"三十六变"
自动化杂谈之我们应该以怎样的过程学习自动化
敏捷杂谈之敏捷测试中理想的测试组织
Selenium Webdriver元素定位的八种常用方式
史上最简单Robotium跨进程操作实践——基于ADB框架

Process finished with exit code 0
```

图 2-12 运行结果

2.2 常见反爬手段——验证码

V2-2 身份验证

接触过自动化测试的读者都知道,验证码一直是一个比较令人头痛的问题,其对于爬虫而言也不例外。随着互联网各个站点反爬策略的升级,对于爬虫领域来说,除了常见的登录操作需要验证码之外,在内容爬取的过程中,如果触发了网站的反爬机制,也会随时出现验证码。一旦验证码出现,爬取工作肯定会受到影响。本节将介绍几种常见的验证码处理办法。现在对于验证码还没有非常完美的解决方案,但这里介绍的方法能够处理一些常见的简单验证码。另外,在实际的爬虫编写中,用户应该尽量避免触发验证码机制,这样才最省时省力。本节将学习以下内容。

(1) 了解验证码反爬的原理。
(2) 了解常见的验证码类型。
(3) 了解常见的验证码处理方式。

2.2.1 验证码反爬原理

对验证码,想必读者已经不陌生了,但很多非计算机专业人士并不真正知道其作用。按照验证码的标准定义:验证码(Completely Automated Public Turing test to tell Computers and Humans Apart,CAPTCHA)即全自动区分计算机和人类的图灵测试,它是一种区分用户是计算机还是人的公共全自动程序。通俗而言,验证码的使命就是区分当前的使用者是一台机器还是一个人,所以,验证码是自动化程序的"天敌"。

验证码为什么可以反爬呢?因为从人类角度而言,从一张图片中挑选出认识的字是一件非常容易的事情,计算机对此却无能为力。但近年来,随着人工智能、机器学习的飞速发展,一些简单常规的验证码已经难不倒计算机了,所以人类发明了更加有效的验证码,如图 2-13 所示。另外,现在流行的还有以"极验"为代表的验证码 3.0 版本——滑动验证,这就不是简单的图片识别能做到的了,必须配合自动化的滑动操作。

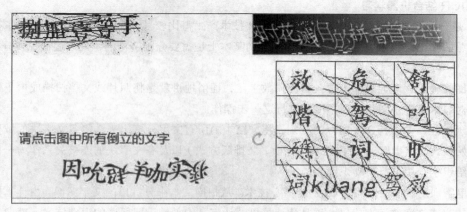

图 2-13　各种各样的验证码

2.2.2　常见验证码类型

目前，市面上流行的验证码主要有以下几种类型。

1．数字型、字母型、数字+字母型

这种类型相对来说是比较简单的，从开发角度来说，生成这种验证码非常方便，故其基本上已经是 Web 开发的标配之一。在早期，这类验证码图片比较简单，基本上是独立的数字或字母，使用 OCR 库足以解决。但现在这种最原始的验证码基本上已经绝迹了，普遍加上了图像噪点和扭曲，给光学字符识别（Optical Character Recognition，OCR）带来了难度。不过对于现在兴起的机器学习算法，如 CNN 等专门用于图片识别的算法，只要有足够的特征标准数据，经过训练后即可比较准确地对这种验证码进行识别。

2．中文验证码

目前，中文验证码普遍使用于一些大的网站（如知乎和网易邮箱等）。由于中文本身的复杂性高且文字数量庞大，所以一般市面上比较少有公开的验证码生成库，基本上各家网站使用的中文验证码均是自己开发的。但正是因为生成机制不一样，所以这类验证码处理起来普遍难度比较大。针对这类验证码，常见的处理方法是使用第三方平台，如百度 AI 开放平台、打码平台等。

3．极验验证码

极验验证码号称率先采用了人工智能算法，能够为互联网企业提供最佳解决方法。极验验证码是以滑动验证为主的验证方法已经被大多数互联网平台所采用。区别于单纯的图片"识别"方式和极验自身研发的加密算法，使得通过硬破解的方法来破解这种验证码的代价非常大。即便破解出来了，通常在短时间内加密算法又会更新。对于这种验证码，通常只能考虑使用自动化工具（如 Selenium 等）来模拟人类的滑动过程，但这和普通的拉动操作不同，还需要结合重力滑动算法，这部分内容在后面介绍滑动验证码时再做详细说明。

2.2.3　常见验证码处理方式

不同类型的验证码要采取不同的处理方式。按照前面所说的类型，通常有以下几种处理验证码的方式。

1. OCR 结合机器学习

OCR 是一种比较传统的图片识别方式。OCR 技术产生得比较早，发展到现在已经经过了很多模式的修改。总的来说，OCR 技术对文本图像的识别基本上是需要分割字符的，处理过程主要分为以下 4 个步骤。

（1）图文输入，即通过输入设备将原稿数字化，通俗地讲就是将照片或文档扫描成电子件。如果待处理的对象本身就是图片，则不需要进行这一步操作。

（2）预处理，即进行文本内容的分割，将文档中的所有文字分拣出来，将各文字块的域界（域在图像中的始点、终点坐标）、域内的属性（横、竖排版方式）以及各文字块的连接关系作为一种数据结构，提供给识别模块进行自动识别。

（3）单字识别。单字识别是 OCR 的核心技术。从扫描文本中分拣出的文字图像，由计算机将其图形、图像转变成文字的标准代码，这是让计算机"认字"的关键，即所谓的识别技术。就像人脑认识文字是因为在人脑中已经保存了文字的各种特征，如文字的结构、文字的笔画等，要想让计算机识别文字，也需要先将文字的特征等信息存储到计算机中，但要存储什么样的信息及怎样来获取这些信息是一个很复杂的过程，而且要达到非常高的识别率才能符合要求。通常采用的做法是根据文字的笔画、特征点、投影信息、点的区域分布等进行分析。汉字由于数量庞大且文字构成比英文复杂很多，因此会借助于专门的特征库完成中文的识别。

（4）后处理。后处理是指对识别出的文字或多个识别结果采用词组方式进行上下匹配，即将单字识别的结果进行分词，与词库中的词组进行比较，以提高系统的识别率，降低误识率。

目前，常用的 OCR 库是基于 Google 开源的 Tesseract，可以识别多种格式的图像文件并将其转换成文本，支持 60 多种语言（包括中文）。Tesseract 最初由 HP 公司开发，后来由 Google 维护，其在 GitHub 的下载地址为 https://github.com/tesseract-ocr/tesseract。在 OCR 领域中，Tesseract 库是对中文支持得最好的库之一。接下来，通过一些简单的例子介绍 Tesseract 的使用。

首先需要安装 Tesseract。要想使用 Tesseract，必须安装 pytesseract 库，它默认支持 PNG 格式的图片和英文数字的识别，如果想识别中文字符，则必须安装 Tesseract 3.0 以上版本，并安装相应的中文训练字库。安装 pytesseract 和 PIL 库比较简单，直接运行 pip 命令即可。

```
pip install pytesseract
pip install PIL
```

Tesseract 需要单独安装，将下载压缩文件解压，在 Windows 环境下，直接安装 tesseract-ocr-setup-3.02.02.exe 文件即可。安装完 Tesseract 后，需要做一些简单的配置，否则直接运行时会出错。配置方法如下。

打开 Python 安装目录下的 Lib→site-packages→pytesseract，找到 pytesseract.py 文件，使用任意的编辑器打开并编辑图 2-14 所示的内容。

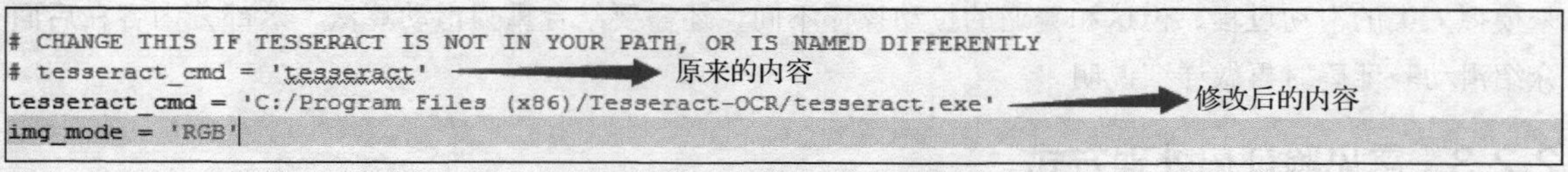

```
# CHANGE THIS IF TESSERACT IS NOT IN YOUR PATH, OR IS NAMED DIFFERENTLY
# tesseract_cmd = 'tesseract'                                    原来的内容
tesseract_cmd = 'C:/Program Files (x86)/Tesseract-OCR/tesseract.exe'    修改后的内容
img_mode = 'RGB'
```

图 2-14 要编辑的内容

将文件中原来的 tesseract_cmd 改为刚刚安装 Tesseract 的路径下 tesseract.exe 所在的位置，修改完毕后保存即可。

接下来设置中文训练字库。打开 Tesseract 安装路径，如 C:\Program Files (x86)\Tesseract-OCR，将这个路径复制下来，进入电脑的环境变量设置页面，新建一个环境变量名为 TESSDATA_PREFIX，值为 Tesseract 的安装路径，确定保存。将下载的 Tesseract 文件夹中的中文语言包文件 chi_sim.traineddata 复制到 Tesseract 的安装目录 tessdata 文件夹中即可，如图 2-15 所示。

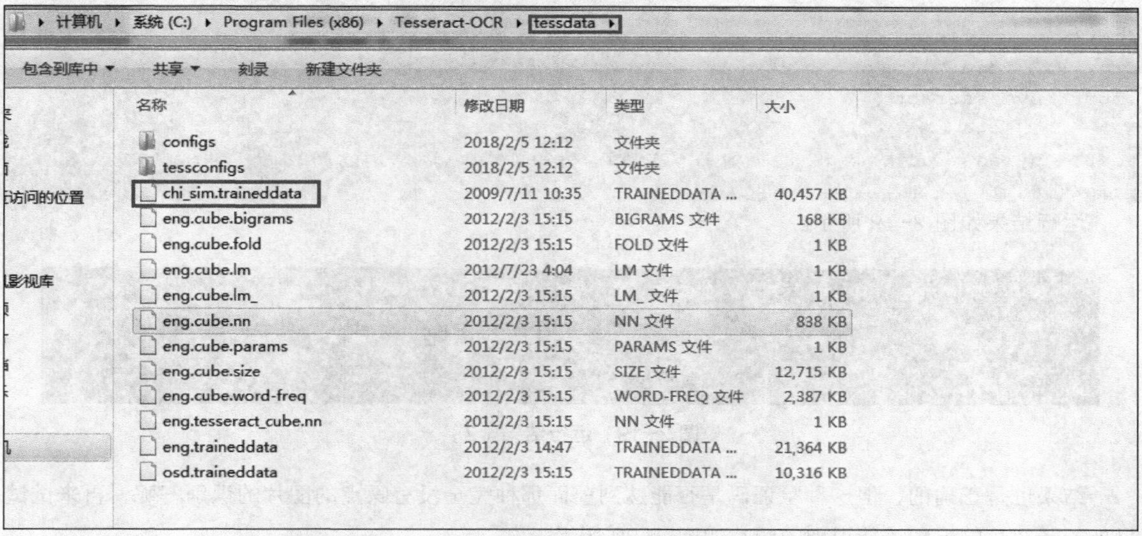

图 2-15　将 chi_sim.traineddata 复制到 Tesseract 的安装目录 tessdata 文件夹中

配置完毕后，即可使用 Tesseract 库。待识别的图片如图 2-16 所示。

图 2-16　待识别的图片（1）

这张图片由纯数字组成，并且图片上没有噪点、扭曲效果，属于最简单的一类，准确率基本上能达到 99%，代码如下。

```
from PIL import Image
import pytesseract

text = pytesseract.image_to_string(Image.open(r'e:\2851.png'))
print(text)
```

运行结果如图 2-17 所示。

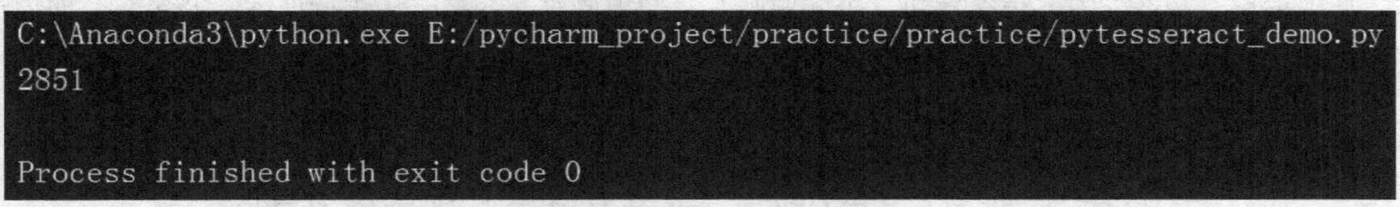

图 2-17　运行结果（1）

运行结果非常完美,能够准确识别图片上的数字。

接下来试试英文字母的情况,待识别的图片如图 2-18 所示。

LXDT

图 2-18 待识别的图片(2)

这张图片上的字母基本上没有变形,属于普通字体,有一定的噪点,但影响不是很大,其代码如下。

```
from PIL import Image
import pytesseract

text = pytesseract.image_to_string(Image.open(r'e:\lxdt.jpg'))
print(text)
```

运行结果如图 2-19 所示。

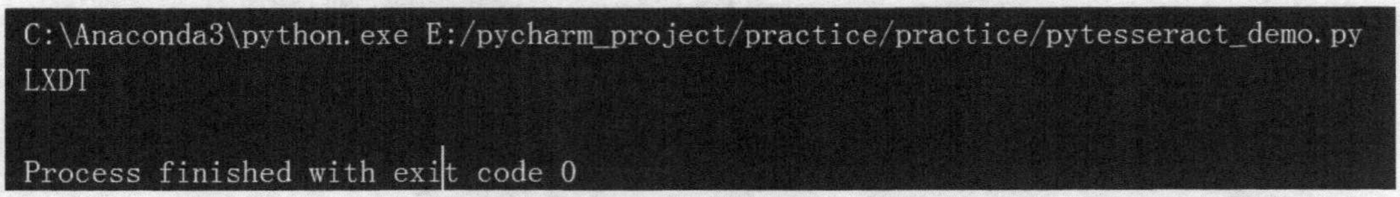

```
C:\Anaconda3\python.exe E:/pycharm_project/practice/practice/pytesseract_demo.py
LXDT

Process finished with exit code 0
```

图 2-19 运行结果(2)

结果也是正确的,但这种验证码是否能达到前面那种完全没有噪点的图片的识别率呢?再来试试另外一张图片的识别,待识别的图片如图 2-20 所示。

NG8N

图 2-20 待识别的图片(3)

修改一下图片路径,运行同样的代码,运行结果如图 2-21 所示。

```
C:\Anaconda3\python.exe E:/pycharm_project/practice/practice/pytesseract_demo.py
NGsN

Process finished with exit code 0
```

图 2-21 运行结果(3)

可以看到,这次运行的结果就不那么正确了,中间的"8"被识别成了"s"。这是因为文字的扭曲和噪点都可能会影响 Tesseract 对文字的识别,所以这里对"8"的识别出了问题。对于这种类型的文本,准确率只有 75%左右。怎么解决这个问题呢?我们需要对 Tesseract 进行训练(Train),即通过更多的样本数据来训练它,以达到更高的准确率。经过训练后的准确率可以达到 95%左右。

下面来看中文的识别。随便截取一段中文文本作为图片,如图 2-22 所示。

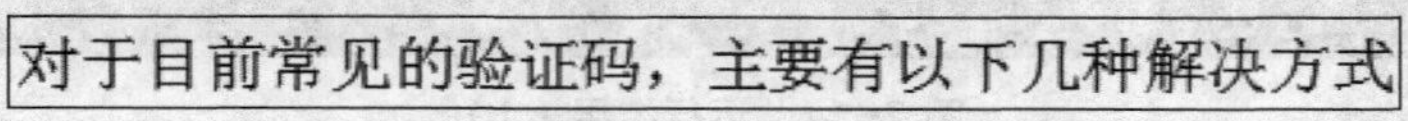

对于目前常见的验证码,主要有以下几种解决方式

图 2-22 待识别的图片(4)

对于中文的识别，需要配置 lang 参数以指定训练文本库，代码如下。

```
from PIL import Image
import pytesseract

text = pytesseract.image_to_string(Image.open(r'e:\zw.png'), lang='chi_sim')
print(text)
```

这里的关键是要加上 lang 参数并指定语言的训练库，Tesseract 将根据这个参数寻找训练库的相应训练数据。运行结果如图 2-23 所示。

```
C:\Anaconda3\python.exe E:/pycharm_project/practice/practice/pytesseract_demo.py
对于  目 前常见的验证码  主要有以下几种解决方式

Process finished with exit code 0
```

图 2-23　运行结果（4）

可见，其对于基本的文本识别率是比较高的，但对于有底纹或加了扭曲效果的文本，也需要通过训练后才能提高识别率。

2．第三方平台接口（打码平台和百度 AI 开放平台）

如果不想通过图像识别等技术手段来攻克验证码，也可以选择第三方服务。对于目前网络平台的大部分验证码来说，可以由第三方"打码"平台来处理。所谓的第三方"打码平台"究竟是如何做到正确识别各种类型的验证码的呢？其实原理很简单，要使用第三方的"打码"服务，必须在爬虫中引用这些平台提供的 API，并通过这些接口将验证码图片上传至打码平台。打码平台 24 小时通过人工或程序的方式在线识别这些验证码，识别后的结果将通过接口形式返回，这样即可获得验证码的结果。这些打码平台通常是收费的，收费的价格根据验证码形式和复杂度各有不同，一般一条验证码收费 0.01～0.05 元，正确率一般为 95%～99%。打码平台的具体使用方式也比较简单，通常在打码平台注册一个账户并获取一个 App_Id，再按照要求把打码平台提供的 API 集成到自己的项目中并调试成功即可。各平台具体的配置方式有所不同，但都会提供源码 Demo。

除了第三方的云打码，百度 AI 开放平台也是一个比较好的选择。现在百度 AI 开放平台提供了针对人工智能领域的各种解决方案。百度 AI 开放平台上的"视觉技术"目录如图 2-24 所示。其中，爬虫能用到的主要是视觉技术提供的图像识别和文字识别服务。百度对基础 AI 服务均提供免费服务配额，可以方便用户进行调试。

图 2-24　百度 AI 开放平台上的"视觉技术"目录

下面介绍百度 AI 服务接口在使用时的基本流程并附案例，以方便大家了解这种方法。

（1）注册并开通百度云服务，获取开发者账号。获得开发者账号后，可以通过控制台查询每天的免费服务配额情况。如果使用了付费服务，则可以查询费用情况。百度云控制台查询列表如图 2-25 所示。

可用服务列表

API	状态	调用量限制	QPS限制	付费开通
通用文字识别	●免费使用	500次/天免费	不保证并发	开通付费
通用文字识别（含位置信息版）	●免费使用	500次/天免费	不保证并发	开通付费
通用文字识别（含生僻字版）	●待开通付费	–	–	开通付费
通用文字识别（高精度版）	●免费使用	50次/天免费	不保证并发	开通付费
通用文字识别（高精度含位置版）	●免费使用	50次/天免费	不保证并发	开通付费
网络图片文字识别	●免费使用	500次/天免费	不保证并发	开通付费

图 2-25　百度云控制台查询列表

（2）安装百度 AI 的 Python SDK，这里直接运行 pip 命令进行安装即可，代码如下所示。

```
pip install baidu-aip
```

（3）SDK 安装成功后，登录百度控制台创建应用，如图 2-26 所示。

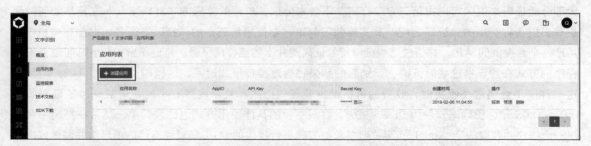

图 2-26　创建应用

单击“创建应用”按钮即可新建一个应用。注意，此处必须创建自己的应用才能获取服务相关的 AppID 等参数，否则无法使用。根据实际情况创建好应用后，进入应用列表即可查询到与应用相关的信息。

（4）应用创建好后，即可使用文字识别相关的接口。创建一个 Python 文件，并初始化一个 AipOcr 对象。代码如下。

```
from aip import AipOcr

# 你的 APPID AK SK
APP_ID = 'your id'
API_KEY = 'your key'
SECRET_KEY = 'your sec key'

client = AipOcr(APP_ID, API_KEY, SECRET_KEY)
```

其中，APP_ID、API_KEY 和 SECRET_KEY 都可以在自己创建的应用列表中找到，应替换为自己创建的应用中对应的值。

（5）这里以通用文字识别为例，演示如何调用百度的 API。分别以一张英文和中文的图片作为识别对象，如图 2-27 和图 2-28 所示。

图 2-27 待识别英文图片

图 2-28 待识别中文图片

相关代码如下。

```
from aip import AipOcr

""" 你的 APPID AK SK
APP_ID = 'your id'
API_KEY = 'your key'
SECRET_KEY = 'your sec key'

client = AipOcr(APP_ID, API_KEY, SECRET_KEY)

# 读取图片
def get_file_content(filePath):
    with open(filePath, 'rb') as fp:
        return fp.read()


eng_img = get_file_content('abcd.png')
chi_img = get_file_content('实验流程.png')

# 调用通用文字识别，图片参数为本地图片
result_eng = client.basicGeneral(eng_img)
result_chi = client.basicGeneral(chi_img)
print(result_eng, result_chi)
```

把待识别的图片放到代码所在目录中，分别按照代码中的命名修改文件名，配置好文件路径后即可运行。运行结果如下。

```
C:\Anaconda3\python.exe
E:/PyCharm_project/practice/practice/baidu_ai_demo.py
{'log_id': 9045269729635236068, 'words_result_num': 1, 'words_result': [{'words': '实验流程'}]} {'log_id': 7763793967108873867, 'words_result_num': 1, 'words_result': [{'words': 'ABCD'}]}

Process finished with exit code 0
```

其返回的响应值是一个 json 字符串，通用文字识别返回数据参数详情如图 2-29 所示。

在此例中可以看出，百度 AI 对于基本文字的识别效果还是不错的。它除了可以读取本地图片之外，还可以读取网络 URL 图片并提供相关的参数。具体可配置的参数可以参考 http://ai.baidu.com/docs#/OCR-Python-SDK/top 进行查询，由于篇幅限制，这里不再列出具体内容。

字段	必选	类型	说明
direction	否	number	图像方向，当detect_direction=true时存在。 - -1:未定义， - 0:正向， - 1:逆时针90度， - 2:逆时针180度， - 3:逆时针270度
log_id	是	number	唯一的log id，用于问题定位
words_result_num	是	number	识别结果数，表示words_result的元素个数
words_result	是	array	定位和识别结果数组
+words	否	string	识别结果字符串
probability	否	object	行置信度信息；如果输入参数 probability = true 则输出
+average	否	number	行置信度平均值
+variance	否	number	行置信度方差
+min	否	number	行置信度最小值

图 2-29　通用文字识别返回数据参数详情

3．滑动验证码的处理

前面介绍的都是识别型验证码，即只需要识别图片中的内容并根据要求把内容写出来即可。除了识别型验证码外，还有一种典型的验证码——滑动验证码，这种验证码需要根据要求把图片中的滚动条拖动到指定位置才能通过验证，如图 2-30 所示。滑动验证码依靠打码平台或 AI 开放平台暂时没有办法完成验证，但考虑到 Selenium 等工具有拖动功能，因此可以尝试使用 Selenium 来进行自动验证。

图 2-30　检验滑动验证码

滑动验证码的原理不仅包含了滑动位置的判定，其算法中还融合了滑动速度、滑动位置、滑动时长等多种因素，所以只是单纯地使用自动化工具快速地将滚动条拖动到指定位置是无法达到目的的。总的来说，极验滑动验证码的滑动操作主要有两个要点：一是计算两个图片缺口的位置，二是拖动的速度模拟。

对于两个图片缺口位置的计算，其主要算法是先写一个方法把没有缺口的图片和有缺口的图片保存下来，再通过像素比较的方式得到缺口的位置。没有缺口的图片和有缺口的图片分别如图 2-31 和图 2-32 所示。

图 2-31　没有缺口的图片

图 2-32　有缺口的图片

计算缺口位置的代码如下。

```
# 计算缺口的位置
def get_diff_location(image1,image2):
    i=0
    # image1和image2是截取的两张原始图，大小都是160像素×260像素
    # 通过两个for循环依次对比每个像素点的RGB值
    # 如果其相差超过50，则认为找到了缺口的位置
    # 从62开始是因为比较时要避开开始位置（见有缺口的图片中的①所示）
    for i in range(62,260):
        for j in range(0,116):
            if is_similar(image1,image2,i,j)==False:
                return i
```

其中，is_similar()方法的定义如下。

```
# 对比RGB值
def is_similar(image1,image2,x,y):
    #获取指定位置的RGB值
    pixel1=image1.getpixel((x,y))
    pixel2=image2.getpixel((x,y))
    for i in range(0,3):
        # 如果其相差超过50，则认为找到了缺口的位置
        if abs(pixel1[i]-pixel2[i])>=50:
            return False
    return True
```

得到缺口位置后，比较关键的是在拖动时不能通过滑动验证脚本一下拖动到底，因为滑动验证脚本的算法会计算滑动时间和滑动速度，如果滑动速度和时间不符合人类常规操作，则会认为是机器操作而使用户重试。怎么才能模拟人类操作呢？一般而言，正常人类操作时，前面大约 2/3 的距离拖动得比较快，而后面 1/3 的距离由于担心拖动过界，所以拖动速度会慢下来。因此，可以利用物理加速度公式来模拟这个操作，关键代码如下。

```
# 计算移动轨迹
def move_steps(distance):
```

```python
    current_pos = 0
    # 移动轨迹
    steps = []

    # 2/3的位置处开始变为减速
    mid = distance * 2 / 3
    # 计算的时间间隔
    t = 0.2
    # 初始速度
    v = 0

    while current_pos < distance:
        if current_pos < mid:
            # 前面的路程加速度为2
            a = 2
        else:
            # 后面的路程加速度为-3
            a = -3
        # 初速度v0
        v0 = v
        # 计算当前速度
        v = v0 + a * t
        # 根据公式计算x = v0t + 1/2 * a * t^2
        move_dis = v0 * t + 1 / 2 * a * t * t
        # 当前位移
        current_pos += move_dis
        # 加入轨迹
        steps.append(round(move_dis))
    return steps
```

定义好滑动轨迹后,移动滑块的代码如下。

```
# 移动滑块
deaf move_to_target(driver, slider, steps):
    ActionChains(driver).click_and_hold(slider).perform()
    # 按照之前的移动轨迹进行位移
    for step in steps:
        ActionChains(driver).move_by_offset(xoffset=step, yoffset=0).perform()
    time.sleep(1)
    ActionChains(driver).release().perform()
```

其实,无论前端的验证方式是识别字符还是滑动验证,其后端都是将客户端验证的结果以一串参数的形式发送到服务器端进行验证,所以从理论上来说,只要破解了验证码的算法,不需要通过客户端进行操作,直接发送请求即可达到验证的目的。但这些算法都经过比较复杂的加密,破解起来极其费时费力,成本巨大,一般由专门的团队进行研究,单靠个人是难以完成的。此外,需要记住一点:验证码和自动化永远是一对"天敌",要想做到一劳永逸是不可能的。验证码领域的算法在不断更新,基本上每个月都会有新的算法出现,所以单纯从制作爬虫爬取内容的目的来说,除了比较简单的验证码或者有现成解决方案的验证码之外,不建议大家"硬破解",那样太耗费时间和精力,很容易本末倒置。

有现成的第三方解决方案解决验证码问题最好，如果没有，应尽量通过其他手段绕开验证码，如使用 Cookie、控制爬取效率、使用 IP 代理池等，这样才是提高爬虫爬取效率的最佳手段。

2.3 常见反爬手段——速度、数量限制

V2-3 验证码识别

编写过爬虫的读者经常会遇到这样一个问题：针对某网站的爬虫，刚开始爬取信息时是完全正常的，但爬取完几页数据后或爬取几分钟后会莫名其妙地返回服务器错误信息 50X，或者提示 301、404 等错误信息。遇到这种情况时，基本上可以确定爬虫已经被服务器的反爬策略发现了，如果想继续访问，则只能得到各种奇奇怪怪的错误码，甚至提示"当前服务器拒绝访问"。本节将针对这种最常见的反爬手段进行分析和解决。具体包括以下内容。

（1）了解服务器对速度、数量限制反爬的原理和手段。

（2）了解常见的针对反爬限速、频次限制的突破手段。

2.3.1 服务器对速度、数量限制反爬的原理和手段

很多大型网站会通过硬件防火墙或主机的软件防火墙记录 IP 地址的访问流量和频次。例如，在 Linux 服务器的 iptables 中设置响应的访问规则，如果单一 IP 地址访问数据包流量或访问频次出现异常，则会直接被拒绝访问。以下代码为相关的设置示例。

```
iptables -A INPUT -m state --state RELATED,ESTABLISHED -m
limit --limit 10/second --limit-burst 20 -j ACCEPT
```

通过这段代码，可以在服务器的防火墙中设置这样的内容：当收到 20 个数据包后，触发访问频次限制，此时每秒最多接收 10 次连接请求，即单位时间为 100ms；如果 100ms 内没有收到请求，系统触发的条件就+1，即如果 1s 内停止发送数据，则再次建立 10 次连接时不会激活单位计数限制。可见，通过防火墙的设置，可以比较方便地实现针对 IP 地址访问的流量监控。

另外，在常用的 PHP 服务器中，也可以开启带宽限制模块，代码如下所示。

```
LoadModule bw_module /usr/lib/apache/mod_bw.so
```

该模块可以设置访问的最大带宽、每个 IP 地址的最大连接数和最大带宽数，代码如下所示。

```
BandWidthModule On
ForceBandWidthModule On
BandWidth all 1024000
MinBandwidth all -1
MaxConnection all 3
```

2.3.2 针对反爬限速、频次限制的突破手段

既然前面介绍的限速、频次限制都是基于 IP 地址的，要想反反爬自然就要从 IP 地址上想办法，有多种方式可实现爬虫过程中的 IP 切换操作，这里介绍以下两种方式。

（1）如果当前 IP 地址是路由器分配的，则比较简单的做法是通过程序定期重启路由器，强制断开连接并重新分配 IP 地址。

（2）使用 IP 代理池。

使用 IP 代理池是更加通用的做法，不管是最普通的小型爬虫，还是大型分布式爬虫，都可以通过

使用 IP 代理池的方式来切换 IP 地址。从哪里得到大量可用的 IP 地址呢？答案是使用 IP 代理商。现在，互联网上有很多 IP 代理商提供收费或免费的 IP 资源，用户可以直接在代码中使用代理商给出的代理引用接口，通过 requests 的 proxy 参数设置代理 IP 地址。

使用 IP 代理时，首先要明确代理类型，因为不同类型的 IP 代理对服务器的影响是不一样的。常见的代理服务器有高匿代理、混淆代理、匿名代理、透明代理和高透代理。不同类型的代理服务器有什么区别呢？当使用代理转发数据的同时，代理服务器也会改变 REMOTE_ADDR、HTTP_VIA、HTTP_X_FORWARDED_FOR 这 3 个变量并发送给目标服务器。当使用高透代理时，代理服务器只负责单纯地转发数据，此时 REMOTE_ADDR、HTTP_VIA、HTTP_X_FORWARDED_FOR 的值如下所示。

```
REMOTE_ADDR = Your IP
HTTP_VIA = Your IP
HTTP_X_FORWARDED_FOR = Your IP
```

当使用透明代理时，服务器知道用户在使用代理，也知道用户的实际 IP 地址，此时 REMOTE_ADDR、HTTP_VIA、HTTP_X_FORWARDED_FOR 的值如下所示。

```
REMOTE_ADDR = Proxy IP
HTTP_VIA = Proxy IP
HTTP_X_FORWARDED_FOR = Your IP
```

当使用匿名代理时，服务器知道用户在使用代理，但不知道用户的实际 IP 地址，此时 REMOTE_ADDR、HTTP_VIA、HTTP_X_FORWARDED_FOR 的值如下所示。

```
REMOTE_ADDR = Proxy IP
HTTP_VIA = Proxy IP
HTTP_X_FORWARDED_FOR = Your Proxy
```

当使用高匿代理时，服务器不知道用户在使用代理，更不知道用户的实际 IP 地址，此时 REMOTE_ADDR、HTTP_VIA、HTTP_X_FORWARDED_FOR 的值如下所示。

```
REMOTE_ADDR = Proxy IP
HTTP_VIA = N/A
HTTP_X_FORWARDED_FOR = N/A
```

当使用混淆代理时，服务器知道用户在使用代理，但用户的 IP 地址是假的，此时 REMOTE_ADDR、HTTP_VIA、HTTP_X_FORWARDED_FOR 的值如下所示。

```
REMOTE_ADDR = Proxy IP
HTTP_VIA = Proxy IP
HTTP_X_FORWARDED_FOR = Random IP
```

一般而言，在实际使用中，代理服务器的选择优先级从高到低依次为高匿、混淆、匿名、透明、高透。

2.4 自己动手搭建 IP 代理池

V2-4 IP 代理基础知识

前面学习了常见的反爬手段中针对 IP 地址所做的限制，并且学习了代理 IP 的基本知识。本节将引领读者自己编写一个可用的 IP 代理池，通过该 IP 代理池，用户可以不断地从网上获取新的可用代理 IP 地址，增强爬虫的健壮性，降低爬虫被网站反爬的概率。本节主要学习以下内容。

(1)熟悉 IP 代理池的架构和特性。
(2)熟悉 IP 代理池构建的实现过程。

2.4.1 创建 IP 代理池的基本要求

常规 IP 代理池的基本要求如下。

(1)多站爬取,异步检测

IP 代理池的 IP 资源一般来自于网上公开的免费代理资源,为了获得尽可能多的 IP 资源,IP 代理池一般会采用多站爬取的策略,并对爬取回来的 IP 代理资源进行定期异步检测,以提高程序的执行效率。

(2)定时筛选,持续更新

IP 代理池的第二个基本要求是能够针对代理 IP 队列中的 IP 地址进行定时筛选,对每个 IP 代理资源进行打分(Ranking),及时保证 IP 队列中 IP 资源的有效性。同时,通过调度管理器,设置在特定时间间隔内能够对资源进行定期扫描和获取,在有效 IP 资源低于最低数目阈值时,能够启动 IP 爬取器,从指定的代理 IP 网站中爬取新的 IP 资源,保证 IP 代理池的持续更新。

(3)提供接口,方便提取

除了能够针对 IP 代理池中的 IP 资源进行更新、爬取、检测之外,在 IP 代理池框架中,还必须对外提供一个便于提取的 API,以方便从 IP 代理池中提取代理 IP 资源。通常,应该避免使用数据库直接操作,可以使用常见的 Web 框架,如 Flask、Django 等,开发一个基于 Web 的调用接口。

2.4.2 IP 代理池基本架构

IP 代理池结构示意图如图 2-33 所示。

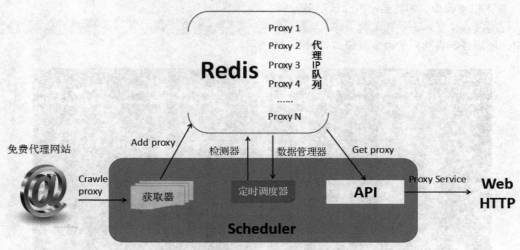

图 2-33　IP 代理池结构示意图

就结构来说,IP 代理池就是一个小型的 IP 资源管理系统,由五部分组成,这几个部分分工合作,最终保障了代理池的正常工作。下面对每部分的作用加以说明。

(1)获取器(Fetcher):主要用于从指定的互联网 IP 代理网站中获取可用的免费 IP 资源,它可以包含若干个不同代理 IP 网站的爬取方法。

（2）检测器（Checker）：主要用于对获取的免费代理 IP 资源进行测试（Test）并根据测试结果对代理 IP 进行评分（Ranking）。周期性测试的结果不满足最低分数要求的 IP 资源将被自动丢弃，以确保代理 IP 资源的有效性。

（3）定时调度器（Scheduler）：它是整个 IP 代理池框架的"总管"。其可按照用户设置的时间规则定时启动过滤器，以对队列中的 IP 资源进行有效性检测。

（4）数据管理器：负责数据库连接及对 Redis 中的数据进行管理操作，包括设置 Ranking、根据 Ranking 结果进行排序等。

（5）API：由 Flask 提供的 Web 调用接口，要使用代理 IP 资源时，将通过此 Web 接口进行请求的调用。

2.4.3 相关组件的安装

在开始写具体的代码之前，要先安装所需要的组件和第三方库。

1. Redis 数据库的安装

Redis 是一个基于内存的高性能 key-value 数据库，即 NoSQL 缓存数据库。它支持丰富的数据类型，可在硬盘中实现数据持久化，在 Scrapy 框架中，也可以使用它来做 URL 去重等，它还经常被用来作为存储代理 IP 资源的数据库。由于 Redis 原生是不支持 Windows 环境安装的，所以如果使用的是 Windows 平台，则无法去官网下载安装包。但有开源组织对其进行了针对 Windows 平台的改造，可以下载针对 Windows 的 Redis 版本，其下载地址为 https://github.com/MicrosoftArchive/redis/tags，下载最新的版本即可。

安装包是压缩包格式，下载后直接进行解压缩操作即可，不需要安装。解压缩完毕后，将其保存到任意不含中文字符的路径中。打开命令行窗口，将命令行当前位置改为刚刚放置 Redis 解压缩包的路径，输入以下命令，即可启动 Redis 服务器。

```
redis-server.exe
```

Redis 服务器启动后的命令行窗口如图 2-34 所示。

图 2-34　Redis 服务器启动后的命令行窗口

如果命令行窗口中显示"Server started, Redis version X.X.XXX",则代表 Redis 服务器启动成功。注意,启动成功后,不要关闭命令行窗口,因为命令行窗口被关闭后,Redis 服务就会停止。

如果 Redis 启动未成功,则很有可能是因为端口被占用了。Redis 的默认端口是 6379,如果是因为端口被占用而无法启动 Redis,则可以通过修改安装目录下的 redis.windows.conf 文件修改 Redis 的默认端口为任意可用端口,如图 2-35 所示,重新运行命令启动服务即可。

```
# Accept connections on the specified port, default is 6379.
# If port 0 is specified Redis will not listen on a TCP socket.
port 6379
```

图 2-35 修改 Redis 的默认端口

2. 第三方库的安装

第三方库主要包括以下库。

(1) aiohttp>=1.3.3:主要用于发送异步 HTTP 请求,要求 Python 的版本必须高于 3.5。

(2) Flask>=0.11.1:主要用于提供提取可用 IP 代理资源的 Web 接口。

(3) redis>=2.10.5:Python 中连接和操作 Redis 的库。

(4) requests>=2.13.0:Python 中发送 HTTP 请求的库。

(5) lxml>=4.1.0:主要用于解析代理网站页面提取的 IP 地址信息。

这些库可以单独安装,也可以通过 GitHub 下载本项目源码后,在源码路径中的 requirements.txt 中使用 pip 命令进行安装,安装命令如下。

```
pip install -r requirements.txt
```

第三方库安装完毕后,即可着手按照 IP 代理池的架构开始编写代码。下面将介绍几个重点模块的关键代码及使用的相关技术,以方便读者了解和熟悉 IP 代理池的编写过程。

首先来看看获取器。前面说过,获取器的作用是从指定的代理 IP 网站中获取免费的 IP 资源,并把这些资源加入到 Redis 的 IP 资源队列中。这个模块涉及两个难点:一是各个代理 IP 网站的结构是不一样的,无法用一个统一的解析方法去解析这些网站,针对不同的网站必须编写不同的方法,所以有多少个代理网站,就会有多少个对应的解析方法;二是启动爬取器去爬取 IP 代理网站的 IP 资源时,往往是多站串行爬取的,而每个站的爬取和解析的方法是不相同的,所以这些方法只能在动态运行时调用,不可能预先写好调用方法。怎么解决这个问题呢?其实可以模仿 unittest 框架的做法,通过 Python 中的 eval 方法,利用方法名进行反射调用。为了做到这一点,可以事先约定所有代理网站 IP 爬取方法都以"crawl_"开头,通过调用类的__dict__方法就能获得这个类中所有以"crawl_"开头的方法,最后以 eval 进行调用即可。来看下面这个简单的例子。

```
class democlass:

    def test1(self):
        print('this is test1')

    def test2(self):
        print('it is test2')

if __name__ == '__main__':
    func_list = []
```

```
    # 通过__dict__属性获得方法的指针和方法名
    for k, v in democlass.__dict__.items():
        if 'test' in k:
            func_list.append(k)
    dc = democlass()
    for fun in func_list:
    # 通过eval方法，以对应的方法名字符串为参数调用该方法
        eval("dc.{}()".format(fun))
```

运行上述代码，运行结果如下。

```
this is test1
it is test2
```

在这段示例代码中，定义了一个类democlass，并定义了两个非常简单的方法——test1和test2。下面要做的事情是取出这个类中定义的所有以"test"开头的方法名，使用以下语句来实现。

```
func_list = []
# 通过__dict__属性获得方法的指针和方法名
    for k, v in democlass.__dict__.items():
        if 'test' in k:
            func_list.append(k)
```

在Python中，一个类的__dict__属性会存储所有实例共享的变量和函数（类属性、方法等），但类的__dict__不会包含其父类的属性，这一点需要注意。另外，为了得到定义的爬取类下面的所有爬取方法的名称，必须使用类名来调用__dict__属性，而不是通过爬取类的实例来调用，这是有区别的。仍以前面的示例为例，如果使用democlass的实例来调用__dict__属性，会得到什么结果呢？

```
dc = democlass()
for k, v in dc.__dict__.items():
    print(k, v)
```

运行这段代码后会发现输出结果为空，没有显示任何东西。这是为什么呢？因为对象的__dict__属性只会存储这个对象的属性值，democlass只定义了两个方法，没有定义属性，所以输出结果为空。如果在democlass类中定义了两个属性值，再次输出时就会显示属性的值。如下面的代码所示，在democlass中随便添加两个属性值。

```
class democlass:

    def __init__(self):
        self.name = 'democlass'
        self.age = 3

    def test1(self):
        print('this is test1')

    def test2(self):
        print('it is test2')
```

接下来运行下面这段代码。

```
dc = democlass()
for k, v in dc.__dict__.items():
    print(k, v)
```

这样即可得到所有属性的值。

```
democlass
3
```

理解了前面的例子，就可以将爬取目标代理 IP 网站的代码编写出来了。关键代码如下（crawler.py）。

```python
from utils import get_page
from lxml import etree
import time
import re
import requests

class Crawler:

    # 获取Crawler类中所有的爬取方法名
    def get_funclist(self):
        func_list = []
        for k, v in Crawler.__dict__.items():
            if 'crawl_' in k:
                func_list.append(k)
        return func_list

    # 通过反射功能，直接通过方法名调用爬取方法，以获取代理列表
    def get_proxies(self, func):
        proxies = []
        for proxy in eval("self.{}()".format(func)):
            print('成功获取到代理', proxy)
            proxies.append(proxy)
        return proxies

    # 各个代理IP网站的IP爬取方法
    # 如果有新的目标网站，则可以自定义以一个 "crawl_" 开头的方法并放于下面
    def crawl_daili66(self, page_count=5):
        """
        代理名称：66ip
        :param page_count: 页码
        :return: proxy
        """
        start_url = 'http://www.66ip.cn/{}.html'
        urls = [start_url.format(page) for page in range(1, page_count + 1)]
        for url in urls:
            r = get_page(url)
            html = etree.HTML(r)
            proxy_trs = html.XPath("//div[@id='main']//table//tr")
            for i in range(1, len(proxy_trs)):   # 第一行是标题，略过
                ip = proxy_trs[i].XPath("./td[1]")[0].text
                port = proxy_trs[i].XPath("./td[2]")[0].text
                yield ":".join([ip, port])

    def crawl_ipxici(self):
        """
```

```python
        代理名称：xicidaili
        :return: proxy
        """
        headers = {
        "User-Agent": "Mozilla/5.0 (Macintosh; Intel Mac OS X 10_14_6) AppleWebKit/537.36 (KHTML, like Gecko) Chrome/77.0.3865.90 Safari/537.36"
        }
        resp = requests.get("https://www.xicidaili.com/nn/", headers=headers)
        ips = re.findall(
            '<td  class="country"><img  src="//fs.xicidaili.com/images/flag/cn.png" alt="Cn" /></td>\s+<td>(.*?)</td>\s+<td>(.*?)</td>',
            resp.text, re.S)
        for ip, port in ips:
            yield ":".join([ip, port])

    def crawl_kuaidaili(self, page_count=5):
        """
        代理名称：快代理
        :param page_count: 页码
        :return: proxy
        """
        base_url = 'https://www.kuaidaili.com/free/inha/{}/'
        urls = [base_url.format(page) for page in range(1, page_count + 1)]
        for url in urls:
            time.sleep(1)
            html = etree.HTML(get_page(url))
            proxy_trs = html.XPath("//div[@id='list']/table//tr")
            for i in range(1, len(proxy_trs)):
                ip = proxy_trs[i].XPath("./td[1]")[0].text
                port = proxy_trs[i].XPath("./td[2]")[0].text
                yield ":".join([ip, port])
```

Crawler 类就是爬取器的主体。那么如何调用这个爬取器？什么时候进行调用呢？这里要定义好触发爬取操作的判断条件。为了防止代理 IP 过多造成系统资源的浪费，在每次爬取之前都需要先判断 Redis 中已有 IP 队列的数量，如果小于设置的最小数量阈值，则可以开始进行爬取，补充队列；如果大于设置的最大数量阈值，则不能进行爬取。关键代码如下（fetcher.py）。

```python
from db import RedisClient
from crawler import Crawler
from setting import *
import sys


class Fetcher:
    def __init__(self):
        self.redis = RedisClient()
        self.crawler = Crawler()

    def is_over_threshold(self):
        #判断是否达到了代理池数量上限
        if self.redis.count() >= POOL_UPPER_THRESHOLD:
```

```
            return True
        else:
            return False

def run(self):
    print('获取器开始执行')
    if not self.is_over_threshold():
        for func in self.crawler.get_funclist():
            # 从各个代理IP网站开始获取IP代理地址
            proxies = self.crawler.get_proxies(func)
            sys.stdout.flush()
            for proxy in proxies:
                # 将获取的proxy加入到Redis队列中
                self.redis.add(proxy)
```

因为将代理地址加入到队列中后，需要在数据库中对这些代理地址进行管理，所以可以将这些管理操作封装到一个 Redis 数据库操作类中。这个数据库的相关操作主要是对 Redis 数据库连接进行初始化、添加一个代理到列表中、设置代理分值、为代理加分及减分等。关键代码如下（db.py）。

```
import redis
from error import PoolEmptyError
from setting import REDIS_HOST, REDIS_PORT, REDIS_PASSWORD, REDIS_KEY
from setting import MAX_SCORE, MIN_SCORE, INITIAL_SCORE
from random import choice
import re


class RedisClient(object):
    def __init__(self, host=REDIS_HOST, port=REDIS_PORT, password=REDIS_PASSWORD):
        """
        初始化
        :param host: Redis 地址
        :param port: Redis 端口
        :param password: Redis密码
        """
        self.db = redis.StrictRedis(host=host, port=port, password=password, decode_responses=True)

    def add(self, proxy, score=INITIAL_SCORE):
        """
        添加代理，默认分数为settings文件里设置的初始分数
        :param proxy: 代理
        :param score: 分数
        :return: 添加结果
        """
        if not re.match('\d+\.\d+\.\d+\.\d+:\d+', proxy):
            print('代理不符合规范', proxy, '丢弃')
            return
        if not self.db.zscore(REDIS_KEY, proxy):
            return self.db.zadd(REDIS_KEY, score, proxy)
```

```python
# 提供的Web接口方法,随机返回可用代理地址
def get_proxy_by_random(self):
    """
    随机获取有效代理,先尝试获取最高分数代理,如果不存在,则按照排名进行获取
    :return: 随机代理
    """
    result = self.db.zrangebyscore(REDIS_KEY, MAX_SCORE, MAX_SCORE)
    if len(result):
        return choice(result)
    else:
        result = self.db.zrevrange(REDIS_KEY, 0, 100)
        if len(result):
            return choice(result)
        else:
            raise PoolEmptyError

def decrease(self, proxy):
    """
    代理值减一分,若其小于最小值则将其删除
    :param proxy: 代理
    :return: 修改后的代理分数
    """
    score = self.db.zscore(REDIS_KEY, proxy)
    if score and score > MIN_SCORE:
        print('代理', proxy, '当前分数', score, '减1')
        return self.db.zincrby(REDIS_KEY, proxy, -1)
    else:
        print('代理', proxy, '当前分数', score, '移除')
        return self.db.zrem(REDIS_KEY, proxy)

# 提供的Web接口方法,按照分数查询对应的IP代理
def get_proxy_by_score(self, score):
    return self.db.zrangebyscore(REDIS_KEY, score, score)

def exists(self, proxy):
    """
    判断是否存在
    :param proxy: 代理
    :return: 是否存在
    """
    return not self.db.zscore(REDIS_KEY, proxy) == None

def max(self, proxy):
    """
    将代理设置为MAX_SCORE
    :param proxy: 代理
    :return: 设置结果
    """
```

```python
        print('代理', proxy, '可用，设置为', MAX_SCORE)
        return self.db.zadd(REDIS_KEY, MAX_SCORE, proxy)

    def count(self):
        """
        获取数量
        :return: 数量
        """
        return self.db.zcard(REDIS_KEY)

    def all(self):
        """
        获取全部代理
        :return: 全部代理列表
        """
        return self.db.zrangebyscore(REDIS_KEY, MIN_SCORE, MAX_SCORE)

    # 设置批量获取IP地址
    def batch(self, start, stop):
        """
        批量获取
        :param start: 开始索引
        :param stop: 结束索引
        :return: 代理列表
        """
        return self.db.zrevrange(REDIS_KEY, start, stop - 1)
```

另一个比较重要的部分是检测器。检测器，顾名思义，它专门负责检测代理 IP 地址的有效性。检测的办法很简单，可以在 request 请求中设置待测 IP 地址为代理 IP，使用 GET 或 head 方法对某网站（如百度）进行请求，并判断请求返回的状态码，如果状态码为 200 或 302 等非错误响应代码，则说明该代理 IP 是有效的。为了方便对有效的 IP 地址进行查找和排序，可以在 Redis 数据库中以有序列表的方式来存储 IP 地址并对每个地址进行评分。凡是测试为有效的 IP 代理地址都可以设置为最高分，之后每次测试只要返回非正常状态码（如 500 等），就减去一定的分值，直到减到最低分，就从 Redis 列表中丢弃该代理 IP。当然，最高分、最低分及每个 IP 初始的分值可以根据需要在 Settings 文件中进行设置。

在检测器的代码中，比较关键的是异步操作。由于代理 IP 的检测是一项耗时操作，检测结果返回的快慢取决于网络带宽和测试网址服务器的响应速度，在程序中是无法人为控制的。在这种情况下，为了避免线程阻塞，最好采取异步 I/O 机制来进行操作，以最大化地提高程序执行效率。或许很多读者对异步 I/O 机制不太熟悉，下面先简单介绍异步 I/O 的概念、它和同步 I/O 的区别，以及在 Python 中一般如何实现异步 I/O。

2.4.4 同步 I/O 和异步 I/O 的概念和区别

其实，"I/O"并不仅仅指输入和输出任务，而是对所有"耗时任务"的统称，如网络请求、文件访问、数据库操作等需要耗费一定时间才能完成的任务，且这些任务所耗费的时间是不确定的。而同步和异步关注的是消息通信机制。所谓同步，就是当调用方发出一个"调用"请求时，在没有得到结果之前，调用方会一直等待结果返回。当然，在等待过程中调用方无法做其他事情，即是"阻塞"的状态。只有结果返回了，调用方的调用行为才会结束。换句话说，在这种情况下，是由"调用者"主动等待"调用"的结果。例如，A 去书店问有没有《Python 编程指南》这本书，结果书店老板告诉 A："你等等，让我找一下。"，结果他可能找了五分钟告诉 A 结果，也有可能找了一天告诉 A 结果，A 也一直在书店中等待，直到书店老板告诉 A 结果为止，这就是同步 I/O 的操作方式。

V2-6　迭代器及生成器介绍

而异步则恰恰相反，调用方在发出调用请求后，这个调用方就立刻返回了，所以此时是没有返回结果的。换句话说，当一个异步过程调用发出后，调用者不会立刻得到结果。什么时候调用方会得到结果呢？在调用请求发出后，由"被调用方"通过状态、消息来通知调用方，或通过回调函数处理这个调用。仍以买书为例：A 问书店老板有没有《Python 编程指南》这本书，并让他找到后打电话给 A。此时，A 离开书店去做其他事情了，书店老板找了 3 小时后打电话告诉 A 有这本书，这就是异步 I/O 的操作方式。

2.4.5　在 Python 中如何实现异步 I/O

在 Python 中，一般如何实现异步 I/O 呢？答案是使用协程。其实，Python 中解决 I/O 密集型任务（如打开多个网站）的方式有多种，如多进程、多线程。但理论上，一台电脑中的线程数、进程数是有限的，而且进程、线程之间的切换操作比较浪费时间。因此，出现了"协程"的概念。协程允许执行过程 A 中断，并转到执行过程 B，在适当的时候再转回执行过程 A，由此类似于多线程，但协程有以下几个优势。

（1）协程的数量在理论上可以是无限个，而且没有线程之间的切换动作，执行效率比线程高。

（2）协程不需要"锁"机制，即不需要 lock 和 release 过程，因为所有的协程都在一个线程中。

（3）相对于线程，协程更容易调试，因为所有的代码都是顺序执行的。

那么如何使用协程呢？在 Python 3.4 中，可以使用 asyncio 标准库。该标准库支持一个时间循环模型（EventLoop），声明协程并将其加入到 EventLoop 中即可实现异步 I/O。下面以经典的 helloworld 的例子来帮助读者理解，代码如下。

```python
# 异步I/O例子：适配Python 3.4，使用asyncio库
@asyncio.coroutine                              # 通过装饰器asyncio.coroutine定义协程
def hello(index):
    print('Hello world! index=%s, thread=%s' % (index, threading.currentThread()))
    # 模拟耗时任务，可以替换为网络访问、磁盘读写等任务
    yield from asyncio.sleep(1)
    print('Hello again! index=%s, thread=%s' % (index, threading.currentThread()))

loop = asyncio.get_event_loop()                 # 得到一个事件循环模型
tasks = [hello(1), hello(2)]                    # 初始化任务列表
loop.run_until_complete(asyncio.wait(tasks))    # 执行任务
loop.close()                                    # 关闭事件循环列表
```

这段代码中比较重要的地方都已经写好了注释。注意：Python 3.4 的协程方法中，所有耗时任务都应该由关键字 yield from 来返回，并且将耗时任务加入到一个由 asyncio.get_event_loop()得到的事

件循环中。这段代码的运行结果如下。

```
Hello world! index=1, thread=<_MainThread(MainThread, started 14816)>
Hello world! index=2, thread=<_MainThread(MainThread, started 14816)>
Hello again! index=1, thread=<_MainThread(MainThread, started 14816)>
Hello again! index=2, thread=<_MainThread(MainThread, started 14816)>
```

读者可以从运行结果中看到两点：一，并没有使用多线程，所有的任务都是在同一个线程中完成的，这一点通过输出 currentThread 的线程名和线程 ID 可以看出来；二，定义了两个任务，这两个任务是异步完成的。当第一个任务的 Hello World 输出后，中间会有一个休眠 1s 的模拟耗时任务，此时线程会立即执行第二个任务并输出"Hello world!"，再转到执行第一个任务的 Hello again，执行结束后，再执行第二个任务的 Hello again，所以最终执行的结果如上所示。

Python 3.5 及以上版本中引入了关于异步 I/O 的新方法：async 和 await 关键字。使用 async 和 await 关键字，可以以更加简洁的语法形式完成异步 I/O 的操作。仍以前例进行说明，用 async 和 await 关键字进行改写，代码如下。

```python
# 异步I/O例子：适配Python 3.5，使用async和await关键字
async def hello(index):                 # 通过关键字async定义协程
    print('Hello world! index=%s, thread=%s' % (index, threading.currentThread()))
    # 模拟耗时任务，可以替换为网络访问、磁盘读写等任务
    await asyncio.sleep(1)
    print('Hello again! index=%s, thread=%s' % (index, threading.currentThread()))

loop = asyncio.get_event_loop()         # 得到一个事件循环模型
tasks = [hello(1), hello(2)]            # 初始化任务列表
loop.run_until_complete(asyncio.wait(tasks))   # 执行任务
loop.close()                            # 关闭事件循环列表
```

从代码中可以看出，后半部分基本没有修改。在代码中去掉了"@asyncio.coroutine"装饰器，改用 async 关键字将一个函数声明为协程函数，函数执行时返回一个协程对象。另外，使用 await 关键字替代了 yield from，await 关键字将暂停协程函数的执行，等待异步 I/O 返回结果。

上述两段代码中都涉及一个比较重要的对象——EventLoop。其由语句 asyncio.get_event_loop()返回，也是异步 I/O 编程模型中一个重要的部分。EventLoop 是一个程序结构，用于等待和发送消息及事件。简单来说，就是在程序中设置两个线程：一个负责程序本身的运行，称为"主线程"；另一个负责主线程与其他进程（主要是各种 I/O 操作）的通信，被称为"EventLoop 线程"（可以译为"消息线程"），所有具有异步操作的任务都必须加到 EventLoop 中，程序会自动以异步方式请求和获得调用结果。

V2-7　协程基本概念及实例

明白了异步 I/O 的概念后，回到检测器的代码中，利用异步 I/O 的方式来进行 IP 代理资源有效性的检测。关键代码如下（proxy_checker.py）。

```python
import asyncio
import aiohttp
import time
import sys
try:
    from aiohttp import ClientError
except:
    from aaiohttp import ClientProxyConnectionError as ProxyConnectionError
```

```python
from db import RedisClient
from setting import *


class ProxyChecker:
    def __init__(self):
        self.redis = RedisClient()

    async def test_single_proxy(self, proxy):
        """
        测试单个代理
        :param proxy:
        :return:
        """
        conn = aiohttp.TCPConnector(verify_ssl=False)
        async with aiohttp.ClientSession(connector=conn) as session:
            try:
                if isinstance(proxy, bytes):
                    proxy = proxy.decode('utf-8')
                real_proxy = 'http://' + proxy
                print('正在测试', proxy)
                async with session.head(TEST_URL, proxy=real_proxy, timeout=15, allow_redirects=False) as response:
                    if response.status in VALID_STATUS_CODES:
                        self.redis.max(proxy)
                    else:
                        print('请求响应码不合法 ', response.status, 'IP', proxy)
                        self.redis.decrease(proxy)

            except (ClientError, aiohttp.client_exceptions.ClientConnectorError, asyncio.TimeoutError, AttributeError):
                print('代理请求失败', proxy)
                self.redis.decrease(proxy)

    def run(self):
        """
        测试主函数
        :return:
        """
        print('测试器开始运行')
        try:
            count = self.redis.count()
            print('当前剩余', count, '个代理')
            for i in range(0, count, BATCH_TEST_SIZE):
                start = i
                stop = min(i + BATCH_TEST_SIZE, count)
                print('正在测试第', start + 1, '-', stop, '个代理')
                test_proxies = self.redis.batch(start, stop)
                loop = asyncio.get_event_loop()
```

```
                tasks = [self.test_single_proxy(proxy) for proxy in test_proxies]
                loop.run_until_complete(asyncio.wait(tasks))
                sys.stdout.flush()
                time.sleep(5)
        except Exception as e:
            print('测试器发生错误', e.args)
```

除了检测器、爬取器和队列数据管理之外，还必须编写一个对外提供 API 服务的模块。可以利用 Flask 来实现 Python 中提供的基本 Web 服务的方法，通过这个服务接口，在爬虫脚本中通过 HTTP 请求的方式即可获取 IP 代理池中的资源。关键代码如下（api.py）。

```python
from flask import Flask, g
from db import RedisClient

__all__ = ['app']
app = Flask(__name__)


def get_conn():
    if not hasattr(g, 'redis'):
        g.redis = RedisClient()
    return g.redis


@app.route('/')
def index():
    return '<h2>Welcome to Proxy Pool System</h2>'


@app.route('/get')
def get_proxy():
    """
    随机获取一个代理
    :return: 随机代理
    """
    conn = get_conn()
    return conn.get_proxy_by_random()


@app.route('/score/<s>')
def get_proxy_by_score(score):
    """
    按照给定的分值查找对应的所有代理资源
    :param score: 给定的分值条件
    :return: 符合条件的代理列表
    """
    conn = get_conn()
    return '<h2>分数为:' + score + '的代理</h2><br>' + '<br>'.join(conn.get_proxy_by_score(score))
```

```python
@app.route('/count')
def get_counts():
    """
    获取当前代理池中代理的总量
    :return: 代理池总量
    """
    conn = get_conn()
    return str(conn.count())
```

在这段代码中，首先使用了 Flask 中的 g 对象，这个对象是 Flask 中专门用来存储全局变量的，用户可以定义任何需要存储的并且需要在程序上下文中使用的变量，如一个数据库连接等。这里使用 g 来初始化并保存了一个 Redis 的连接对象。

后面的几个方法中都加上了"@app.route"装饰器。熟悉 Flask 的读者应该知道，这些都是路由方法。这几个路由方法是用户自己在代码中定义的。当然，也可以根据自己的需要增加更多的方法定义。定义好这些方法之后，在前端的 HTTP Request 请求中可以通过直接访问这些 URL 路径来得到相应的值。

至此，已经基本上介绍完了主要的模块，只差一个最核心的"主管"——调度器。前面这些模块虽然都能独立完成自己的任务，但它们必须"团队协作"才能实现目标，调度器就充当了使这些模块进行"团队协作"的角色，它负责"统筹协调"各个模块的工作，包括如何时启动爬取器、何时启动检测器、何时启动 API 等。先来看其代码（scheduler.py）。

```python
import time
from multiprocessing import Process
from api import app
from fetcher import Fetcher
from proxy_checker import ProxyChecker
from setting import *


class Scheduler:
    def schedule_checker(self, cycle=CHECKER_CYCLE):
        """
        定时测试代理
        """
        checker = ProxyChecker()
        while True:
            print('测试器开始运行')
            checker.run()
            time.sleep(cycle)

    def schedule_fetcher(self, cycle=FETCHER_CYCLE):
        """
        定时获取代理
        """
        fetcher = Fetcher()
        while True:
            print('开始爬取代理')
```

```
            fetcher.run()
            time.sleep(cycle)

    def schedule_api(self):
        """
        开启API服务
        """
        app.run(API_HOST, API_PORT)

    def run(self):
        print('代理池开始运行')

        if FETCHER_ENABLED:
            print('启动获取器进程...')
            fetcher_process = Process(target=self.schedule_fetcher)
            fetcher_process.start()

        if CHECKER_ENABLED:
            print('启动测试器进程...')
            checker_process = Process(target=self.schedule_checker)
            checker_process.start()

        if API_ENABLED:
            print('启动API接口服务...')
            api_process = Process(target=self.schedule_api)
            api_process.start()
```

调度器模块的代码通过 3 个方法分别控制了获取器、检测器和 API 服务的启动和时间间隔，在 run 方法中，通过进程的方式，每个服务对应一个进程，在单独的进程中分别启动对应的服务模块即可。

一切准备就绪后，可以编写 run.py 来初始化调度器类，即调用其 run 方法即可启动整个代理池程序。run.py 的代码如下。

```
from scheduler import Scheduler


def main():
    try:
        s = Scheduler()
        s.run()
    except:
        main()


if __name__ == '__main__':
    main()
```

直接运行 run.py，即可启动代理池，如图 2-36 所示。

```
C:\Anaconda3\python.exe E:/pycharm_project/proxy_pool_github/run.py
代理池开始运行
启动获取器进程...
启动测试器进程...
启动API接口服务...
测试器开始运行
测试器开始运行
当前剩余 0 个代理
开始爬取代理
获取器开始执行
正在爬取 http://www.66ip.cn/1.html
 * Running on http://localhost:2018/ (Press CTRL+C to quit)
爬取成功 http://www.66ip.cn/1.html 200
成功获取到代理 176.237.166.139:8080
成功获取到代理 185.144.67.173:8080
```

图 2-36　启动代理池

服务启动后，可以通过以下方式访问 IP 代理池中的代理 IP 地址。

（1）直接通过 Web 页面进行访问。打开浏览器，在地址栏中输入 "http://localhost:2018"，即可看到首页欢迎词 "Welcome to Proxy Pool System"，如图 2-37 所示。

图 2-37　通过 Web 页面访问代理池中的 IP 资源

（2）在浏览器地址栏中输入 "http://localhost:2018/get"，即可随机获取一个可用的代理 IP 资源，如图 2-38 所示。

图 2-38　获取一个可用的代理 IP 资源

当然，这个 IP 地址（localhost）和端口（2018）都是用户可以自己在 settings.py 中进行定义的。除了在 Web 页面中进行直接访问外，在爬虫脚本中，还可以通过 HTTP 请求的方式来获取可用的代理资源，如以下代码所示。

```
import requests

r = requests.get("http://localhost:2018/get")
```

```
print(r.text)
```

这是一个普通的 IP 代理池的搭建过程，大家可以到 https://github.com/qingchunjun/proxy_pool 下载完整的代码。

在整个搭建过程中，应该重点关注以下知识点。

① 如何动态获取类方法名并通过反射进行调用？
② 如何通过异步 I/O 的方式进行代理 IP 有效性的检测？
③ 如何创建基于 Flask 的 Web 服务接口？

V2-8　IP 代理池结构及源码解读

2.5　常见反爬手段——异步动态请求

本节将以通过爬取头条关键字以搜索新闻内的所有图片为例，为大家讲解当一个网站通过异步请求动态渲染页面时，应该如何爬取需要的内容。学习内容如下。

（1）了解异步请求的优势。
（2）掌握针对使用了异步请求页面的爬取方法。

1. 异步请求的优势

和同步请求相对，异步请求在发送方发出数据请求信息后，并不是在等待接收方发送响应消息后才发送下一个请求，这种通信方式不会产生线程等待，可以大大提高用户浏览页面的体验。

前端页面使用异步请求的优势非常明显，主要体现在以下几个方面。

（1）优化用户体验。在异步请求方式下，界面采取局部数据更新的方式，用户不会明显感觉到页面的卡顿和加载。

（2）减轻服务器压力。如果单纯使用同步请求方式，客户端必须向服务器请求大量网页数据，所有没有被缓存的文件都会重新从服务器端返回，这样势必会为服务器带来巨大的负担。异步请求一般只更新局部数据，通常以 JSON 形式返回并由客户端脚本进行渲染。

（3）异步请求是通过客户端 Java 脚本实现的，更容易在请求中加入各种参数为爬虫设置"陷阱"，所以深受反爬工程师的青睐。

2. 判断页面的异步请求

判断页面异步请求的方法很简单，当进行了某项操作，如下拉滚动条后，页面 URL 地址没有发生任何变化，但内容发生了变化，这就说明此页面使用了异步请求加载数据。

3. 对异步请求页面的处理

对于异步请求页面内容的爬取，直接在页面的 URL 地址栏中是看不到任何变化的，也无法像编写静态爬虫一样构造不同的 URL 地址来获取数据。唯一的办法是通过抓包来得到真实的数据获取地址，并根据数据地址的规律来构造新的地址。

下面以今日头条上的类目搜索为例，介绍如何爬取这种网站的数据。具体步骤如下。

（1）打开今日头条，在搜索栏中输入搜索关键字"成都"，如图 2-39 所示。

（2）打开 Chrome 开发者工具，选择"Network"选项卡。在搜索结果列表页中向下拖动滚动条，使页面加载更多搜索内容。选择"XHR"选项卡，过滤出异步请求消息（注意：凡是通过异步请求 XMLHttpRequest 发送的请求都可以在"XHR"选项卡中查找），如图 2-40 所示。

图 2-39 输入搜索关键字"成都"

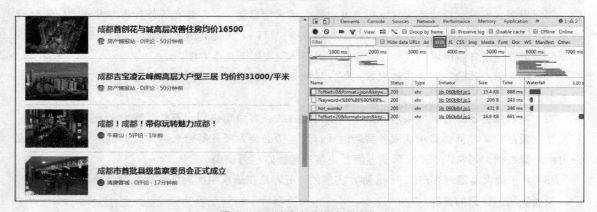

图 2-40 过滤出异步请求信息

从过滤出的异步请求可以看出,每次页面滚动加载异步请求内容后,请求地址如下。

https://www.toutiao.com/search_content

请求携带的参数及其含义如下。

```
offset:20              # 页面偏移量,可以理解为每页的新闻数据数,变化
format:json            # 返回的数据格式,不变
keyword:成都           # 搜索关键字,不变
autoload:true          # 是否自动加载,不变
count:20               # 本次返回新闻条数,不变
cur_tab:1              # 当前页,不变
from:search_tab        # 访问来源,不变
```

从这些参数可以看出,在每次的加载过程中,所发送的异步请求总共有 7 个参数,其中有变化的是 offset,其他 6 个参数都不会发生变化。经过观察,发现 offset 的值在每次请求后会增加 20,形成一个等差数列,即第一次请求是 0,第二次是 20,第三次是 60,以此类推。所以,用户在构造异步请

求地址时，可以根据这个规律来进行构造，代码如下所示。

```
https://www.toutiao.com/search_content/?offset={0}&format=json&keyword=成都
&autoload=true&count=20&cur_tab=1&from=search_tab
```

知道请求的地址及请求参数的内容后，需要分析请求返回的内容，并根据内容进行解析。每条请求返回的 json 内容比较多，但关键数据都在 data 中。还有一个比较重要的字段是 has_more，可以根据这个字段判断是否有更多的内容需要加载。返回的 json 结果如图 2-41 所示。

```
{
  "count": 20,
  "action_label": "click_search",
  "return_count": 20,
  "no_outsite_res": 0,
  "has_more": 1,
  "page_id": "/search/",
  "request_id": "201802080959161720180660023995A9",
  "cur_tab": 1,
  "tab": {
    "tab_list": [{
        "tab_name": "综合",
        "tab_id": 1,
        "tab_code": "news"
      }, {
        "tab_name": "视频",
        "tab_id": 2,
        "tab_code": "video"
      }, {
        "tab_name": "图集",
        "tab_id": 3,
        "tab_code": "gallery"
      }, {
        "tab_name": "用户",
        "tab_id": 4,
        "tab_code": "pgc"
      }, {
        "tab_name": "问答",
        "tab_id": 5,
        "tab_code": "wenda"
    }],
    "cur_tab": 1
  },
  "offset": 20,
  "action_label_web": "click_search",
  "show_tabs": 1,
  "data": [{
```

图 2-41　返回的 json 结果

基本内容分析完毕后即可进行数据爬取。关键代码如下。

```
class TouTiaoSpider:
    # 定义一个初始化方法
    def __init__(self, kw="成都"):
        self.kw = kw
        self.headers = {
            'User-Agent': 'Mozilla/5.0 (X11; Linux x86_64) ApplewebKit/537.36 (KHTML, like Gecko) chrome/54.0.2840.100 Safari/537.36',
            'X-Requested-With': 'XMLHttpRequest',
```

```python
            'Referer': 'http://www.toutiao.com/search/?keyword={0}'.format(self.kw),
            'Accept': 'application/json, text/javascript',
        }

    # 获取每页列表的数据
    def get_data(self, offset):
        url = 'https://www.toutiao.com/search_content/?offset={0}&format=json&keyword={1}&autoload=true&count=20&cur_tab=1&from=search_tab'.format(offset, self.kw)
        print(url)
        try:
            with requests.get(url, timeout=5) as response:
                # 获取响应内容为json格式，直接调用json()方法进行转换
                content = response.json()
                print(content)
        except Exception as e:
            content = None
            print('获取json数据时发生异常：'+str(e))
        return content

    # 根据返回值判断是否有更多内容
    def has_more_page(self, content):
        if content is None:
            return None
        if str(content['has_more']) == "1":
            return True
        else:
            return False

    # 解析每一页返回的json内容，并返回解析后的列表
    def parse_content(self, content):
        if content is None:
            return None
        try:
            # page_content记录每一页的所有帖子和每个帖子的图片URL
            # page_content = [
            #       {'title': 'xxxxx', 'urls':['url1', 'url2',...]},
            #       {'title': 'xxxxx', 'urls':['url1', 'url2',...]},
            #       ...
            # ]
            page_content = []
            data_len = len(content['data'])
            for i in range(0, data_len):
                content_dic = dict()
                title = content['data'][i]['title']
                # print(title)
                content_dic['title'] = title
                content_dic['urls'] = []
                image_list = content['data'][i]['image_detail']
```

```python
            for item in range(0, len(image_list)):
                img_url = image_list[item]['url_list'][0]
                content_dic['urls'].append(img_url['url'])
            page_content.append(content_dic)
        return page_content
    except Exception as e:
        print('解析内容时发生异常：'+str(e))

# 将解析后的图片地址保存下来
def save_picture(self, page_title, urls):
    '''
    将爬取的所有大图下载下来
    下载目录为output/search_word/page_title/image_file
    '''
    if urls is None or page_title is None:
        print('缺少保存图片的参数！')
        return
    print('页面标题：', page_title)
    save_dir = 'toutiao_pic/{0}/{1}/'.format(self.kw, page_title)
    if os.path.exists(save_dir) is False:
        os.makedirs(save_dir)
    for url in urls:
        save_file = save_dir + url.split("/")[-1] + '.png'
        if os.path.exists(save_file):
            return
        try:
            with requests.get(url, timeout=30) as response, open(save_file, 'wb') as f:
                f.write(response.content)
                print('Image is saved! search_word={0}, page_title={1}, save_file={2}'.format(self.kw, page_title, save_file))
        except Exception as e:
            print('save picture exception.'+str(e))

# 构造循环，进行内容爬取
def crawl(self):
    offset = 0
    content = self.get_data(offset)
    while self.has_more_page(content):
        page_content = self.parse_content(content)
        if page_content is not None:
            for row in page_content:
                spider.save_picture(row['title'], row['urls'])
        offset += 20
        content = self.get_data(offset)

if __name__ == '__main__':
    spider = TouTiaoSpider("成都")
    spider.crawl()
```

运行后，可以在 output 目录中看到生成的所有图片内容，完成对异步请求页面的爬取，爬取结果如图 2-42 所示。

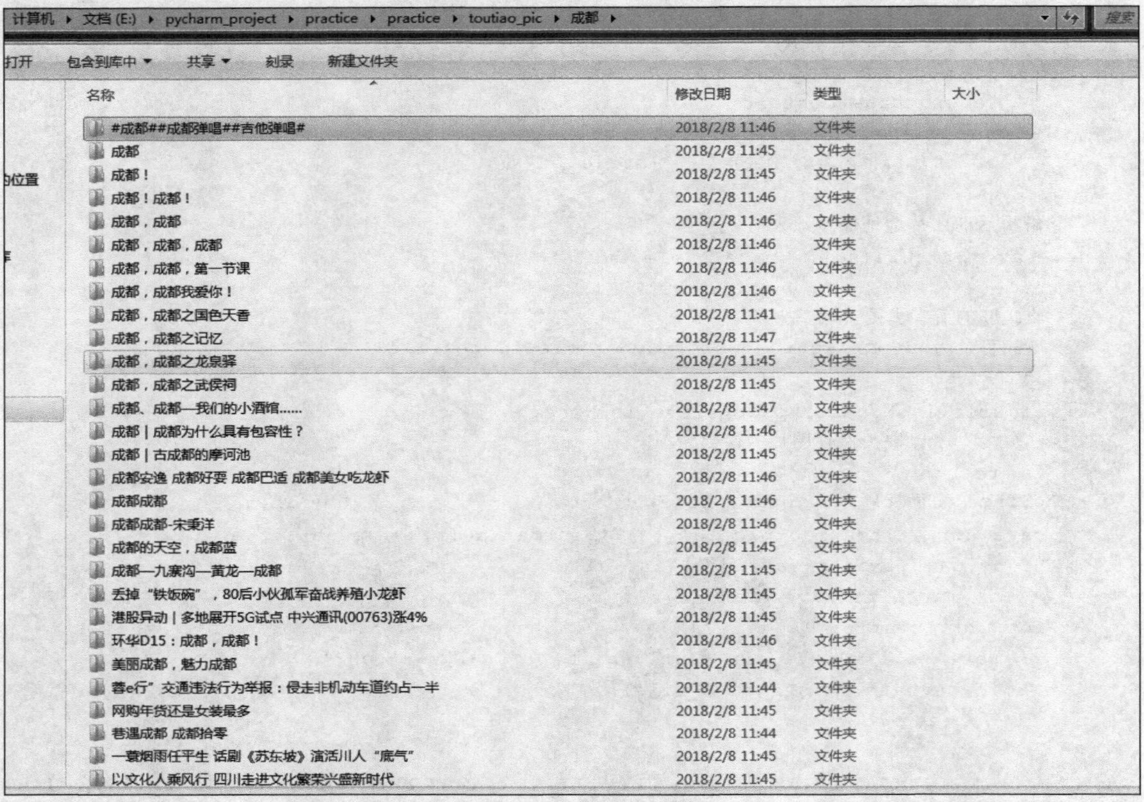

图 2-42 爬取结果

2.6 常见反爬手段——JS 加密请求参数

V2-9 异步请求

除了前面介绍的几种反爬手段之外，还有一种在爬虫中经常遇到的，与验证码一样令人头痛的反爬手段——JS 加密请求参数，它对爬虫工程师而言是巨大的考验。一方面，这种反爬手段要求爬虫工程师对 JS 语法比较熟悉，另一方面，要求爬虫工程师具备一定的"逆向破解"能力，否则很有可能摸不着头脑。本节将通过一个案例向读者展示服务器通过返回 JS 向浏览器返回实际访问地址并添加 Cookie 的网站内容爬取过程，希望读者能从这个案例中学习到基于 JS 加密的反爬网站分析方法。学习内容如下。

（1）了解服务器通过 JS 加密返回参数并设置 Cookie 的过程。

（2）了解在 Python 中执行 JS 的方法。

本节将通过分析中国人民银行的公告信息页面来学习如何通过 JS 加密方式设置 Cookie 并返回真实访问链接的网站内容。

首先打开中国人民银行公告信息页面，如图 2-43 所示。

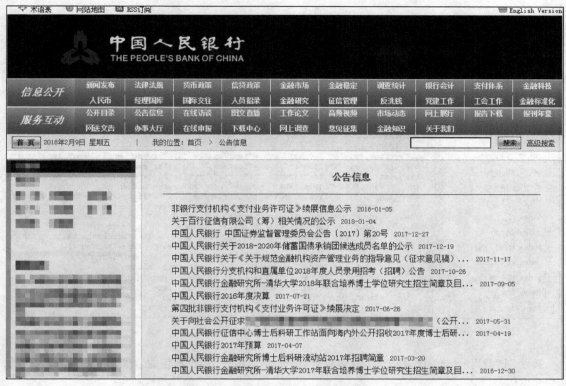

图 2-43 中国人民银行公告信息页面

然后进行抓包分析,查看有没有问题。打开 Chrome 浏览器,刷新页面,查看请求内容和响应内容,如图 2-44 和图 2-45 所示。

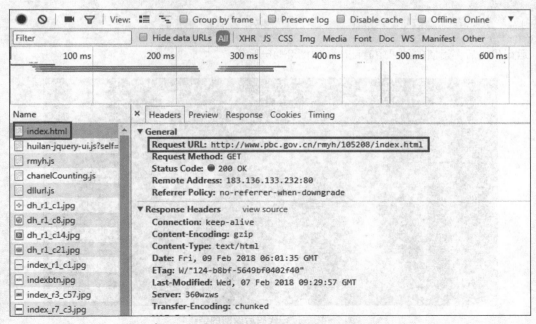

图 2-44 请求内容

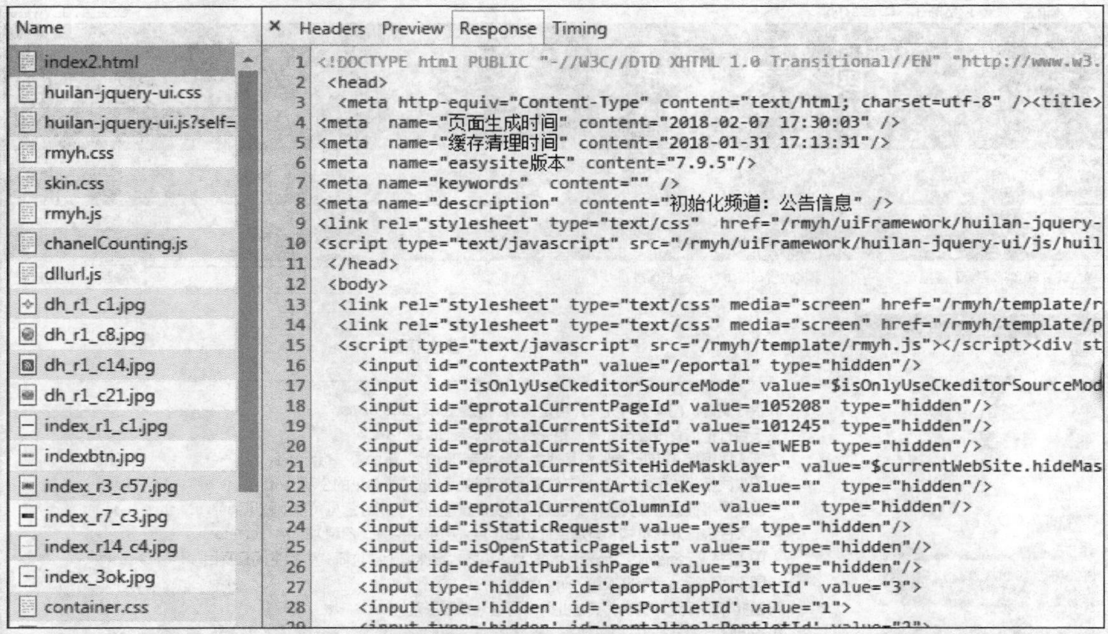

图 2-45 响应内容

接着,试着用 requests 发送命令并爬取所有公告信息标题。根据抓包的信息,可以写出请求代码,代码如下所示。

```
import requests

dest_url = 'http://www.pbc.gov.cn/rmyh/105208/8532/index1.html'

sess = requests.Session()
r = sess.get(dest_url)
print(r.text)
```

运行代码后,返回的结果中有乱码,如图 2-46 所示。

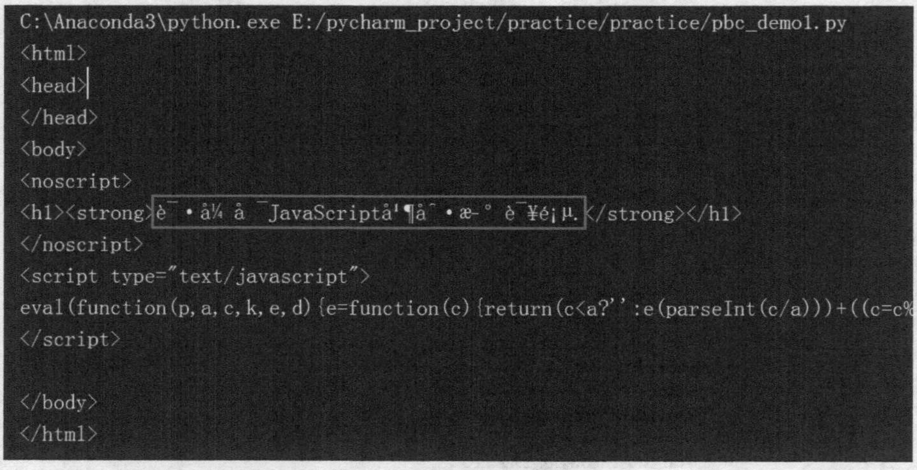

图 2-46 运行代码后返回的结果

最后，分析一下页面的内容，乱码中夹杂着"JavaScript"，需要进行解码，查看究竟提示了什么。要想解码，Python 3 中必须先以字节码的形式返回响应内容，再用 decode 方法指定解码方式。以字节码方式返回响应内容时直接使用 Responses.content 方法即可，代码如下所示。

```python
import requests

dest_url = 'http://www.pbc.gov.cn/rmyh/105208/8532/index1.html'

sess = requests.Session()
r = sess.get(dest_url)
print(r.content.decode('utf-8'))
```

解码返回内容如图 2-47 所示。

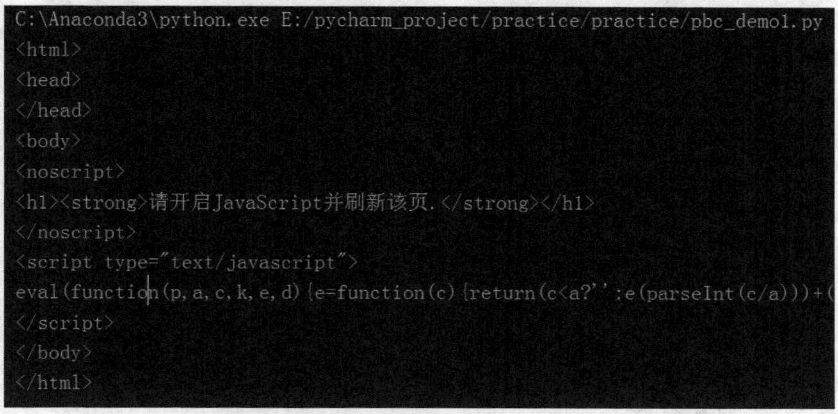

图 2-47　解码返回内容

返回内容中提示没有启用 JavaScript，这会造成使用 requests 发送请求时无法接收 JS，初步猜测是服务器的响应内容中返回了 JS 的内容，并要求在后续的请求中使用该 JS 生成的信息。可以通过浏览器来模拟这个过程并进行证实。打开 Chrome 开发者工具，选择"Application"选项卡，清空网站的 Cookies 数据，如图 2-48 所示。

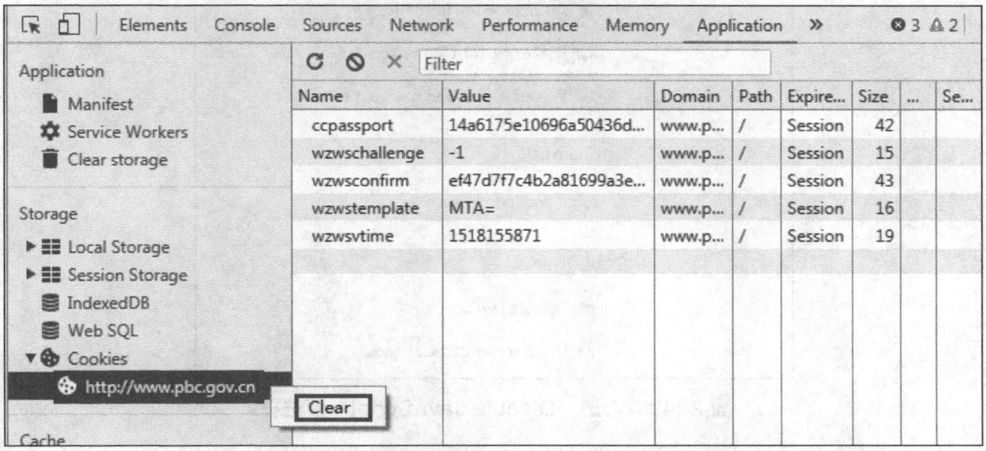

图 2-48　清空网站的 Cookies 数据

清空之后，需要禁用浏览器的 JS 功能才能模拟 requests 的操作。进入 Chrome 的"Settings"页面（直接按"F1"键或通过面板选择"Settings"选项，如图 2-49 所示），勾选"Disable JavaScript"复选框。

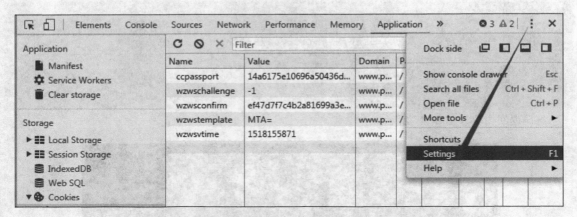

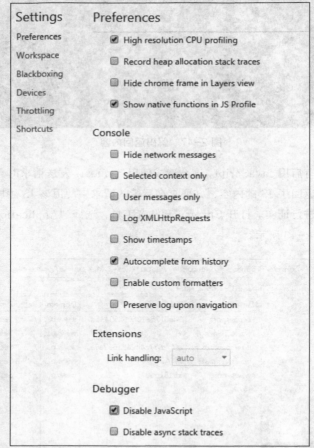

图 2-49　勾选"Disable JavaScript"复选框

设置完毕后，刷新页面，JS 被禁用后显示的页面如图 2-50 所示。

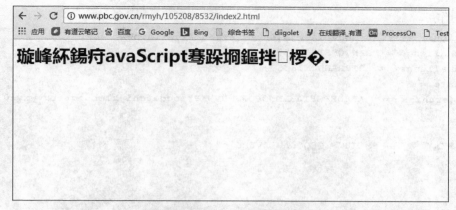

图 2-50　JS 被禁用后显示的页面

如果不清空 Cookies，在已有 Cookies 的情况下禁用 JS，则没有任何影响。可见，在第一次访问页面时，网站是通过 JS 设置 Cookies 的，且后面必须依靠 Cookies 信息来访问其他页面。

下面查看页面返回的 Response 中有没有 JS，发现其中有一段 JS 代码，将其复制出来，内容如下。

```
eval(function(p,a,c,k,e,d){e=function(c){return(c<a?'':e(parseInt(c/a)))+((c=c%a)>3
2?String.fromCharCode(c+32):c.toString(33))};if(!''.replace(/^/,String)){while(c--)
d[e(c)]=k[c]||e(c);k=[function(e){return
d[e]}];e=function(){return'\\w+'};c=1};while(c--)if(k[c])p=p.replace(new
RegExp('\\b'+e(c)+'\\b','g'),k[c]);return p}('15 D="k";15 1a="i";15 1b="l";15 11=a;15
F = "e+/=";J g(10) {15 U, N, R;15 o, p, q;R = 10.S;N = 0;U = "";17 (N < R) {o = 10.s(N++)
& 6;O (N == R) {U += F.r(o >> 9);U += F.r((o & 1) << b);U += "==";n;}p = 10.s(N++);O
(N == R) {U += F.r(o >> 9);U += F.r(((o & 1) << b) | ((p & 5) >> b));U += F.r((p & 4)
<< 9);U += "=";n;}q = 10.s(N++);U += F.r(o >> 9);U += F.r(((o & 1) << b) | ((p & 5) >>
b));U += F.r(((p & 4) << 9) | ((q & 3) >> c));U += F.r(q & 2);}W U;}J H(){15 16=
19.Q||B.c.u||B.m.u;15 K= 19.P||B.c.t||B.m.t;O (16*K <= 8) {W 14;}15 1d = 19.Y;15 1e =
19.Z;O (1d + 16 <= 0 || 1e + K <= 0 || 1d >= 19.X.18 || 1e >= 19.X.M) {W 14;}W G;}J h(){15
12 = 1a+1b;15 L = 0;15 N   = 0;I(N = 0; N < 12.S; N++) { L += 12.s(N);}L *= d;L += 7;W
"j"+L;}J f(){O(H()) {} E {15 A = ""; A = "1c="+g(11.13()) + ";  V=/";B.w = A;   15 v =
h();A = "1a="+g(v.13()) + ";  V=/";B.w = A;19.T=D;}}f();',59,74,'0|0x3|0x3f|0xc0|
0xf|0xf0|0xff|111111|120000|2|3|4|6|7|ABCDEFGHIJKLMNOPQRSTUVWXYZabcdefghijklmnopqrs
tuvwxyz0123456789|HXXTTKKLLPPP5|KTKY2RBD9NHPBCIHV9ZMEQQDARSLVFDU|QWERTASDFGXYSF|RAN
DOMSTR1335|WZWS_CONFIRM_PREFIX_LABEL3|/L3JteWgvMTA1MjA4Lzg1MzIvaW5kZXgxLmh0bWw=|STR
RANDOM1335|body|break|c1|c2|c3|charAt|charCodeAt|clientHeight|clientWidth|confirm|c
ookie|cookieString|document|documentElement|dynamicurl|else|encoderchars|false|find
Dimensions|for|function|h|hash|height|i|if|innerHeight|innerWidth|len|length|locati
on|out|path|return|screen|screenX|screenY|str|template|tmp|toString|true|var|w|whil
e|width|window|wzwschallenge|wzwschallengex|wzwstemplate|x|y'.split('|'),0,{}))
```

显然，这段 JS 是经过加密的。这段加密的 JS 是以 eval 开头的，这标志着这段 JS 是通过混淆加密的。针对这种 JS，有很多工具可以对其进行解密，即将这段 JS 转换成人类可以读的方式。这里推荐一款在 Python 中可用并可以在线使用的 JS 解密利器：jsbeautifier。可以先查看其在线版本解密出来的效果，如果有效，再在 Python 代码中使用即可。jsbeautifier 的官网地址为 http://jsbeautifier.org/。打开页面后，将上面这段 JS 代码复制进去，单击页面中的"Beautify JavaScript or HTML"按钮即可得到解密后的 JS 代码。

解密后的 JS 代码如下所示，可见其可读性大大增强了，JS 功底比较好的读者此时应能够读懂这段代码的作用。

```javascript
var dynamicurl = "/L3JteWgvMTA1MjA4Lzg1MzIvaW5kZXgxLmh0bWw=";
var wzwschallenge = "RANDOMSTR1335";
var wzwschallengex = "STRRANDOM1335";
var template = 3;
var encoderchars = "ABCDEFGHIJKLMNOPQRSTUVWXYZabcdefghijklmnopqrstuvwxyz0123456789+/=";

function KTKY2RBD9NHPBCIHV9ZMEQQDARSLVFDU(str) {
    var out, i, len;
    var c1, c2, c3;
    len = str.length;
    i = 0;
    out = "";
    while (i < len) {
        c1 = str.charCodeAt(i++) & 0xff;
        if (i == len) {
            out += encoderchars.charAt(c1 >> 2);
            out += encoderchars.charAt((c1 & 0x3) << 4);
            out += "==";
            break;
        }
        c2 = str.charCodeAt(i++);
        if (i == len) {
            out += encoderchars.charAt(c1 >> 2);
            out += encoderchars.charAt(((c1 & 0x3) << 4) | ((c2 & 0xf0) >> 4));
            out += encoderchars.charAt((c2 & 0xf) << 2);
            out += "=";
            break;
        }
        c3 = str.charCodeAt(i++);
        out += encoderchars.charAt(c1 >> 2);
        out += encoderchars.charAt(((c1 & 0x3) << 4) | ((c2 & 0xf0) >> 4));
        out += encoderchars.charAt(((c2 & 0xf) << 2) | ((c3 & 0xc0) >> 6));
        out += encoderchars.charAt(c3 & 0x3f);
    }
    return out;
}

function findDimensions() {
    var w = window.innerWidth || document.documentElement.clientWidth || document.body.clientWidth;
    var h = window.innerHeight || document.documentElement.clientHeight || document.body.clientHeight;
    if (w * h <= 120000) {
        return true;
    }
    var x = window.screenX;
    var y = window.screenY;
    if (x + w <= 0 || y + h <= 0 || x >= window.screen.width || y >= window.screen.
```

```
height){
        return true;
    }
    return false;
}
function QWERTASDFGXYSF() {
    var tmp = wzwschallenge + wzwschallengex;
    var hash = 0;
    var i = 0;
    for (i = 0; i < tmp.length; i++) {
        hash += tmp.charCodeAt(i);
    }
    hash *= 7;
    hash += 111111;
    return "WZWS_CONFIRM_PREFIX_LABEL3" + hash;
}
function HXXTTKKLLPPP5() {
    if (findDimensions()) {} else {
        var cookieString = "";
        cookieString = "wzwstemplate=" + KTKY2RBD9NHPBCIHV9ZMEQQDARSLVFDU(template.toString()) + "; path=/";
        document.cookie = cookieString;
        var confirm = QWERTASDFGXYSF();
        cookieString = "wzwschallenge=" + KTKY2RBD9NHPBCIHV9ZMEQQDARSLVFDU(confirm.toString()) + "; path=/";
        document.cookie = cookieString;
        window.location = dynamicurl;
    }
}
HXXTTKKLLPPP5();
```

这段代码通过 document.cookie 向页面中写入了 Cookies 信息，并且通过 window.location 设置了跳转网址，相当于设置了 Cookies 后进行了页面跳转。为什么要这么做呢？原因很明显，Cookies 中含有要访问的验证参数，并且在下次请求时，浏览器必须携带这些参数才能通过验证。明白了这段代码的大概意思之后，下面的主要任务是想办法通过运行这段代码，取得通过 JS 生成的 Cookies 数据，并根据此数据来更新 Cookies，以确保通过 requests 发送的请求能够验证成功。那么，怎么用 Python 来模拟这段 JS 的操作，并取得生成的 Cookies 呢？这个问题又可以拆分成两个小问题，为方便表述，这里用 A 问题和 B 问题来代指。A 问题是理清这段 JS 代码的调用顺序，B 问题是找一款合适的工具，使用户可以在 Python 代码中运行 JS 代码。B 问题暂且不考虑，先来看看能不能理清这段代码的调用顺序，即解决 A 问题。

这段代码涉及的变量和函数并不多，其开头声明了一些全局变量，剩下的变量都是函数内部的局部变量。

```
# 全局变量
var dynamicurl = "/L3JteWgvMTA1MjA4Lzg1MzIvaW5kZXgxLmh0bWw=";
var wzwschallenge = "RANDOMSTR1335";
var wzwschallengex = "STRRANDOM1335";
```

```
var template = 3;
var encoderchars = "ABCDEFGHIJKLMNOPQRSTUVWXYZabcdefghijklmnopqrstuvwxyz0123456789+/=";
```

执行的入口是名称为 HXXTTKKLLPPP5 的方法。这个方法的定义如下。

```
function HXXTTKKLLPPP5() {
    if (findDimensions()) {} else {
        var cookieString = "";
        cookieString = "wzwstemplate=" + KTKY2RBD9NHPBCIHV9ZMEQQDARSLVFDU(template.toString()) + "; path=/";
        document.cookie = cookieString;
        var confirm = QWERTASDFGXYSF();
        cookieString = "wzwschallenge=" + KTKY2RBD9NHPBCIHV9ZMEQQDARSLVFDU(confirm.toString()) + "; path=/";
        document.cookie = cookieString;
        window.location = dynamicurl;
    }
}
```

这个方法中有两个 cookieString 变量，看起来是通过两个不同的方法生成了两个不同的 cookieString，并通过 document.cookie 方法写入了客户端。继续查找这两个 cookieString 是怎样生成的。第一个 cookieString 是由名称为 KTKY2RBD9NHPBCIHV9ZMEQQDARSLVFDU 的方法生成的，并且将全局变量中的 template 的值作为参数来执行。

```
function KTKY2RBD9NHPBCIHV9ZMEQQDARSLVFDU(str) {
    var out, i, len;
    var c1, c2, c3;
    len = str.length;
    i = 0;
    out = "";
    while (i < len) {
        c1 = str.charCodeAt(i++) & 0xff;
        if (i == len) {
            out += encoderchars.charAt(c1 >> 2);
            out += encoderchars.charAt((c1 & 0x3) << 4);
            out += "==";
            break;
        }
        c2 = str.charCodeAt(i++);
        if (i == len) {
            out += encoderchars.charAt(c1 >> 2);
            out += encoderchars.charAt(((c1 & 0x3) << 4) | ((c2 & 0xf0) >> 4));
            out += encoderchars.charAt((c2 & 0xf) << 2);
            out += "=";
            break;
        }
        c3 = str.charCodeAt(i++);
        out += encoderchars.charAt(c1 >> 2);
        out += encoderchars.charAt(((c1 & 0x3) << 4) | ((c2 & 0xf0) >> 4));
        out += encoderchars.charAt(((c2 & 0xf) << 2) | ((c3 & 0xc0) >> 6));
        out += encoderchars.charAt(c3 & 0x3f);
    }
}
```

```
    return out;
}
```

其方法定义和参数都有了，就可以通过执行它生成第一个 cookieString。第二个 cookieString 也是通过调用 KTKY2RBD9NHPBCIHV9ZMEQQDARSLVFDU 函数生成的，但其需要传入一个名称为 confirm 的变量的字符串值作为参数。confirm 变量又是由"QWERTASDFGXYSF"方法生成的。

```
function QWERTASDFGXYSF() {
    var tmp = wzwschallenge + wzwschallengex;
    var hash = 0;
    var i = 0;
    for (i = 0; i < tmp.length; i++) {
        hash += tmp.charCodeAt(i);
    }
    hash *= 13;
    hash += 111111;
    return "WZWS_CONFIRM_PREFIX_LABEL5" + hash;
}
```

至此，所有的 cookieString 的定义和相关的参数都已经被找到，调用顺序也已理清，所以 A 问题解决了。

下面来解决 B 问题。在 Python 中运行 JS 代码的实现工具比较多，以前比较常用的是基于 Google V8 JS 引擎的库——PyV8，但由于 PyV8 现在已经没有更新且在 Windows 环境下安装会出现很多问题，所以并不推荐读者使用。目前比较好的、能够在 Python 环境中运行 JS 代码的工具为 js2py 库，通过它可以轻松地将 JS 代码转换成 Python 代码并在程序中执行。

js2py 库的下载地址为 https://github.com/PiotrDabkowski/Js2Py，其安装过程很简单，直接在命令行中通过执行 pip 命令即可安装。

```
pip install js2py
```

安装好之后，即可直接通过 import 语句导入进行操作。下面来看关于 js2py 的几个简单的例子。

```
>>> import js2py
>>> js2py.eval_js('console.log( "Hello World!" )')
'Hello World!'
>>> add = js2py.eval_js('function add(a, b) {return a + b}')
>>> add(1, 2) + 3
6
```

除了上述两个问题，还有一个问题需要解决：这段代码是不是固定的呢？或者说其中有些参数是会改变的吗？如果是固定的，将这段代码直接复制下来作为本地文件引用即可。如果是变化的，需要在请求中动态地把它抽取出来，再使用其他工具运行。要想知道这段代码是不是固定的，只能再发送一次请求来重新获得一段 JS 代码，并进行对比即可。经过对比，发现其中有几处参数是动态改变的，所以只能在请求返回的内容中抽取 JS 代码。

下面开始进行正式编码。在正式开始编写代码之前，需要下载并安装一个在 Python 中使用的 jsbeautifier 库，通过 pip 命令进行安装即可。

```
pip install jsbeautifier
```

首先，通过 requests.Session() 获取目标网页返回的 Response，并在该 Response 中提取 JS 代码部分，代码如下所示。

```
import requests
import re
```

```python
import jsbeautifier

dest_url = 'http://www.pbc.gov.cn/rmyh/105208/8532/index1.html'

sess = requests.Session()
content = sess.get(dest_url).text
# 使用正则表达式抽取<script></script>标签中的所有JS代码
re_script = re.search(r'<script type="text/javascript">(?P<js_code>.*)</script>',
content, flags=re.DOTALL)
script = re_script.group('js_code')
script = script.replace('\r\n', '')
# 在美化之前，去掉\r\n之类的字符，以获得更好的效果
res = jsbeautifier.beautify(script)
print(res)
```

关于上面代码中的正则表达式技巧，可以参考以下两个网址的文档进行全面学习：https://docs.python.org/3/howto/regex.html#regex-howto 和 https://github.com/tartley/python-regex-cheatsheet/blob/master/cheatsheet.rst。将 jsbeautifier 美化后得到的 JS 代码输出，其和在线 jsbeautifier 获取的 JS 代码是一致的。

然后，将这段 JS 代码拆解并放到 js2py 中执行，即先把其中的全局变量和每个 function 方法都拆开，再根据前面的分析思路进行组合和执行，最终得到 cookieString。关键代码如下。

```python
# 将所有JS代码拆分为代码块，即拆分为全局变量块和各个function部分
js_block_list = res.split('function')

# 得到全局变量块
global_var_block = js_block_list[0]

# 对全局变量块进行拆分
global_var_list = global_var_block.split('\n')

# 在全局变量块中获取计算第一个cookieString的方法需要的template参数
template_js = global_var_list[3]

# 将template变量通过js2py进行转换
template_py = js2py.eval_js(template_js)

# 将所有全局变量插入第一个函数以转换为局部变量并进行计算
# 组装第一个function
function1_js = 'function' + js_block_list[1]
position = function1_js.index('{') +1
function1_js = function1_js[:position]+ global_var_block +function1_js[position:]
function1_py = js2py.eval_js(function1_js)

# 得到第一个cookieString
cookie1 = function1_py(str(template_py))

# 声明一个字典，保存得到的第一个cookie
cookies = {}
cookies['wzwstemplate'] = cookie1
```

```
# 第二次生成cookieString时需要一个参数，应先调用方法生成这个参数
function2_js = 'function' + js_block_list[3]
position = function2_js.index('{') + 1
function2_js = function2_js[:position] + global_var_block + function2_js[position:]
function2_py = js2py.eval_js(function2_js)
param = function2_py()
cookie2 = function1_py(param)
cookies['wzwschallenge'] = cookie2

# 使用计算出的Cookies更新Cookies值
sess.cookies.update(cookies)
```

这段代码编写完成后，可得到服务器返回的 Cookies 值并将其更新到 session 中。下面可以利用 session 访问其他页面并爬取公告标题。

```
for i in range(1, 7):
    resp = sess.get("http://www.pbc.gov.cn/rmyh/105208/8532/index{}.html".format(str(i)))
    html = etree.HTML(resp.content.decode('utf-8'))
    titles = html.XPath("//font[@class='newslist_style']/a")
    for title in titles:
        print(title.text)
```

最终获得的公告标题如图 2-51 所示。

```
C:\Anaconda3\python.exe E:/pycharm_project/practice/practice/pbc_demo1.py
非银行支付机构《支付业务许可证》续展信息公示
关于百行征信有限公司（筹）相关情况的公示
中国人民银行 中国证券监督管理委员会公告〔2017〕第20号
中国人民银行关于2018-2020年储蓄国债承销团候选成员名单的公示
中国人民银行关于《关于规范金融机构资产管理业务的指导意见（征求意见稿）...
中国人民银行分支机构和直属单位2018年度人员录用招考（招聘）公告
中国人民银行金融研究所-清华大学2018年联合培养博士学位研究生招生简章及目...
中国人民银行2016年度决算
第四批非银行支付机构《支付业务许可证》续展决定
```

图 2-51 最终获得的公告标题

总结：使用 JS 并设置 Cookies 参数来进行反爬是很常见的一种反爬手段。在服务器端通过代码进行这种设置并不困难，但对于不知道加密算法的爬虫工程师来说，破解 JS 并不容易。对于这种情况，通常需要爬虫工程师冷静地分析整个加密请求过程，遇到有加密的 JS，先看看能否解密，再根据情况进行 JS 代码调试，观察能否得到最终的结果。如果调试比较麻烦，也可以通过 js2py 来直接执行 JS 代码以得到结果，再将其代入请求，以获得想要的内容。

V2-10 JS 混淆加密

第3章
自己动手编写一个简单的爬虫框架

本章导读：

■通过前两章的学习，相信读者对爬虫已经有了一定的了解，并能够爬取普通网站的数据了。本章将带领大家编写一个简单的爬虫框架，通过对爬虫框架的编写，使大家对爬虫的整个工作流程了解得更加清晰，理解得更加透彻。所有框架的原理都是相通的，能够编写结构完整的简单框架可以为后面学习成熟的商业爬虫框架打下比较扎实的基础，利于快速理解和掌握各种爬虫框架的使用及其原理。

本章主要包括以下内容。
（1）简单爬虫框架的结构。
（2）编写 URL 管理器。
（3）编写资源下载器。
（4）编写 HTML 解析器。
（5）编写资源存储器。
（6）编写爬虫调度器。

学习目标：

（1）熟悉并掌握常见简单爬虫框架的组成和结构。
（2）能够独立完成简单爬虫框架的编写。

3.1 简单爬虫框架的结构

在本节中将学习基础爬虫框架的结构以及每部分的作用。编写爬虫程序和平时编写其他程序一样，框架并不是必需的，和之前的章节中介绍的一样，用户可以直接编写一个爬虫，但使用框架的好处也是很明显的，如可以让爬虫具有更加清晰的结构，为爬虫代码的编写和维护提供方便。简单爬虫框架的结构如图 3-1 所示。

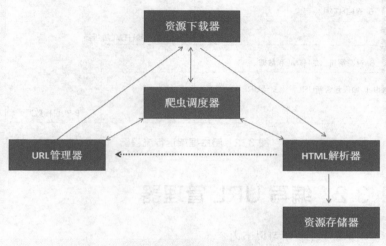

图 3-1　简单爬虫框架结构

通过图 3-1 可以看出，从功能层面进行划分时，一个简单爬虫框架可以分成以下 5 个基础功能模块。

（1）爬虫调度器：主要负责爬虫的其余 4 个功能模块的集中管理和工作调度，是整个框架的核心，负责统筹和调度。

（2）URL 管理器：负责管理所有的 URL 链接，这些链接可分为已经爬取过的链接集合和未爬取的链接集合，并对外提供获取新 URL 地址的接口。

（3）资源下载器：用于从 URL 管理器中获取未爬取的 URL 地址并下载对应的 HTML 页面。

（4）HTML 解析器：资源下载器将网页内容下载下来后，将由 HTML 解析器进行解析。它将解析出两种类型的数据：一是新的待爬取 URL 地址，这些地址将交给 URL 管理器；二是需要爬取的目标网站内容，这些内容将交给资源存储器进行保存。

（5）资源存储器：负责将 HTML 解析器解析出来的目标爬取数据以文件或数据库的形式存储起来。

可以看出，各个模块充当着不同的角色，分别负责不同的工作内容。这样划分的好处是结构清晰，方便用户进行功能编写和框架维护；如果在使用过程中出现问题，定位也相对容易一些。从图 3-1 可以看出各个功能模块之间进行通信的约束关系，也可以看出哪些模块能够进行通信、哪些模块没有调用关系。

下面来看爬虫框架运行流程图，查看爬虫框架的动态运行过程，以对框架的运行有一个基本的认识，如图 3-2 所示。

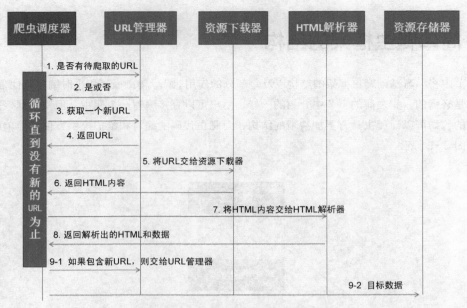

图 3-2　爬虫框架运行流程图

3.2　编写 URL 管理器

V3-1　简单爬虫框架结构组成

本节主要学习以下内容。

（1）了解 URL 管理器的结构和作用。

（2）了解 URL 的实现过程。

URL 管理器的作用主要是对待爬取和已经爬取的 URL 地址进行管理。编写 URL 管理器的难点是当待爬取的 URL 地址数量特别多、网站的结构非常复杂时，怎样避免重复爬取相同的 URL 地址而造成的死循环或者爬取效率降低的问题。在前面的章节中曾经介绍过不同的网页 URL 地址去重的策略，在实际编写 URL 管理器时，可以根据目标网站的特点进行分析并选择合适的去重策略。由于以下示例中待爬取的地址总数并不多，所以可以直接使用 Python 的 set 数据结构来保存 URL 数据。set 数据结构可以自动过滤所有重复的地址，使用起来比较方便。

在 URL 管理器中需要定义两个 URL 集合：一个用于保存新增的未爬取链接，另一个用于保存爬取的链接。URL 管理器中应提供相应的接口方法来管理和操作这两个 URL 集合。URL 管理器应包括的接口方法如下。

（1）判断集合中是否还有待爬取的 URL 地址：has_new_url()。

（2）获取一个待爬取的 URL 地址：get_new_url()。

（3）新增一个待爬取的 URL 地址：add_new_url()。

（4）批量新增待爬取的 URL 地址：add_new_urls()。

（5）获取待爬取 URL 地址的长度：new_url_size()。

（6）获取已爬取 URL 地址的长度：old_url_size()。

设计好实现的数据结构及相应的接口后，即可编写具体的实现代码。相关代码如下所示。

```python
class URLManager:

    def __init__(self):
        # 定义用于保存待爬取URL地址的集合
        self.new_urls = set()
        # 定义用于保存已爬取URL地址的集合
        self.old_urls = set()

    def has_new_url(self):
        return self.new_url_size() != 0

    def get_new_url(self):
        new_url = self.new_urls.pop()
        self.old_urls.add(new_url)
        return new_url

    def add_new_url(self, url):
        if url is None:
            print('url地址为空，添加new url失败')
            return
        if url not in self.new_urls and url not in self.old_urls:
            self.new_urls.add(url)

    def add_new_urls(self, urls):
        if urls is None or len(urls) == 0:
            print('url地址为空或长度为0，添加new urls失败')
            return
        for url in urls:
            self.add_new_url(url)

    def new_url_size(self):
        return len(self.new_urls)

    def old_url_size(self):
        return len(self.old_urls)
```

以上就是 URL 管理器的全部代码，非常简单。当遇到一些比较复杂的网站时，如果有一定的概率导致爬取失败，则可以添加一个管理爬取失败的 URL 地址的集合，当爬取页面内容失败或者下载页面 HTML 内容为空时，将这个 URL 地址加到失败的 URL 地址集合中，以便检测目标网站链接的有效性。

V3-2 URL 管理器

3.3 编写资源下载器

资源下载器的功能比较简单，但要注意目标页面的编码问题，以保证下载好的网页没有乱码。本节主要学习以下内容。

（1）了解资源下载器的作用。

（2）了解资源下载器的实现过程。

资源下载器主要负责页面内容的下载，所以可以直接使用前面介绍的 requests 模块解决这个需求。

其需要提供的接口方法只有一个，即 download 方法，且此方法会接收一个 URL 字符串作为参数。相关代码如下所示。

```python
import requests
from faker import Faker

class HTMLDownloader:

    def __init__(self):
        # 使用Faker库中的faker模块来构造随机的请求头user-agent字段
        fake = Faker()
        self.user_agent = fake.user_agent()

    def download(self, url):
        if url is None:
            return None
        headers = {'User-Agent': self.user_agent}
        r = requests.get(url, headers=headers)
        if r.status_code == 200:
            r.encoding = "utf-8"
            return r.text
        return None
```

V3-3 资源下载器

3.4 编写 HTML 解析器

HTML 解析器是整个框架中最重要的部分,其主要作用是解析由资源下载器返回的 HTML 页面的内容，通过自定义的解析规则，提取想要爬取的内容。这里仍然使用前面为大家讲解的 lxml 库来进行解析。本节主要学习以下内容。

（1）了解 HTML 解析器的作用。
（2）了解 HTML 解析器的实现过程。

对于整个框架来说，其他部分相对比较固定，但 HTML 解析器是针对具体要爬取的内容进行解析的，而每个爬虫的具体爬取目标又是不一样的，所以一般要针对具体的爬取规则进行修改和重新编写。这就要求在修改之前先分析具体的爬取目标和页面结构，再根据这个目标来编写解析的接口。一般来说，在 HTML 解析器中，要先对外提供一个 parse 接口，并在这个接口中以资源下载器爬取的 HTML 内容为参数；然后再编写两个方法，一个方法用于提取页面中的所有链接并放到待爬取的 URL 链接列表中，另一个方法用于提取页面中所有将要爬取的内容，这需要根据实际的情况来进行改写。相关代码如下所示。

```python
from lxml import etree
from urllib.parse import urljoin

class HTMLParser(object):

    def parser(self, page_url, html_content):
        if html_content is None:
            return None
```

```python
        html = etree.HTML(html_content)
        new_urls = None
        new_data = None
        # 判断当前链接是详情链接还是列表链接
        if ('page' in page_url):  # 若是列表链接地址就提取链接
            new_urls = self._get_new_urls(html)
        else:                       # 若是详情链接地址就提取数据
            new_data = self._get_new_data(html)
        return new_urls, new_data


    # 获取所有链接
    def _get_new_urls(self, html):
        base_url = "http://www.woniuxy.com/"
        new_urls = set()
        '''先获取列表中每篇文章的详情链接'''
        detail_links = html.XPath("//div[@class='title']/a")
        for link in detail_links:
            new_url = link.get('href')
            new_full_url = urljoin(base_url, new_url)
            print('新文章链接:' + new_full_url)
            new_urls.add(new_full_url)
        '''获取下一页链接,如果重复了,set会自动进行过滤'''
        next_page_link = html.XPath("//*[text()='下一页']")[0]
        new_urls.add(urljoin(base_url, next_page_link.get('href')))
        return new_urls

    # 获取内容页的数据
    def _get_new_data(self, html):
        # 利用dict字典结构保存要爬取的结果
        data = dict()

        #获取文章标题
        data['title'] = html.XPath("//div[contains(@class,
                                    'title')]")[0].text.strip()

        info_obj = html.XPath("//div[contains(@class, 'info')]")[1].text
        info = info_obj.split()    # 包含了整个标题的信息
        #获取发布日期
        date = info[3][3:]
        data['date'] = date

        #获取阅读数
        read_num = info[4][3:]
        data['readcount'] = read_num

        return data
```

V3-4 HTML
解析器

3.5 编写资源存储器

资源存储器的作用是对 HTML 解析器中返回的用户最终想要提取出来的内容进行持久化操作并将其保存到文件中。其主要负责两部分工作：一部分是数据的保存，另一部分是数据的文件化输出。本节主要学习以下内容。

（1）了解资源存储器的作用。

（2）了解资源存储器的实现过程。

资源存储器的功能比较简单。在进行数据存储的时候，有两种常见的方式：一种是将数据保存到数据库中，另一种是将数据保存到本地文件中。为了方便演示，这里使用 Python 自带的 csv 模块来将数据保存为 CSV 文件并进行输出。在实际使用过程中，用户可以根据实际需要编写对应的存储器来正确实现爬取数据的保存。相关代码如下所示。

```python
import csv

class DataOutput:

    def __init__(self):
        self.datas = []

    def store_data(self, data):
        if data is None:
            return
        self.datas.append(data)

    def output_file(self):
        out = open("woniu.csv", 'w', newline='', encoding='utf-8')
        csv_writer = csv.writer(out, dialect='excel')
        # 记录文章的标题title、发布日期date及阅读次数readcount
        csv_writer.writerow(['title', 'date', 'readcount'])
        for data in self.datas:
            csv_writer.writerow([data['title'], data['date'], data['readcount']])
```

V3-5 资源存储器

为了方便起见，这里的数据是全部保存到内存中的，但实际使用时，如果数据量特别大，则需要考虑使用数据分批保存机制，不能等到所有数据都爬取完成之后再写入数据库或者文件中，以避免由于异常情况可能导致的数据丢失的情况发生。

3.6 编写爬虫调度器

爬虫调度器负责整个框架的调度和执行，主要作用为对各个模块进行初始化、调用方法、处理返回值及处理爬取流程的异常，它是整个框架运行的入口。本节主要学习以下内容。

（1）了解爬虫调度器的作用。

（2）了解爬虫调度器的实现过程。

爬虫调度器会对各个模块进行初始化操作，并通过初始化后的对象来调用相应的接口进行流程处理。相关代码如下所示。

```python
from data_output import DataOutput
from html_downloader import HTMLDownloader
from html_parser import HTMLParser
from url_manager import URLManager


class SpiderMain:

    def __init__(self):
        self.manager = URLManager()
        self.parser = HTMLParser()
        self.downloader = HTMLDownloader()
        self.output = DataOutput()

    def crawl(self, root_url):
        self.manager.add_new_url(root_url)
        while self.manager.has_new_url():
            try:
                new_url = self.manager.get_new_url()
                print("开始爬取{}".format(new_url))
                html = self.downloader.download(new_url)
                new_urls, data = self.parser.parser(new_url, html)
                # 如果返回的data不为空，调用资源存储器进行数据的保存
                if data:
                    self.output.store_data(data)
                # 如果返回的URL列表不为空，则将urls保存到地址列表中
                if new_urls:
                    self.manager.add_new_urls(new_urls)
                print("已爬取{}个链接".format(self.manager.old_url_size()))
            except:
                print("crawl failed")
        self.output.output_file()

if __name__ == '__main__':
    spider_main = SpiderMain()
    # 从蜗牛笔记的第一页列表开始爬取
    spider_main.crawl("http://www.woniuxy.com/note/page-1")
```

至此，框架主体代码编写完毕。由于爬虫调度器是程序的入口，所以可以从这个入口开始运行。运行结束后，在控制台中可以看到运行的结果及爬取的文章链接数目，并可以在最终的程序目录下面看到生成的woniu.csv文件，这个文件中保存着爬取的全部数据，如图3-3所示。

本章介绍的爬虫基本框架的结构比较简单，但它已经具备了一个爬虫框架所必需的基本功能，只要大家真正理解了它的运行流程，实现过程就不会很复杂。通过本章的学习，希望读者能够学会如何使用框架来实现和运行爬虫。同时，可以思考一下这个框架缺乏哪些功能，哪些地方还可以完善，应该如何完善等。

在第4章中，要讲解大型、成熟的商业爬虫框架Scrapy，它的结构要比本章介绍的爬虫框架复杂

得多，功能也更丰富。但不管结构多么复杂的框架，其基本组成原理及运行的基本流程都是一致的。在读者学习并亲自编写了本章介绍的基本框架后，会为进一步学习复杂的商业爬虫框架打下坚实的基础。

V3-6 爬虫调度器

title	date	readcount
资讯:你以为程序员只会敲代码？不，他们玩起篮球来也是又酷又帅又专业~	2018/8/23	49
漫谈:乱象丛生的IT培训市场，还能走多远？	2018/8/14	142
资讯:成都双创中心主办，蜗牛学院协办“2018全球敏捷开发运维峰会”，我们诚邀你一起参加~	2018/8/23	76
资讯:无篮球不成欢，蜗牛学院西安校区首届运动会，他们就这样玩疯了~	2018/7/24	190
资讯:蜗牛学院成都校区小蜗牛们的毕业“狂欢会”，年轻人就该这样high~	2018/8/9	161
访谈:09年毕业，机械制造转行软件测试，入职月薪7K	2018/8/30	25
资讯:3年以下工作经验的软件测试人，如何学习才会更高效？	2018/7/19	176
资讯:蜗牛学院重庆、成都两校同时开班，这期的小蜗牛们很是不一样~	2018/8/14	120
原理:Java异常处理机制（预备知识）	2018/8/9	83
访谈:16年毕业，从广东来到成都，从财务管理转行软件测试，入职月薪7.3K	2018/8/14	82
资讯:同样是做测试，凭什么别人比你更值钱？	2018/8/30	42
资讯:认真学，放肆玩，第一届“蜗牛杯”电竞赛圆满结束~	2018/7/19	165
访谈:蜗牛学院5-6月最新就业信息来袭，java开发平均月薪5523元，软件测试5280元。	2018/7/3	400
漫谈:如何选择一家靠谱的IT培训机构，就看这十点！	2018/8/30	30
资讯:蜗牛学院西安校区再开新班，这次我们坐满了整个教室~	2018/8/9	105
访谈:15年毕业，机械制造转行软件测试，入职月薪5K	2018/7/24	182
访谈:12年毕业，应用电子转行Java开发，入职月薪6K	2018/7/10	285
实验:Java数据持久化->文本文件	2018/8/14	89
资讯:成都校区再开新班，迎来了这群年轻的新朋友~	2018/7/24	234
资讯:蜗牛学院西安、成都、重庆三大校区最新开班信息~	2018/7/4	695
资讯:勇闯上海滩，蜗牛学院来了！	2018/7/10	515
实验:实验：Java数据持久化->Excel文件	2018/8/30	32

图 3-3 爬取结果

第4章

Scrapy框架应用

本章导读：

■通过前三章的学习，读者应该已经具备了独立编写简单爬虫框架的能力。经过对爬虫框架设计和实现的实践过程，读者也应该对爬虫的工作原理和流程有了更深入的理解。那么，如何进一步提高爬虫编写能力？编写的爬虫框架还能如何改进呢？可以进一步研究行业内一些知名的成熟框架，这些框架经过大量用户的实践及若干高手的锤炼，存在诸多过人之处，非常值得学习。本章就来讨论和学习业界使用率最高的爬虫框架之———Scrapy。

本章主要包括以下内容。
（1）Scrapy 的相关概念和原理。
（2）安装 Scrapy 框架。
（3）创建第一个 Scrapy 项目。
（4）在 PyCharm 中运行和调试 Scrapy 项目。
（5）使用 Scrapy 进行请求间数据传递。
（6）Scrapy 命令行用法详解。
（7）常用 Scrapy 组件的用法。
（8）Scrapy 中对同一项目不同的 Spider 启用不同的配置。
（9）Scrapy 分布式爬虫的运行原理。
（10）利用 Scrapy+Redis 进行分布式爬虫实践。

学习目标：

（1）学习Scrapy的架构及其运行原理。
（2）掌握Scrapy各组件的基本使用。
（3）掌握编写Scrapy爬虫的方法。
（4）掌握Scrapy+Redis的分布式爬虫的原理及方法。

4.1 Scrapy 的相关概念与原理

本节将为读者介绍 Scrapy 框架的相关概念、组成结构及运行原理。学习内容如下。

（1）了解 Scrapy 的组成结构。

（2）了解 Scrapy 的运行原理。

Scrapy 是一个知名的开源爬虫框架，它是为了爬取网站数据、提取结构性数据而编写的应用框架，可以应用在数据挖掘、信息处理或存储历史数据等一系列的程序中。在具体介绍 Scrapy 框架之前，先来介绍一下"框架"的概念。框架可以理解为按照特定的体系结构编写的现成的"半成品"组件，这些组件已经帮助用户实现了部分基础的、必要的功能，在编写项目时，用户不用关心这些基础的设施，只要把关注点放在项目需求上即可。所以，用户可以在框架的基础上根据自己的需求进行快速开发，实现自己的应用需求。另外，框架一般具有扩展性，也就是说，如果项目需要框架本身不具备的功能，则用户可以自行进行扩展。所以，正确使用框架能够显著提高开发效率。

作为一个框架，Scrapy 具备其他所有框架应该具备的特性。要想用好它，必须要先了解它。Scrapy 框架示意图如图 4-1 所示。

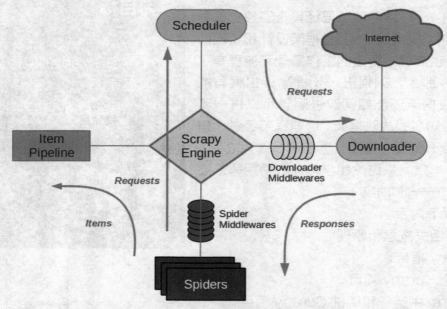

图 4-1　Scrapy 框架示意图

从结构层面来看，Scrapy 主要由以下组件组成。

1. Scrapy 引擎

Scrapy 引擎（Scrapy Engine）是整个 Scrapy 框架的核心，负责控制数据流在系统的所有组件中流动，并在相应动作发生时触发事件。Scrapy 引擎与调度器（Scheduler）、下载项管道（Item Pipeline）、中间件（Middleware）、下载器（Downloader）、爬取器（Spiders）等组件都有关系，它处于整个框架的中心，对各组件进行综合控制和协调。

2．调度器

调度器（Scheduler）的主要作用是存储待爬取的网址，并确定这些网址的下载优先级。可以把调度器的存储结构看作一个优先队列，调度器会从引擎中接收请求并存入优先队列，在队列中可能会有多个待爬取的网址，但这些网址具有一定的优先级，调度器会根据过滤算法过滤掉重复的网址，以避免重复爬取。当引擎发出请求之后，调度器将优先队列中的下一次要爬取的网址返回给引擎，以供引擎做进一步处理。

3．下载器

下载器（Downloader）主要用于对网络中要爬取的页面资源进行下载，基本上绝大部分的数据传输工作都由下载器来负责。下载器下载了对应的网页资源后，会将这些数据传递给 Scrapy 引擎，再由 Scrapy 引擎传递给对应的爬取器进行处理。

4．爬取器

爬取器是（Spiders）Scrapy 用户编写的用于分析 Response 并提取 Item（即获取到的 Item）或额外跟进的 URL 的类。每个爬取器负责处理一个特定（或一些）网站，用户可以根据自己的实际需求增加特定的爬取器，所以，在一个 Scrapy 项目中，可以有多个爬取器同时存在。

5．下载项管道

下载项管道（Item Pipeline）中的"Item"指用户最后想要爬取出来的数据。下载项管道负责处理被爬取器提取出来的 Item，典型的处理方法有清理、验证及持久化（如将数据存储到数据库中）。

6．下载器中间件

下载器中间件（Downloader Middlewares）是位于引擎及下载器之间的特定钩子，处理下载器传递给引擎的 Response。其提供了一个简便的机制，可通过插入自定义代码来扩展 Scrapy 的功能。

7．爬取器中间件

爬取器中间件（Spider Middlewares）是位于引擎及爬取器之间的特定钩子，处理爬取器的输入（Response）和输出（Item 及 Request）。其提供了一个简便的机制，可通过插入自定义代码来扩展 Scrapy 的功能。

下面来看数据在 Scrapy 中的处理流程。

（1）打开一个网站，引擎组件会在爬取器中查找处理该网站的 Spider，如果找到，则向该 Spider 请求第一个要爬取的 URL。

（2）引擎从 Spiders 中获取到第一个要爬取的 URL 并在调度器以 Request 进行调度。

（3）引擎向调度器请求下一个要爬取的 URL。

（4）调度器返回下一个要爬取的 URL 给引擎，引擎将 URL 通过下载中间件（请求方向）转发给下载器。

（5）一旦页面下载完毕，下载器就会生成一个该页面的 Response，并将其通过下载中间件（返回方向）发送给引擎。

（6）引擎从下载器中接收到 Response 并通过爬取器中间件（输入方向）发送给 Spiders 进行处理。

（7）Spiders 处理 Response 并返回爬取到的 Item 及（跟进的）新的 Request 给引擎。

V4-1 Scrapy 框架介绍

（8）引擎将（Spider 返回的）爬取到的 Item 给下载项管道，将（Spider 返回的）Request 给调度器。

（9）重复步骤（2）～步骤（8），直到调度器中没有更多的 Request 为止，关闭该网站。

Scrapy 的官网地址为 http://www.scrapy.org，读者可以通过访问官网来了解更多的信息。

4.2 安装 Scrapy 框架

对 Scrapy 有了基本的了解后，本节将主要介绍 Scrapy 在各个主流操作系统中的安装过程。

4.2.1 在 Windows 中安装 Scrapy

在 Windows 操作系统中安装 Scrapy 是比较麻烦的，因为 Scrapy 的几个依赖库在 Windows 操作系统中没有进行预装，所以直接使用 pip 命令安装 Scrapy 时会报错。

在 Windows 操作系统中安装 Scrapy 框架之前，需要事先安装依赖库。其安装步骤如下。

1. 安装 wheel 库

此库主要用于 wheel 文件的安装。安装 wheel 库的操作方法很简单，直接使用 pip 命令进行安装即可。

```
pip install wheel
```

wheel 库一般是已经安装好的，用户可以通过 pip list 命令查看已经安装好的库文件。

2. 安装 lxml 库

安装 lxml 库的过程比较简单，但 lxml 对 Python 的版本要求比较严格，不同的 Python 版本要安装不同版本的 lxml 库，且版本不同的 lxml 库的功能也不尽相同。通常，在爬虫中使用 lxml 时，最常用的是 etree 模块，有些版本的 lxml 没有 etree 模块，这样的版本在安装之后明显无法达到要求。所以，在安装 lxml 库之前，最好查清楚哪些版本适合当前本机安装的 Python 版本，并查看是否缺少必要的模块。安装的时候，可以通过 wheel 文件进行安装，也可以直接使用 pip install 命令指定要安装的版本。lxml 库的 wheel 文件可以从 https://www.lfd.uci.edu/~gohlke/Pythonlibs/#lxml 进行下载，用户只需要选择对应的版本即可。lxml 的版本如图 4-2 所示。

```
Lxml, a binding for the libxml2 and libxslt libraries.
    lxml-4.1.1-cp27-cp27m-win32.whl
    lxml-4.1.1-cp27-cp27m-win_amd64.whl
    lxml-4.1.1-cp34-cp34m-win32.whl
    lxml-4.1.1-cp34-cp34m-win_amd64.whl
    lxml-4.1.1-cp35-cp35m-win32.whl
    lxml-4.1.1-cp35-cp35m-win_amd64.whl
    lxml-4.1.1-cp36-cp36m-win32.whl
    lxml-4.1.1-cp36-cp36m-win_amd64.whl
    lxml-4.1.1-cp37-cp37m-win32.whl
    lxml-4.1.1-cp37-cp37m-win_amd64.whl
```

图 4-2 lxml 的版本

选择的 lxml 版本必须与已安装的 Python 版本一致。那么 lxml 文件中如何查看对应的 Python 版本呢？lxml 文件名中的 cp35 指的是 CPython 3.5.x，cp36 指的是 CPython 3.6，其他版本号类似。若安装的 Python 是 32 位的，则下载 win32 的版本；若安装的 python 是 64 位的，则下载 win_amd64 的版本。用户可根据自己的实际情况进行下载和安装。

WHL 文件下载成功后，直接使用 pip 命令进行安装即可。

```
pip install WHL文件位置
```
例如，刚刚下载的 WHL 文件在 D 盘根目录中，则安装命令如下。
```
pip install d:\lxml-4.1.1-cp36-cp36m-win_amd64.whl
```
通过 pip 命令进行安装时，要指定安装的版本，命令如下。
```
pip install lxml==4.1.1
```
安装完毕之后，可以通过 pip list 或者在项目中导入 lxml 库来验证安装是否成功。

3. 安装 PyOpenssl 库

PyOpenssl 库可以通过使用 pip 命令进行安装，也可以通过文件方式进行安装。通过使用 pip 命令进行安装时，命令如下。

```
pip install pyopenssl
```

如果通过文件形式进行安装，则需要先在网址 https://pypi.python.org/pypi/pyOpenSSL 中下载文件，再进行安装，下载最新版本即可。下载成功后得到一个 WHL 文件，通过使用 pip 命令进行安装即可，这里不再赘述。

4. 安装 Twisted

Twisted 是 Python 中的一个异步网络框架，也是 Scrapy 框架的核心。通过 pip 命令直接安装 Twisted 时，需要事先安装 Visual C++库，Visual C++库的版本根据安装的 Twisted 版本的不同而不同。如果没有安装 Visual C++库，会出现图 4-3 所示的错误提示。

图 4-3 错误提示

如果计算机上没有安装或不确定是否安装了对应的 Visual C++库，则可以直接通过 Twisted 的 WHL 文件来进行安装，其下载地址为 https://www.lfd.uci.edu/~gohlke/Pythonlibs/#twisted。但仍应根据计算机上安装的 Python 版本选择对应的 Twisted 版本。目前，Twisted 的可选版本如图 4-4 所示。

图 4-4 Twisted 的可选版本

将 WHL 文件下载到本地后，通过使用 pip 命令进行安装即可。

5. 安装 Scrapy

上述依赖库安装完成后，即可安装 Scrapy，直接通过 pip 命令进行安装即可，命令如下。

```
pip install scrapy
```

如果安装过程顺利完成，则可以进入 Python 交互式命令环境来验证 Scrapy 的安装是否成功。这里通过 import 命令导入 Scrapy，如图 4-5 所示。

图 4-5 导入 Scrapy

如果导入成功，则说明 Scrapy 已经安装成功。

如果安装了 Anaconda 的发行版，则安装过程会更简单。将 conda 配置到环境变量中后，在命令行中输入以下命令即可。

```
conda install scrapy
```

conda 会自动侦测到依赖库并自动下载及安装这些库，不需要用户进行安装，非常方便，所以建议读者安装并使用 Anaconda。

4.2.2 在 Linux 中安装 Scrapy

很多大型的商业爬虫会部署到 Linux 服务器上，所以 Scrapy 在 Linux 中的安装部署是非常重要的，这里简单讲解 Scrapy 在 Linux 操作服务器上的安装方式。在 Linux 操作系统中安装 Scrapy 的时候，也需要事先安装 Scrapy 的依赖库。但由于 Linux 操作系统已经集成了必要的基础环境，如 C++ 等，相关基础类库便不再需要进行安装，所以 Linux 中的 Scrapy 安装会更加容易。Linux 中所需要的依赖库和 Windows 没有太大的差别，主要依赖的第三方库及安装方式如下（这里以 Ubuntu 系统、Python 3.6 为例进行介绍）。

（1）检查并确认已经安装了 pip3。

由于 pip2 不支持 Python 3.x，因此，若系统中没有安装 pip3，则需要先安装 pip3。其安装命令如下。

```
sudo apt-get install python3-pip
```

安装完成后，检查 pip3 是否安装成功，命令如下。

```
pip3 --version
```

（2）通过使用 sudo apt-get 命令一次性安装其他第三方库，命令如下。

```
sudo apt-get install build-essential python3-dev libssl-dev libffi-dev libxml2 libxml2-dev libxslt1-dev zlib1g-dev
```

（3）通过 pip3 安装 Scrapy。

```
pip3 install scrapy
```

安装完成后，直接在命令行终端中运行 Scrapy，如果出现 Scrapy 的相关选项，则说明安装成功。

4.2.3 在 MacOS 中安装 Scrapy

在 MacOS 操作系统中安装 Scrapy 时，同样需要先安装其依赖库。在 MacOS 操作系统中构建

第 4 章
Scrapy 框架应用

Scrapy 的依赖库需要 C 编译器及相关的开发头文件，这些可以由 Xcode 提供，故使用如下命令进行安装即可。

```
xcode-select --install
```

以上命令运行之后，系统将自动下载相关的命令行开发工具，安装完成后，运行如下命令。

```
pip3 install scrapy
```

此时，即可完成 Scrapy 在 MacOS 中的安装。

V4-2 Scrapy 安装

4.3　创建第一个 Scrapy 项目

Scrapy 框架安装完成后，即可使用这个框架来编写爬虫。本节将正式通过 Scrapy 创建一个基本的爬虫项目，通过该项目读者可掌握 Scrapy 项目的基本组成部分，并通过代码了解 Scrapy 的执行过程。

4.3.1　创建 Scrapy 项目

下面将使用 Scrapy 框架编写爬取蜗牛学院官网"蜗牛笔记"栏目的爬虫。

在命令行模式下定位到要创建项目的位置，输入图 4-6 所示的命令即可创建一个名为 woniu_spider 的 Scrapy 项目。

图 4-6　创建 Scrapy 项目

其中，woniu_spider 是 Scrapy 项目的名称，项目名称可以自定义。命令运行后，Scrapy 将在当前目录生成一个名为"woniu_spider"的文件夹，此文件夹就是创建的 Scrapy 项目的内容。

4.3.2　Scrapy 项目的结构

前面创建的 Scrapy 项目的结构如图 4-7 所示。

图 4-7　Scrapy 项目的结构

在最顶层的 woniu_spider 文件夹中，Scrapy 会自动生成一个名为 woniu_spider 的子文件夹和一个名为 scrapy.cfg 的文件。在 woniu_spider 文件夹中包含一个名为 spiders 的文件夹和 4 个 PY 文件。这些文件夹和文件都是 Scrapy 框架自动生成的，其作用分别如下。

（1）scrapy.cfg：Scrapy 项目部署文件。

（2）woniu_spider/：放置 Scrapy 项目 PY 文件。

（3）woniu_spider/spiders：放置所有的 Spider 文件。

（4）woniu_spider/items.py：放置项目中的与 Item 定义相关的文件。

（5）woniu_spider/piplines.py：放置项目中的 piplines 定义相关的文件。

（6）woniu_spider/settings.py：项目配置文件，大部分项目配置的功能可以在这里实现。

（7）woniu_spider/__init__.py：Python 项目默认生成的目录文件，保持默认内容即可。

4.3.3 定义爬虫文件

创建的 Scrapy 项目什么都不能做，因为还没有为这个项目定义 Spider。下面来定义一个可以工作的 Spider。

Spider 文件可以通过手动创建，也可以通过 Scrapy 命令的方式生成一个 Spider 文件的框架，这个框架是一个最小的、可用的 Spider。下面通过 Scrapy 命令来生成一个 Spider，以了解构成一个 Spider 的基本要素。

在创建的 Scrapy 项目目录中，通过 cd 命令进入到 woniu_spider 目录中，运行图 4-8 所示的命令，Scrapy 即可生成一个 Spider 文件。

```
E:\pycharm_project\scrapy_project\woniu_spider>scrapy genspider WoniuSpider www.woniuxy.com/note
Created spider 'WoniuSpider' using template 'basic' in module:
  woniu_spider.spiders.WoniuSpider

E:\pycharm_project\scrapy_project\woniu_spider>
```

图 4-8　运行命令

其中，"scrapy genspider"表示生成一个 Spider 文件，"WoniuSpider"是生成的 Spider 的名称，而"www.woniuxy.com/note"是要爬取的起始 URL 地址。

进入项目的 spiders 文件夹，可以看到生成的 WoniuSpider.py 文件。生成的 Spider 文件的代码如下。

```
# -*- coding: utf-8 -*-
import scrapy


class WoniuspiderSpider(scrapy.Spider):
    name = 'WoniuSpider'
    allowed_domains = ['www.woniuxy.com/note']
    start_urls = ['http://www.woniuxy.com/note/']

    def parse(self, response):
        pass
```

这段代码组成了一个 Spider 的基本"骨架"。

首先，必须通过 import scrapy 导入 Scrapy 的相关库文件。其次，需要定义一个 Spider 类，这对于个类的类名没有特殊要求，参照 Python 类命名规则即可，但这个类必须继承于 scrapy.Spider 类。最后，这个类定义了 3 个属性（name、allowed_domains、start_urls）和一个方法（parse）。

（1）name：Spider 的名称，必选。Scrapy 规定每个 Spider 都必须有一个名称，这个名称在后面运行 Spider 的时候会用到。此名称可以随意更改，但在调用 Spider 的时候必须输入正确，否则无法调用成功。

（2）allowed_domains：允许爬虫爬取内容的域名列表，可选。如果定义了这个字段，则该爬虫只会爬取这些域名下的内容。

（3）start_urls：初始爬取地址列表，可选。爬虫将从这个列表中定义的 URL 地址开始进行内容的爬取。需要注意的是，Scrapy 的 Spider 基类中默认包含一个名为 start_requests()的方法，这个方法会自动调用用户定义的 start_urls 列表中的各个地址作为爬取地址并依次进行爬取。start_requests()方法的源码如下。

```
def start_requests(self):
    for url in self.start_urls:
        yield self.make_requests_from_url(url)
```

为什么要特别注意这个问题呢？因为如果要爬取的地址符合某些规则，则可能会编写一些代码来生成起始爬取 URL 地址列表，此时可以在 Spider 的代码中重写 start_requests()方法。如果在重写的 start_requests()方法中没有读取 start_urls 列表中的数据，则 start_urls 列表不是必需的。start_requests()方法要求必须返回一个可迭代对象，如一个生成器，用户可以把要爬取的起始 URL 地址放到这个可迭代对象中。下面这段代码演示了重写 start_requests()方法的例子。

```
def start_requests(self):
    pages=[]
    for i in range(1,10):
        url='http://www.example.com/?page=%s'%i
        page=scrapy.Request(url)
        pages.append(page)
    return pages
```

（4）parse 方法：parse 方法是一个回调方法，其主要作用是解析服务器端返回的响应内容，必选。一个 Spider 中必须至少有一个解析方法，Scrapy 会使用默认名称为 parse 的方法作为起始 URL 页面响应的解析方法。如果不想以 parse 作为响应的解析方法的默认名称，则可以在代码中进行自定义。所有的响应解析方法都将接收 response 作为参数，response 参数中包含服务器端返回的全部内容。在前面的例子中，parse 方法并没有定义任何代码，所以请求响应后什么都不做，而在下面的例子中，自定义了 start_requests()方法并指定 logged_in()为响应结束后的回调方法。

```
class MySpider(scrapy.Spider):
    name = 'myspider'

    def start_requests(self):
        return [scrapy.FormRequest(
                    "http://www.example.com/login",
                    formdata={'user': 'john', 'pass': 'secret'},
                    callback=self.logged_in)]

    def logged_in(self, response):
```

```
# here you would extract links to follow and return Requests for
# each of them, with another callback
pass
```

了解了 Spider 文件的基本结构后，就可以开始运行 Spider 了。运行编写好的 Spider 非常简单，执行图 4-9 所示的命令即可。

```
E:\pycharm_project\scrapy_project\woniu_spider>scrapy crawl WoniuSpider
```

图 4-9　运行 Spider 的命令

其中，"scrapy crawl"表示开始进行爬取操作，"WoniuSpider"表示文件中通过 name 字段定义的 Spider 的名称，这个名称必须和 name 定义的名称一致，否则无法运行成功。运行时，Scrapy 会输出日志信息，通过日志可以知道运行的结果。Scrapy 运行日志的截图如图 4-10 所示。

```
2018-02-24 17:03:19 [scrapy.utils.log] INFO: Scrapy 1.4.0 started (bot: woniu_sp
ider)
2018-02-24 17:03:19 [scrapy.utils.log] INFO: Overridden settings: {'BOT_NAME': '
woniu_spider', 'NEWSPIDER_MODULE': 'woniu_spider.spiders', 'ROBOTSTXT_OBEY': Tru
e, 'SPIDER_MODULES': ['woniu_spider.spiders']}
2018-02-24 17:03:19 [scrapy.middleware] INFO: Enabled extensions:
['scrapy.extensions.corestats.CoreStats',
 'scrapy.extensions.telnet.TelnetConsole',
 'scrapy.extensions.logstats.LogStats']
2018-02-24 17:03:20 [scrapy.middleware] INFO: Enabled downloader middlewares:
['scrapy.downloadermiddlewares.robotstxt.RobotsTxtMiddleware',
 'scrapy.downloadermiddlewares.httpauth.HttpAuthMiddleware',
 'scrapy.downloadermiddlewares.downloadtimeout.DownloadTimeoutMiddleware',
 'scrapy.downloadermiddlewares.defaultheaders.DefaultHeadersMiddleware',
 'scrapy.downloadermiddlewares.useragent.UserAgentMiddleware',
 'scrapy.downloadermiddlewares.retry.RetryMiddleware',
 'scrapy.downloadermiddlewares.redirect.MetaRefreshMiddleware',
 'scrapy.downloadermiddlewares.httpcompression.HttpCompressionMiddleware',
 'scrapy.downloadermiddlewares.redirect.RedirectMiddleware',
 'scrapy.downloadermiddlewares.cookies.CookiesMiddleware',
 'scrapy.downloadermiddlewares.httpproxy.HttpProxyMiddleware',
 'scrapy.downloadermiddlewares.stats.DownloaderStats']
2018-02-24 17:03:20 [scrapy.middleware] INFO: Enabled spider middlewares:
['scrapy.spidermiddlewares.httperror.HttpErrorMiddleware',
 'scrapy.spidermiddlewares.offsite.OffsiteMiddleware',
 'scrapy.spidermiddlewares.referer.RefererMiddleware',
 'scrapy.spidermiddlewares.urllength.UrlLengthMiddleware',
 'scrapy.spidermiddlewares.depth.DepthMiddleware']
2018-02-24 17:03:20 [scrapy.middleware] INFO: Enabled item pipelines:
[]
2018-02-24 17:03:20 [scrapy.core.engine] INFO: Spider opened
2018-02-24 17:03:20 [scrapy.extensions.logstats] INFO: Crawled 0 pages (at 0 pag
es/min), scraped 0 items (at 0 items/min)
2018-02-24 17:03:20 [scrapy.extensions.telnet] DEBUG: Telnet console listening o
n 127.0.0.1:6023
2018-02-24 17:03:21 [scrapy.core.engine] DEBUG: Crawled (404) <GET http://www.wo
niuxy.com/robots.txt> (referer: None)
2018-02-24 17:03:21 [scrapy.core.engine] DEBUG: Crawled (200) <GET http://www.wo
niuxy.com/note/> (referer: None)
2018-02-24 17:03:21 [scrapy.core.engine] INFO: Closing spider (finished)
```

图 4-10　Scrapy 运行日志的截图

那么，要爬取蜗牛学院官网所有笔记的信息，在基于 Scrapy 的框架中应该怎么编写呢？

其实，爬虫爬取的内容无非是两种类型的数据：一种是用户想要爬取的目标内容，另一种是在爬取的页面中包含的等待进一步爬取的 URL 链接地址。在 Spider 的编写过程中，针对等待进一步爬取的 URL 链接地址，用户可先将其加入前面介绍的 Scheduler 的请求队列（scrapy.Requests）并进行处理，再指定针对该 URL 地址爬取的内容进行解析的回调方法即可。这一操作也体现了使用框架的好处，各个组件之间各司其职，用户只需要将对应的内容交给对应的组件，Scrapy 引擎就会自动协调各个组件来完成相应的工作。

下面来看实际的代码，以更好地理解整个过程。

```python
# -*- coding: utf-8 -*-
import scrapy
from lxml import etree


class WoniuspiderSpider(scrapy.Spider):
    name = 'WoniuSpider'
    allowed_domains = ['www.woniuxy.com/note']
    content_list = []
    start_urls = ["http://www.woniuxy.com/note/page-{}".format(str(i)) for i in range(1, 10)]

    def parse(self, response):
        content_urls = response.XPath(
                    "//div[@class='title']/a/@href").extract()
        for url in content_urls:
            yield scrapy.Request(
                url=response.urljoin(url),
                callback=self.parse_content,
                dont_filter=True)

    def parse_content(self, response):
        html = etree.HTML(response.text)
        url = response.url
        title = response.XPath(
                "//div[contains(@class, 'title')]/text()"
                ).extract()[0].strip()
        info_obj = response.XPath(
                "//div[contains(@class, 'info')]/text()"
                ).extract()[0]
        info = info_obj.split()
        author = info[0][3:]
        tech_type = info[1][3:]
        article_type = info[2][3:]
        date = info[3][3:]
        read_num = info[4][3:]
        article_content = html.XPath("//div[@id='content']")[0]\
                        .XPath("string(.)").strip()
        article_content = "".join(article_content.split())
        img_list = []
        for pic_url in response.XPath("//div[@id='content']//img/@src").extract():
            if 'qrcode' not in pic_url:
                img_liast.append(pic_url)

        self.content_list.append([url, title, author, tech_type, article_type, date, read_num, article_content, img_list])
```

在这段代码中，程序的入口是 start_urls。Scrapy 引擎会先解析定义在 start_urls 中的列表推导式，获得所有的起始爬取地址。由于要爬取的所有页面均来自于一个列表，而这个列表是可以通过某种规律构造出来的，所以通过列表推导式能够高效地将所有列表的地址放入到起始地址列表中。下面从这些列表地址来进行解析。

Scrapy 向 start_urls 中的 URL 发起请求之后，默认将调用 parse 方法解析服务器返回的响应内容，所以用户可以将解析这个响应的代码放入 parse 方法。这需要在前面的示例中从列表中提取出每篇文章详情的 URL 地址，以便继续提取文章详情的内容。

```
def parse(self, response):
    content_urls = response.XPath("//div[@class='title']/a/@href").extract()
    for url in content_urls:
        yield scrapy.Request(
                url=response.urljoin(url),
                callback=self.parse_content,
                dont_filter=True
        )
```

这里有以下两点需要注意。

（1）Scrapy 自身针对 response 已经集成了几种常见的 Selector 以便解析响应内容，如 CSS-Selector、XPath 等。上面的代码中直接使用了 XPath，其语法和平时使用的 XPath 语法基本一致。需要注意的是，通过 XPath 获得节点后，必须使用 extract() 方法将该节点序列化为字符串并返回一个 list（列表）对象。所以如果只想取指定位置的元素，则必须使用列表取元素的方式来取。如果想取第一个元素，Scrapy 也提供了一个比较快捷的方法——extract_first()。

（2）针对在页面中解析到的待进一步爬取的 URL，只需要把它们加到 Scheduler 的请求队列中即可，代码中的 scrapy.Request 就代表请求队列。在添加链接时，需要使用 yield 并以生成器的方式进行添加。另外，加入 scrapy.Request 队列时通常需要指定至少两个参数，其中一个是待添加的 URL，另一个是 callback，即回调方法。这个回调方法用于处理当前 URL 返回的页面，一旦指定了回调方法，则该 URL 请求的响应内容将自动由指定的回调方法进行解析处理。代码中还指定了参数 dont_filter=True，这个参数的作用是防止 Scrapy 将相近的 URL 地址看作重复的 URL 地址而将其自动过滤掉。其实 scrapy.Request 还有很多其他的参数，如在请求中添加请求参数、提交数据等，这些在后面的章节中会讲到，这里不再赘述。

上述例子非常简单，但通过这个例子，读者基本上可以了解一个 Scrapy 爬虫应该如何编写。在上面的代码中，暂时没有涉及针对获取的数据进行处理的过程，如数据持久化，这些会在以后的章节中详细介绍。

总的来说，在编写 Spider 时，要注意以下几点。

（1）起点 URL 在哪里？

V4-3 Scrapy 创建项目及结构介绍

（2）从起点 URL 爬取回来的内容中，有无新的待爬取 URL？若有，将其放到 scrapy.Request 中，并指定处理这些 URL 响应的回调方法。

（3）针对不同的响应返回内容如何解析？

4.4 在 PyCharm 中运行和调试 Scrapy 项目

通过命令行创建了 Scrapy 项目后，默认只能在命令行中运行 Scrapy 项目。但通常需要在 PyCharm 中编辑和修改 Scrapy 项目，因此在 PyCharm 中运行 Scrapy 会更方便。PyCharm 并没有对 Scrapy

提供直接的运行支持，但通过简单的设置后，用户是可以在 PyCharm 中运行 Scrapy 项目的。本节将学习如何在 PyCharm 中运行和调试 Scrapy 项目。

本节将学习以下内容。

（1）掌握在 PyCharm 中设置并运行 Scrapy 项目的方法。

（2）掌握在 PyCharm 中调试 Scrapy 项目的方法。

4.4.1 在 PyCharm 中运行 Scrapy 项目

在 PyCharm 中运行 Scrapy 项目时，需要进行以下操作。

（1）在 PyCharm 中打开创建的 Scrapy 项目，在项目所在目录中，可以发现新增了 .idea 文件夹。

（2）在与 spiders 目录同级的目录中新建一个名称为 main.py 的文件，如图 4-11 所示。

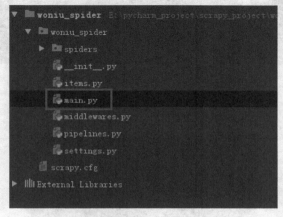

图 4-11　新建 main.py 文件

（3）打开 main.py 文件，并将以下代码复制到该文件中。

```
from scrapy import cmdline
cmdline.execute("scrapy crawl WoniuSpider".split())
```

这里需要注意的是，命令中的"WoniuSpider"是前面编写的 Spider 的名称，这里一定要写对。

（4）鼠标右键单击 main.py，在弹出的快捷菜单中选择"运行"选项，即可在 Pycharm 中运行 Scrapy 项目，其效果和在命令行中运行 Scrapy 是一样的，如图 4-12 所示。

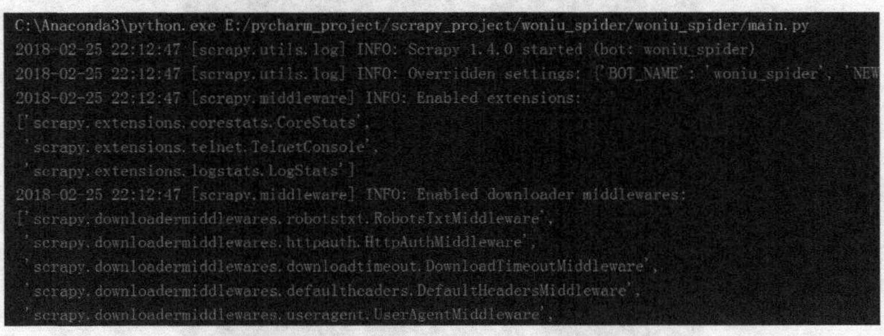

图 4-12　在 PyCharm 中运行 Spider 的效果

4.4.2　在 PyCharm 中调试 Scrapy 项目

要在 PyCharm 中调试 Scrapy 项目，需要进行以下设置。

（1）单击 PyCharm 右上角的"Edit Configuration…"按钮，弹出其下拉列表，选择"Edit Configuration"选项，如图 4-13 所示。

图 4-13　选择"Edit Configuration…"选项

（2）在弹出的对话框中单击"+"按钮，添加一个 Python 的运行配置，如图 4-14 所示。

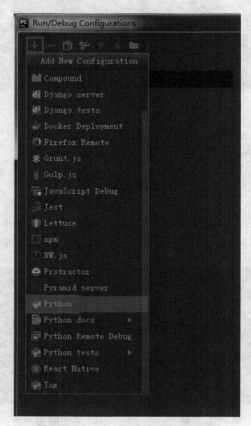

图 4-14　添加 Python 的运行配置

（3）按照图 4-15 配置项目参数。

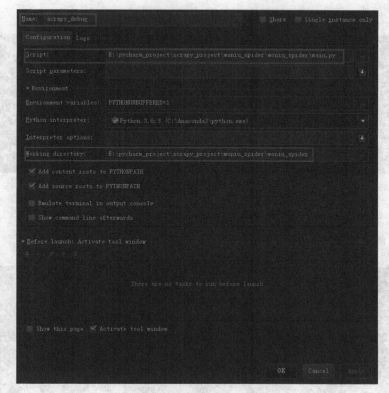

图 4-15 配置项目参数

其中各项的含义如下。

① Name：为当前配置进行命名。

② Script：执行的脚本路径，这里填写前面编写的 main.py 文件的路径即可。

③ Working directory：工作路径，填写当前项目的根目录路径，即包含"scrapy.cfg"文件的路径。配置完后，单击"OK"按钮进行保存。

下面在 PyCharm 中调试 Scrapy 项目，先在代码中设置好断点位置，再在运行配置中选择刚刚配置好的调试设置，单击调试按钮 即可运行调试，如图 4-16 所示。

图 4-16 调试按钮

如果想以调试模式查看 content_list 的值，则可以在相应的位置加上断点，即在脚本中设置调试断点，如图 4-17 所示。

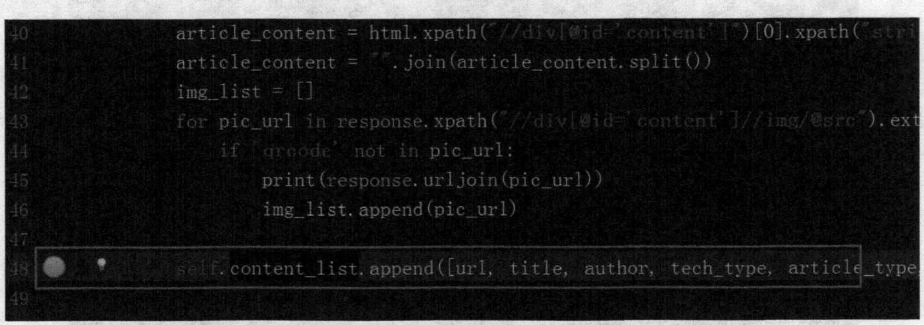

图 4-17　在脚本中设置调试断点

以调试模式运行后，可以在"Debugger"面板中查看到每次回调 parse_content 方法时 self.content_list 的值，如图 4-18 所示。

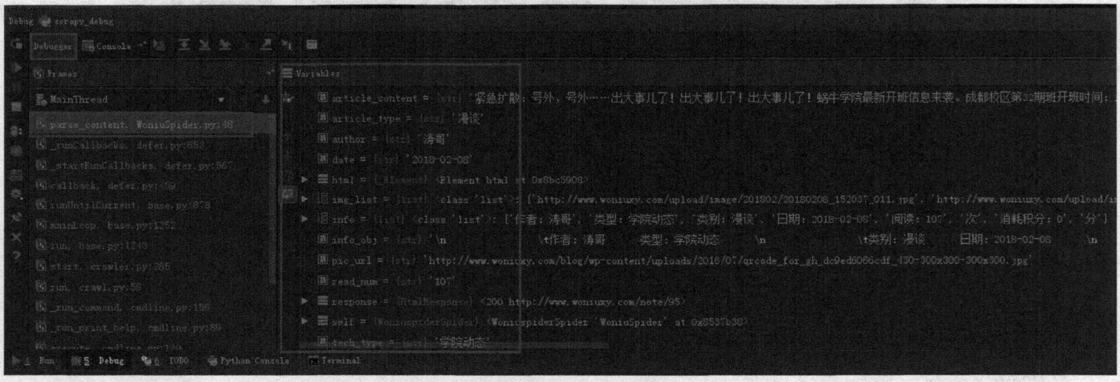

图 4-18　查看 self.content_list 的值

V4-4　在 PyCharm 中运行和调试 Scrapy 项目

4.5　使用 Scrapy 进行请求间数据传递

前面的章节只是初步接触了 Scrapy 相关的请求队列、方法回调等基础知识，面对更加复杂的请求参数和业务逻辑时，如带 Cookie 访问、发送请求体数据、在不同的请求间传递数据等，就需要读者掌握 Scrapy 的复杂用法。本节将通过 Scrapy 编写一个爬取豆瓣的影评的爬虫。

本节将学习以下内容。

（1）掌握通过 Scrapy 进行登录及后续操作的方法。

（2）掌握如何在 Scrapy 中进行请求间的参数传递。

在编写爬虫之前，先来看看具体的爬取需求。这里要求使用 Scrapy 编写一个豆瓣网的爬虫，该爬虫能够爬取指定电影的所有与影评相关的数据，如图 4-19 中方框所示的类似数据。

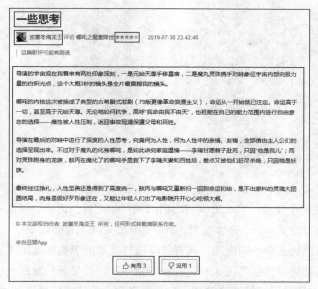

图 4-19 待爬取的数据

通过爬取实践表明，对于豆瓣影评的爬取，如果只是爬取少量评论数据，则不需要进行身份认证，但如果要爬取的数据比较多，则会在爬取过程中出现未登录等异常提示，所以用户最好在爬取前进行登录操作。豆瓣的登录机制并不复杂，请求体中不存在加密参数，只需要按照抓包获取的信息进行登录表单的提交即可。另外，豆瓣在登录时通常不会出现验证码，但如果频繁登录或存在系统认为不符合常规的访问行为，则会出现验证码，所以最好在代码中进行一次判断。由于抓包分析过程并不存在技术难点，所以在这里不再过多讲解抓包的方法，读者可以参考之前的案例来完成抓包分析的操作。

首先，创建一个 Scrapy 项目，即打开命令行，输入如下命令。

```
scrapy startproject douban_comment_spider
```

接着，可以直接在 PyCharm 中打开该项目。直接在 spiders 目录中新建一个 Python 文件，将其命名为"comment_spider.py"，读者可以按照自己的需要进行命名。在 comment_spider.py 中，定义好基于 scrapy.Spider 的类以及需要的变量，代码如下。

```python
import scrapy

class CommentSpider(scrapy.Spider):

    name = "comment_spider"    # 定义爬虫的名称，必选

    headers = {
        'Accept': 'text/html,application/xhtml+xml,application/xml;
                   q=0.9,*/*;q=0.8',
        'Accept-Encoding': 'gzip, deflate, br',
        'Accept-Language': 'zh-CN,zh;q=0.8,en-US;q=0.5,en;q=0.3',
        'Connection': 'keep-alive',
        'Host': 'accounts.douban.com',
        'User-Agent': 'Mozilla/5.0 (Windows NT 10.0; Win64; x64)
                       ApplewebKit/537.36 (KHTML, like Gecko)
                       chrome/62.0.3202.75 Safari/537.36'
```

```
    }
    formdata = {
        'form_email': 'your account',
        'form_password': 'your password',
        # 'captcha-solution': '',      # 出现验证码时需要提交该字段
        # 'captcha-id': '',            # 出现验证码时需要提交该字段
        'login': '登录',
        'redir': 'https://www.douban.com/',
        'source': 'index_nav'
    }
```

在这段代码中，定义了一个基于 scrapy.Spider 的类，并定义了在脚本中需要用到的 headers 和 formdata 两个变量，这两个变量的定义方式与之前的编写没有任何区别。但读者可能会注意到一个问题：在这段代码中并没有定义 start_urls 变量。start_urls 变量不是必须要定义的吗？对于这个问题，一般来说，在起始爬取地址是单一固定的，或者可以通过简单的规则构造出来（使用列表推导式可以得出）的情况下，可以直接将其定义在 start_urls 变量中。但如果起始爬取地址比较复杂，如需要通过 POST 请求传递请求体数据、需要携带 Cookie 信息等，就只能通过另一种方式（start_requests 方法）来定义起始爬取地址了，通过 start_requests 方法，用户可以更灵活地指定请求中的各种参数和请求方式等。另外，从需求上来说，这个爬虫的入口 URL 就是豆瓣的登录地址，在请求该地址时，需要带上 headers。下面来看其代码。

```
def start_requests(self):
    return [scrapy.Request(url='https://accounts.douban.com/login',
                           headers=self.headers,
                           meta={'cookiejar': 1},
                           callback=self.parse_login)]
```

这段代码并不多，但 scrapy.Request 多了两个参数：一个是通过指定 headers 参数在请求中添加了 headers，另一个是在请求中添加了 meta 参数。meta 参数有什么作用呢？在 Scrapy 的请求中，meta 参数的主要作用是传递信息给下一个函数（即 callback 中指定的函数），也就是说，如果想要在请求之间传递数据，如列表、字符串、数字、对象等，则可以通过指定 meta 参数来实现。但 meta 参数接收的值必须是字典类型的，所以一定要把传递的数据构造成字典形式。因为 meta 是随着 Request 的产生进行传递的，所以下一个函数得到的 Response 对象中就会带有 meta，即 response.meta。明白这个原理之后，当用户想在 callback 指定的回调方法中取出数据时，只需要在该方法中使用 meta[key]，即可得到对应的 value。

前面的代码为 meta 赋值了一个字典值，这个字典的键是 cookiejar。这里的 "cookiejar" 是 Scrapy 框架定义的一个特殊的键（可以理解成一个关键字），Scrapy 在 meta 中遇到这个键后，会自动将 Cookie 传递到 callback 指定的函数中。当然，既然是键（key），就需要有值（value）与之对应。值在 Scrapy 中并没有硬性规定，随意给出一个值即可，数字、字符串都可以，主要是为了与 key 组成一个字典值。在前面的例子中给出了数字值 1，读者也可以为其自定义一个值。

另外，在 Scrapy 中可能会遇到进行分布式爬取时，使用多个 Cookie 保持多个 session 信息的情况，在这种情况下，使用 meta 也可以进行标记。例如，在下面这个例子中，在 N 个地址中传递了不同的 Cookie 数据。

```
for i, url in enumerate(urls):
```

```
    yield scrapy.Request(url, meta={'cookiejar': i}, callback=self.parse_page)
    ## cookjar元键(meta key)不会一直保留，需要在后续请求中进行传递

def parse_page(self, response):
    # do some processing
    return scrapy.Request("http://www.example.com/otherpage",
        meta={'cookiejar': response.meta['cookiejar']},
        callback=self.parse_other_page)
```

最后，start_requests 方法必须返回一个可迭代对象，所以其返回值必须放到一个列表中或者以生成器的方式返回。

start_requests 是入口方法，爬虫通过这个方法获取到入口请求地址后，便会按照代码定义的请求方式进行请求，并在请求完成后回调 parse_login 方法进行登录数据的解析。parse_login 方法的代码如下。

```
def parse_login(self, response):
    if 'captcha_image' in response.text:
        print("有验证码")
        captcha_img_url = response.XPath(
                        "//img[@id='captcha_image']/@src").extract_first()
        captcha_solution = input("please input captcha: ")
        captcha_id = response.XPath(
                        "//input[@name='captcha-id']/@value").extract_first()
        self.formdata['captcha-solution'] = captcha_solution
        self.formdata['captcha-id'] = captcha_id
    else:
        print("没有验证码")
    return [scrapy.FormRequest.from_response(response,
                        formdata=self.formdata,
                        headers=self.headers,
                        meta={'cookiejar':response.meta['cookiejar']},
                        callback=self.after_login)]
```

parse_login 方法的主要作用是针对 https://accounts.douban.com/login 页面返回的响应进行处理，并将登录数据提交到原请求地址进行登录。由于登录页面可能会出现验证码，而是否出现验证码将会影响登录数据的组成，所以必须在代码中进行判断。经过试验，如果登录页面出现了验证码，则在页面中会出现 "captcha_image" 关键字，所以用户可以根据 response 中是否含有这个关键字来进行判断。如果出现了验证码，则将验证码图片地址解析出来并将验证码图片下载下来，最后将验证码相关的数据加入到 formdata 中即可。

在 parse_login 方法中，有以下几点需要注意。

（1）通过 FormRequest 类进行表单数据提交。在 Scrapy 中，要发送 POST 请求并提交表单数据时必须使用 FormRequest 类，而 Request 类一般用于 GET 请求的提交。在 FormRequest 类中，可以接收一个 formdata 参数，直接将 self.formdata 赋值给 formdata 参数即可。

（2）from_response 方法可以直接向发送 response 的 URL 地址再次发送请求，只需要将 response 作为值传递给 url 参数即可。当然，如果不使用 from_response 方法，则可以直接传递 response 的 URL 作为 url 参数的值，代码如下，其效果是一样的。

```
return [scrapy.FormRequest(response.url,
                        formdata=self.formdata,
```

```
            headers=self.headers,
            meta={'cookiejar': response.meta['cookiejar']},
            callback=self.after_login)]
```

（3）这里的 Cookie 值需要继续传递，所以必须在请求中加上 meta 参数。cookiejar 的值为直接获取的上一个请求中传递的 Cookie 值，通过 response.meta['cookiejar']来实现。

parse_login 提交了登录请求数据后，将回调 after_login 方法处理登录后的操作。after_login 方法的代码如下。

```
def after_login(self, response):
    self.headers['Host'] = "www.douban.com"
    username = response.XPath("//title/text()").extract()[0].strip()
    if 'qingchu' in username:
        print("登录成功！")
        yield scrapy.Request(
                url="https://movie.douban.com/subject/26794435/reviews",
                headers=self.headers,
                meta={'cookiejar': response.meta['cookiejar']},
                callback=self.parse_comment_url,
                dont_filter=True)
        yield scrapy.Request(
                url="https://movie.douban.com/subject/26794435/reviews",
                headers=self.headers,
                meta={'cookiejar': response.meta['cookiejar']},
                callback=self.parse_next_page,
                dont_filter=True)
    else:
        print("登录失败！")
```

在这段代码中，先判断了登录是否成功。登录成功后，会在页面上显示当前登录用户的用户名，所以用户可以通过返回的页面中是否存在用户名来判断是否登录成功。登录成功后显示的用户名如图 4-20 所示。如果登录成功，即可爬取影评的内容。在页面中，每个影评其实都是一个列表，每个列表项中含有影评详情的链接，并且列表有翻页，要想得到这个电影的所有影评数据，就需要获取翻页的链接，如图 4-21 所示。

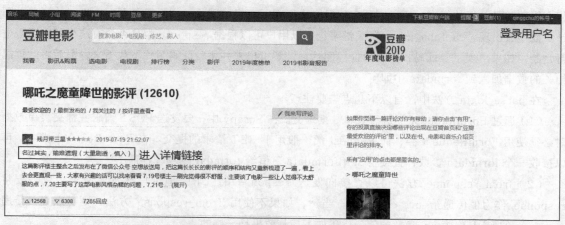

图 4-20　登录成功后显示的用户名

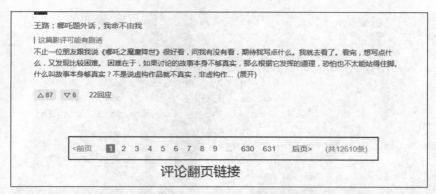

图 4-21 要获取的翻页的链接

为了实现此功能，可以编写两个解析方法：一个专门用于解析翻页链接的 URL，另一个专门用于解析影评详情的 URL。然后再将当前页面地址放到 Request 队列中即可（注意：传递 Cookie 值的 meta 参数必须包含在内）。

```
yield scrapy.Request(
        url="https://movie.douban.com/subject/26794435/reviews",
                headers=self.headers,
                meta={'cookiejar': response.meta['cookiejar']},
                callback=self.parse_comment_url,
                dont_filter=True)
yield scrapy.Request(
        url="https://movie.douban.com/subject/26794435/reviews",
                headers=self.headers,
                meta={'cookiejar': response.meta['cookiejar']},
                callback=self.parse_next_page,
                dont_filter=True)
```

接下来继续分析 parse_comment_url 和 parse_next_page 两个方法。parse_comment_url 主要用于解析页面中所有影评详情的 URL，并回调 parse_comment 方法进行进一步处理。parse_comment_url 方法的代码如下。

```
def parse_comment_url(self, response):
    comment_url = response.XPath(
                "//div[@class='main-bd']/h2/a/@href").extract()[0]
    yield scrapy.Request(url=comment_url,
                    headers=self.headers,
                    meta={'cookiejar': response.meta['cookiejar']},
                    callback=self.parse_comment)
```

对于 parse_next_page 方法来说，它主要用于解析列表的翻页链接，直到不能继续翻页为止。为了防止翻页出错以及翻到最后一页后抛出异常，可以使用 try…except 进行处理。由于每次翻页后的页面上会出现新的影评列表，所以必须再次调用 parsec_comment_url 方法来获取影评详情的 URL 地址，这样就会再次调用 parse_next_page 来解析下一页的 URL 地址。parse_next_page 方法的代码如下。

```
def parse_next_page(self, response):
    try:
        next_page = response.XPath(
                    "//span[@class='next']/a/@href").extract()[0]
```

```
        next_page = response.urljoin(next_page)
        print('下一页', next_page)

        yield scrapy.Request(url=next_page,
                             callback=self.parse_comment_url,
                             headers=self.headers,
                             meta={'cookiejar': response.meta['cookiejar']},
                             dont_filter=True)
        yield scrapy.Request(url=next_page,
                             callback=self.parse_next_page,
                             headers=self.headers,
                             meta={'cookiejar': response.meta['cookiejar']},
                             dont_filter=True)
    except:
        print("没有下一页了!")
```

V4-5 请求间参数传递

最后一个方法是 parse_comment,这个方法的主要任务是解析影评的详情,由于操作比较简单,这里不再给出其具体代码。

通过以上方法,用户即可实现登录并从豆瓣网爬取指定电影影评的操作。本节的关键点有两个:一个是如何通过 FormRequest 类发送带请求体数据的 POST 请求,另一个是掌握利用 meta 参数在 Scrapy 的不同请求中进行值传递的方法。

4.6　Scrapy 命令行用法详解

除了直接编写代码操作 Scrapy 进行爬取之外,Scrapy 框架还提供了很多命令行工具。通过这些命令行工具,可以完成创建项目、调试页面、运行爬虫、部署爬虫等工作。

在本节中,读者将熟悉常见的 Scrapy 框架命令行工具的使用。

Scrapy 框架提供了两种类型的命令:一种是依赖于具体的 Scrapy 项目的命令,即必须在创建项目后才能使用;另一种是不依赖于具体项目的命令,即全局命令。全局命令一般也可以用于具体的项目,但用于具体项目中时,其表现可能与全局使用时有一些差异,因为在项目中使用时,这些命令可能会用到项目中的配置。

为了方便读者学习和记忆,以下命令根据重要及常用程度以不同的星级进行了标识,最重要及常用的命令以五星(☆☆☆☆☆)表示,最不重要且最不常用的以一星(☆)表示。

1. 全局命令

(1)startproject ☆☆☆☆☆

这个命令前面已经用过很多次了,它的作用就是在当前路径中创建一个 Scrapy 项目。其语法如下。

```
scrapy startproject <projectname>
```

此命令运行后将在当前目录中创建名为 projectname 的目录,并在 projectname 目录中创建 projectname 的项目。

(2)settings ☆

这个命令在项目中运行时,会输出用户在项目中的设定值,若用户没有设定,会输出 Scrapy 的默认设定。其语法如下。

```
scrapy settings [options]
```

其运行结果如图 4-22 所示。

图 4-22　settings 命令运行结果

（3）runspider ☆☆☆

这个命令在没有创建项目的前提下，可单独运行已经写好的 Spiders 模块。其语法如下。

```
scrapy runspider xxx.py
```

此命令运行之后，Scrapy 将单独运行 Spider 模块（不含 Piplines、Items 等定义）。

（4）shell ☆☆☆☆☆

这个命令的主要作用是进入 Scrapy 提供的 Shell 环境，通过 Shell 环境，用户可以对指定 URL 地址的响应内容进行测试，包括对象选择器调试、服务器响应测试等。其语法如下。

```
scrapy shell [url][--nolog]
```

其中，url 是可选参数，如果没有指定 url 的值，则运行命令后会直接进入 Scrapy 提供的 Shell 环境；如果指定了 url 值，则 Scrapy 会对该地址做出一个 GET 请求并进入 Shell 环境，且会根据下载的页面自动创建一些方便使用的对象，如 Response 对象及 Selector 对象（主要针对 HTML 及 XML 内容）。其运行结果如图 4-23 所示。

图 4-23　shell 命令运行结果

在 Shell 环境中可访问的完整对象包括以下几个。

① crawler：当前 Crawler 对象。

② spider：处理 URL 的 spider。当前 URL 没有处理的 Spider 时，其为一个 Spider 对象。

③ request：最近获取到的页面的 Request 对象。用户可以使用 replace()方法修改此 request，或者使用 fetch 快捷方式来获取新的 request。

④ response：包含最近获取到的页面的 Response 对象。

⑤ sel：根据最近获取到的 response 构建的 Selector 对象。

⑥ settings：当前的 Scrapy settings。

在以上命令中，比较常用的是 request 和 response，因此下面着重介绍这两个命令的用法。

Request 对象可以用来查看当前请求的相关信息，如 headers、url 等。

通过 shell 命令进入 Scrapy 的 Shell 环境并指定 www.baidu.com 为访问地址，使用 headers 和 url 来查看当前 Request 对象的相关信息，如图 4-24 所示。

```
In [1]: request
Out[1]: <GET http://www.baidu.com>

In [2]: request.headers
Out[2]:
{b'Accept': b'text/html,application/xhtml+xml,application/xml;q=0.9,*/*;q=0.8',
 b'Accept-Encoding': b'gzip,deflate',
 b'Accept-Language': b'en',
 b'User-Agent': b'Scrapy/1.4.0 (+http://scrapy.org)'}

In [3]: request.url
Out[3]: 'http://www.baidu.com'
```

图 4-24 当前 Request 对象的相关信息

Response 对象主要用于对响应数据进行调试，可以通过 Response 对象获取所有响应数据、提取页面元素等。图 4-25 所示为通过 response.text 输出的响应内容。

```
In [9]: response.text
Out[9]: '<!DOCTYPE html>\r\n<!--STATUS OK--><html> <head><meta http-equiv=conten
t-type content=text/html;charset=utf-8><meta http-equiv=X-UA-Compatible content=
IE=Edge><meta content=always name=referrer><link rel=stylesheet type=text/css hr
ef=http://s1.bdstatic.com/r/www/cache/bdorz/baidu.min.css><title>百度一下，你就
知道</title></head> <body link=#0000cc> <div id=wrapper> <div id=head> <div clas
s=head_wrapper> <div class=s_form> <div class=s_form_wrapper> <div id=lg> <img h
idefocus=true src=//www.baidu.com/img/bd_logo1.png width=270 height=129> </div>
<form id=form name=f action=//www.baidu.com/s class=fm> <input type=hidden name=
bdorz_come value=1> <input type=hidden name=ie value=utf-8> <input type=hidden n
ame=f value=8> <input type=hidden name=rsv_bp value=1> <input type=hidden name=r
sv_idx value=1> <input type=hidden name=tn value=baidu><span class="bg s_ipt_wr"
><input id=kw name=wd class=s_ipt value maxlength=255 autocomplete=off autofocus
></span><span class="bg s_btn_wr"><input type=submit id=su value=百度一下 class=
"bg s_btn"></span> </form> </div> </div> <div id=u1> <a href=http://news.baidu.c
om name=tj_trnews class=mnav>新闻</a> <a href=http://www.hao123.com name=tj_trha
o123 class=mnav>hao123</a> <a href=http://map.baidu.com name=tj_trmap class=mnav
>地图</a> <a href=http://v.baidu.com name=tj_trvideo class=mnav>视频</a> <a href
=http://tieba.baidu.com name=tj_trtieba class=mnav>贴吧</a> <noscript> <a href=h
ttp://www.baidu.com/bdorz/login.gif?login&amp;tpl=mn&amp;u=http%3A%2F%2Fwww.baid
u.com%2f%3fbdorz_come%3d1 name=tj_login class=lb>登录</a> </noscript> <script>do
cument.write(\'<a href="http://www.baidu.com/bdorz/login.gif?login&tpl=mn&u=\'+
encodeURIComponent(window.location.href+ (window.location.search === "" ? "?" :
"&")+ "bdorz_come=1")+ \'" name="tj_login" class="lb">登录</a>\');</script> <a h
ref=//www.baidu.com/more/ name=tj_briicon class=bri style="display: block;">更多
产品</a> </div> </div> </div> <div id=ftCon> <div id=ftConw> <p id=lh> <a href=h
ttp://home.baidu.com>关于百度</a> <a href=http://ir.baidu.com>About Baidu</a> </
p> <p id=cp>&copy;2017 Baidu <a href=http://www.baidu.com/duty/>使用百
度前必读</a>  <a href=http://jianyi.baidu.com/ class=cp-feedback>意见反馈</
a> 京ICP证030173号  <img src=//www.baidu.com/img/gs.gif> </p> </div> <
/div> </div> </body> </html>\r\n'
```

图 4-25 通过 response.text 输出的响应内容

（5）fetch ☆☆☆

这个命令将使用 Scrapy 的下载器下载指定的 URL，并将获取到的内容输出到标准输出设备上。这个命令以 Spider 下载页面的方式获取页面，如果在项目中运行，则 fetch 将会使用项目中的 Spider 的属性进行访问；如果在非项目中运行，则 fetch 会使用默认 Scrapy 的下载器进行设置。其语法如下。

```
scrapy fetch [options] <url>
```

下面使用百度首页来进行测试，fetch 命令运行结果如图 4-26 所示。

图 4-26　fetch 命令运行结果

可以看到，其运行结果类似于 Requests 库发送的 requests 请求，页面源码将在终端输出。

fetch 命令的常见参数如下。

① --spider=SPIDER：指定 fetch 命令所使用的 Spider，如果不指定，则将使用默认的 Spider 进行设置。

② --nolog：不输出 Scrapy 执行的日志信息。

③ --headers：只返回响应的头部信息，如图 4-27 所示。

图 4-27　只返回响应的头部信息

④ --no-redirect：不执行服务器自动重定向服务，如图 4-28 所示。

```
C:\Users\t   )>scrapy fetch --nolog --no-redirect http://www.360buy.com
<html>
<head><title>301 Moved Permanently</title></head>
<body bgcolor="white">
<center><h1>301 Moved Permanently</h1></center>
<hr><center>nginx</center>
</body>
</html>
```

图 4-28　不执行服务器自动重定向服务

（6）view ☆☆☆☆☆

这个命令会先请求一个指定的 URL，再将该服务器返回的响应下载下来并保存为一个本地文件，最后使用浏览器展示出来。其语法如下。

```
scrapy view <url>
```

这个命令非常好用，因为它可以帮助用户快速判断一个页面中有哪些内容是动态加载的。例如，使用 view 命令访问淘宝网首页，其运行结果如图 4-29 所示。

```
C:\Users\t    >scrapy view --nolog https://www.taobao.com

C:\Users\t    )>_
```

图 4-29　view 命令运行结果

命令行中并没有输出内容，但运行命令的同时，本机的浏览器会被自动打开，并显示淘宝网的"首页"，如图 4-30 所示。

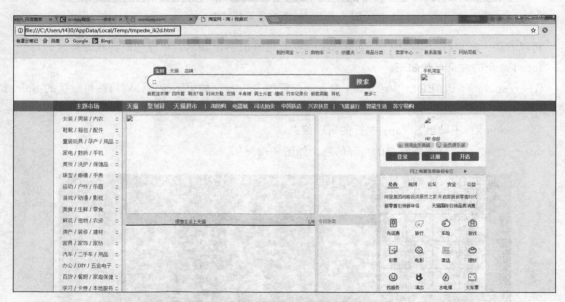

图 4-30　本机浏览器打开的淘宝网"首页"

注意浏览器的地址栏，这里的地址表示这是一个本地页面，并非淘宝网的首页。该页面中有大量"无法显示"的内容，这些内容为什么无法显示呢？这是因为 view 发送的请求只能获取静态页面的元素，动态加载的内容因为无法解析 JS 而无法正确显示。所以，在爬虫编写过程中，如果不确定哪些元素是通过异步加载的，用户可以通过此方法进行简单直观的判断。

（7）version ☆

这个命令主要用于查询当前 Scrapy 的版本信息。其配合-v 参数运行时，还可以输出当前工作环境中的 Python、Twisted 及平台信息。其语法如下。

```
scrapy version [-v]
```

这里查询的本机信息如图 4-31 所示。

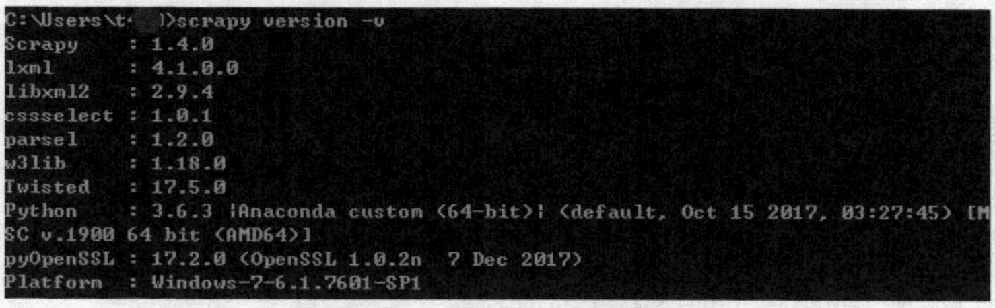

图 4-31　查询的本机信息

（8）bench ☆

这个命令主要用于测试当前硬件设备运行 Scrapy 的效率。其语法如下。

```
scrapy bench
```

2. 项目命令

（1）crawl ☆☆☆☆☆

这个命令主要用于运行 Scrapy 项目。其语法如下。

```
scrapy crawl <spider>
```

（2）check ☆

这个命令主要用于进行 Scrapy 项目的 contract 检查，主要包括语法及部分逻辑错误的检查，如实体字段缺失、语法错误等，但业务逻辑上的错误无法检查出来。其语法如下。

```
scrapy check [-l] <spider>
```

其中，-l 参数可以列出当前所有的 Spider 及其方法，但该参数目前还不起作用。

（3）list ☆

这个命令可以列出当前项目中所有可用的 Spider。其语法如下。

```
scrapy list
```

（4）edit ☆☆

这个命令主要用于调用 Scrapy 项目的 settings.py 文件中 editor 字段指定的编辑器，以打开爬虫并进行编辑。此命令一般用于 Linux 操作系统，使用它来编辑和调试代码非常方便。其语法如下。

```
scrapy edit <spider>
```

（5）parse ☆☆☆

这个命令主要用于获取给定的 URL 并使用相应的 Spider 进行解析处理。如果在命令中提供了 --callback 选项，则会在响应返回后，回调 Spider 中指定的解析方法进行处理，所以 callback 方法必须事先在 Spider 中进行定义，否则会触发异常。其语法如下。

```
scrapy parse <url> [options]
```

该命令的 options 接收如下参数。

① --spider=SPIDER：强制使用特定的 Spider 进行处理。如果 Scrapy 项目中有多个 Spider，则通常需要指定该参数。

② --a NAME=VALUE：用来设定 Spider 需要的参数，可以有多个。

③ --callback 或-c：指定 Spider 中用于处理 Response 对象的方法，若没有强行指定，则默认使用 parse 方法。

④ --pipelines：用来指定后续的 pipelines，可以自定义。

⑤ --rules 或-r：通过 CrawlSpider 设定的规则来选取相应的函数作为解析 Response 对象的回调函数。

⑥ --noitems：不显示爬取的 Items。

⑦ --nolinks：不显示提取的链接。

⑧ --nocolour：输出的结果不采用高亮显示。

⑨ --depth 或-d：设置爬取深度，默认为 1。

⑩ --verbose 或-v：显示每个请求的详细信息。

这个命令经常用于测试编写的 Spider 的解析方法是否正确，以及各种组件（如 Pipelines 等）组合使用的情况。例如，在之前编写的"WoniuSpider.py"的 Spider 文件中定义一个 parse_woniu 方法，代码如下。

```
def parse_woniu(self, response):
    print("parse_woniu方法被调用了")
```

接下来，使用 parse 命令来测试 parse_woniu 方法是否正确，如图 4-32 所示。

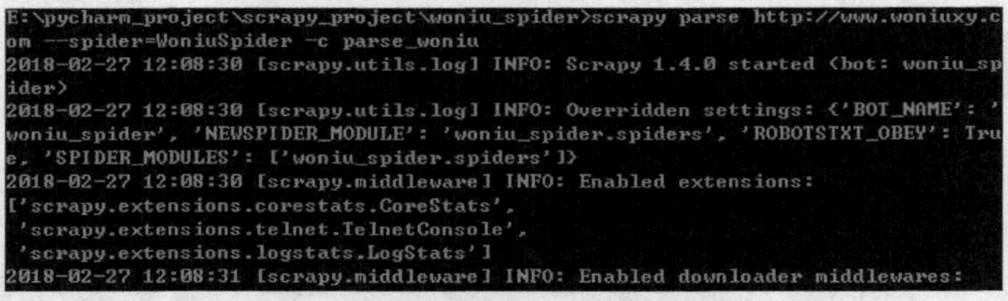

图 4-32　测试解析蜗牛官网首页

这里指定了 Spider 的名称，指定了回调的解析方法为 parse_woniu。在日志中，可以看到 parse_woniu 的运行结果被正确输出了，如图 4-33 所示。

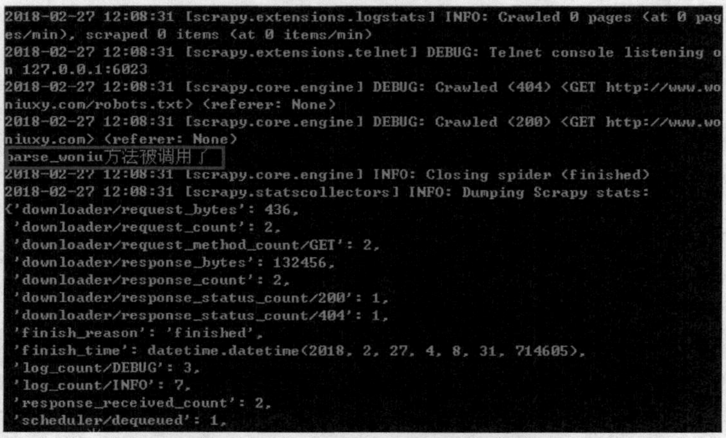

图 4-33　parse_woniu 的运行结果

（6）genspider ☆☆☆☆☆

这个命令的主要作用是按照预定义的模板快速生成 Spider。其语法如下。

```
scrapy genspider [-t template] <name> <domain>
```

该命令接收 template 参数，通过该参数可以指定生成 Spider 要使用的模板。可以通过-l 参数查看其可用模板，如图 4-34 所示。

```
E:\pycharm_project\scrapy_project\woniu_spider>scrapy genspider -l
Available templates:
  basic
  crawl
  csvfeed
  xmlfeed
```

图 4-34　查看可用模板

Scrapy 的预定模板总共有 4 个，如果不指定使用的模板，则 Scrapy 默认使用 basic 模板生成 Spider。Scrapy 的模板位置为 Scrapy 安装目录下的\scrapy\templates\spiders，用户也可以按照模板格式生成自己想要的模板。

要查看模板的内容，除了直接打开文件进行查看之外，还可以通过使用-d 参数来实现，如图 4-35 所示。

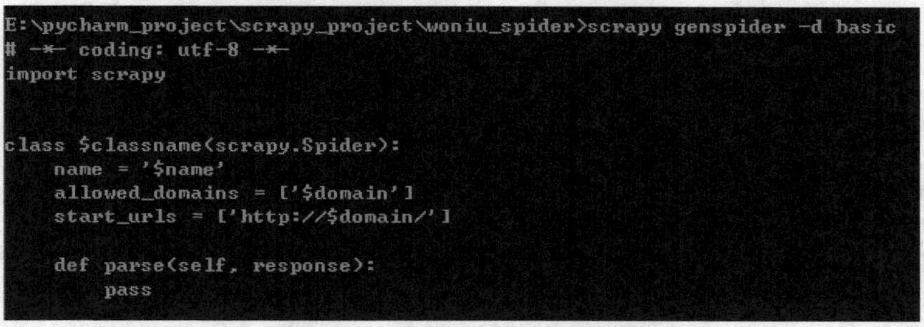

```
E:\pycharm_project\scrapy_project\woniu_spider>scrapy genspider -d basic
# -*- coding: utf-8 -*-
import scrapy


class $classname(scrapy.Spider):
    name = '$name'
    allowed_domains = ['$domain']
    start_urls = ['http://$domain/']

    def parse(self, response):
        pass
```

图 4-35　通过使用-d 参数查看模板内容

如果要用指定的模板生成 Spider，则必须指定-t 参数。例如，使用 crawl 模板生成一个 Spider，如图 4-36 所示。

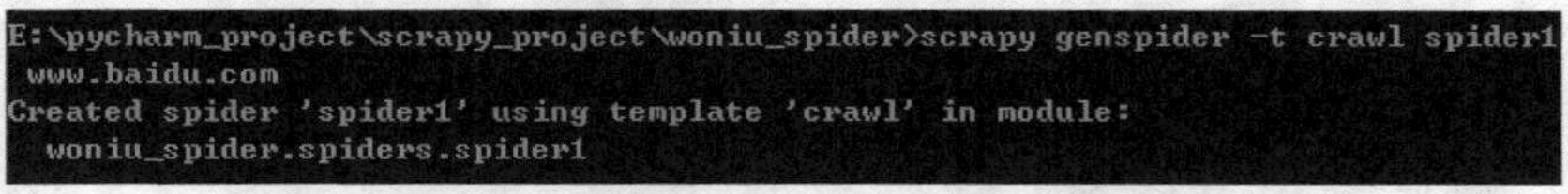

```
E:\pycharm_project\scrapy_project\woniu_spider>scrapy genspider -t crawl spider1 www.baidu.com
Created spider 'spider1' using template 'crawl' in module:
  woniu_spider.spiders.spider1
```

图 4-36　使用 crawl 模板生成一个 Spider

"spider1"对应爬虫的"name"，"www.baidu.com"对应爬虫的"allow_domain"。生成的 Spider 的源码如下（spider1.py）。

```
# -*- coding: UTF-8 -*-
import scrapy
from scrapy.linkextractors import LinkExtractor
from scrapy.spiders import CrawlSpider, Rule
```

```
class Spider1Spider(CrawlSpider):
    name = 'spider1'
    allowed_domains = ['www.baidu.com']
    start_urls = ['http://www.baidu.com/']

    rules = (
        Rule(LinkExtractor(allow=r'Items/'), callback='parse_item', follow=True),
    )

    def parse_item(self, response):
        i = {}
        #i['domain_id'] = response.XPath('//input[@id="sid"]/@value').extract()
        #i['name'] = response.XPath('//div[@id="name"]').extract()
        #i['description'] = response.XPath('//div[@id="description"]').extract()
        return i
```

可以看到，这个 Spider 不再以 scrapy.Spider 作为父类，并且继承了 CrawlSpider 的属性和方法。

V4-6 命令行用法

4.7 常用 Scrapy 组件的用法

Scrapy 作为一个功能强大的爬虫框架，除了之前接触得比较多的 spiders 模块之外，还包含了很多其他非常有用的组件，以方便用户快速编写功能强大的网络爬虫。本节将继续学习 Scrapy 框架中的 Item、Middleware、Pipeline 组件的用法。

4.7.1 定义数据 Item

在 Scrapy 中，定义 Item 的作用就是将非结构化的数据源的信息提取出来组成结构化的数据。例如，在之前创建的第一个 Scrapy 项目中提取出来的蜗牛学院官网的 Note 信息中包含与这个 Note 相关的 URL（链接地址）、title（标题）、author（作者）、tech_type（文章类型）、article_type（文章类别）、date（发布日期）、read_num（阅读次数）、article_content（Note 的内容）、img_list（Note 中的图片地址）。那么如何使这些数据组成结构化数据呢？此时，可以在 Scrapy 中定义一个 item 类来满足这个需求。Item 对象其实是一种简单的容器，可以用来保存爬取到的数据，并提供了类似于字典的操作方式以及用于声明可用字段的简单语法。在生成 Scrapy 项目的时候，框架便已经生成了一个最简单的 items.py 文件。默认的 items.py 文件的内容如下。

```
# -*- coding: UTF-8 -*-

# Define here the models for your scraped items
#
# See documentation in:
# http://doc.scrapy.org/en/latest/topics/items.html

import scrapy


class WoniuSpiderItem(scrapy.Item):
    # define the fields for your item here like:
```

```
    # name = scrapy.Field()
    pass
```

从代码中可以看到，Scrapy 框架已经定义了一个继承于 scrapy.Item 的类。如果用户不想使用默认的类名，则可以自己修改类名。在使用时，只需要在这个类中声明若干个 Field 对象来保存数据即可。

以之前创建的第一个 Scrapy 项目为例，若要把 Note 的信息改用 Item 类来保存，则可以在 items.py 中进行定义，代码如下。

```
# -*- coding: UTF-8 -*-

# Define here the models for your scraped items
#
# See documentation in:
# http://doc.scrapy.org/en/latest/topics/items.html

import scrapy


class WoniuSpiderItem(scrapy.Item):
    url = scrapy.Field()
    title = scrapy.Field()
    tech_type = scrapy.Field()
    article_type = scrapy.Field()
    pub_date = scrapy.Field()
    read_num = scrapy.Field()
    article_content = scrapy.Field()
    img_list = scrapy.Field()
```

用户只需要将要提取的内容一一声明为 scrapy.Field() 对象即可。定义好 item 之后，即可在 Spider 文件中使用这个类来保存数据。在之前的项目代码中，是把提取的数据直接放在一个 list 中的，这种做法并不符合 Scrapy 框架的设计原则。虽然从理论上来说，可以在一个方法中将所有的事情都做完，但既然使用了框架，就应该进行任务分工，这才符合使用框架的初衷——对任务进行充分的"解耦"，让专门的组件完成某一类任务。下面来改造一下之前的代码，把 WoniuSpider.py 文件中的 parse_content 方法的代码进行如下修改。

```
# 导入定义好的item类
from woniu_spider.items import WoniuSpiderItem

def parse_content(self, response):
    html = etree.HTML(response.text)
    note_item = WoniuSpiderItem()
    note_item["url"] = response.url
    note_item["title"] = response.XPath(
            "//div[contains(@class, 'title')]/text()").extract()[0].strip()
    info_obj = response.XPath(
            "//div[contains(@class, 'info')]/text()").extract()[0]
    info = info_obj.split()
    note_item["author"] = info[0][3:]
    note_item["tech_type"] = info[1][3:]
    note_item["article_type"] = info[2][3:]
    note_item["pub_date"] = info[3][3:]
```

```
        note_item["read_num"] = info[4][3:]
        article_content = html.XPath(
                "//div[@id='content']")[0].XPath("string(.)").strip()
        note_item["article_content"] = "".join(article_content.split())
        img_list = []
        for pic_url in response.XPath(
                        "//div[@id='content']//img/@src").extract():
            if 'qrcode' not in pic_url:
                print(response.urljoin(pic_url))
                img_list.append(pic_url)

        note_item["img_list"] = img_list

        yield note_item
```

在使用 item 之前，必须先把定义好的 item 类导入 Spider 中，再在代码中新建一个 WoniuSpiderItem 对象，按照类似于字典的方式进行操作即可。将数据全部保存到 WoniuSpiderItem 对象中后，要想将数据全部取出来，可以使用 note_item.keys()和 note_item.values()。

item 类支持继承和扩展。通过继承原始的 Item 来扩展新的 Item，可以非常方便地添加更多的字段。若想爬取视频的信息，又想在原来的 WoniuSpiderItem 中增加一个新的字段评论数，其他字段保持不变，就可以这样操作。

```
# -*- coding: UTF-8 -*-

# Define here the models for your scraped items
#
# See documentation in:
# http://doc.scrapy.org/en/latest/topics/items.html

import scrapy


class WoniuSpiderItem(scrapy.Item):
    url = scrapy.Field()
    title = scrapy.Field()
    tech_type = scrapy.Field()
    author = scrapy.Field()
    article_type = scrapy.Field()
    pub_date = scrapy.Field()
    read_num = scrapy.Field()
    article_content = scrapy.Field()
    img_list = scrapy.Field()


class WoniuVideoSpiderItem(WoniuSpiderItem):
    comment_num = scrapy.Field()
```

4.7.2 利用 Item Pipeline 将数据持久化

当 Item 在 Spider 中被收集返回后，通常需要对其进行有效性过滤、数据持久化等操作，这就必须借助于 Item Pipeline。Spider 中的 Item 对象会被引擎自动传递到 Item Pipeline 中，Pipeline 组件会按照一定的优先级顺序对这些 Item 对象进行处理。

Item Pipeline 的典型应用场景包括以下几种。

（1）清理 HTML 数据。

（2）验证爬取的数据（检查 item 是否包含某些字段）。

（3）对 item 数据进行查重并丢弃无效数据。

（4）将爬取结果保存到指定的容器中（数据库、文件等）。

4.7.3 编写 Item Pipeline

编写 Item Pipeline 的方法比较简单，每个 Item Pipeline 都是一个独立的 Python 类，这个类中必须实现以下方法。

```
def process_item(self, item, spider):
    return item
```

每个 Item Pipeline 组件都会调用该方法，该方法必须返回一个 Item（或任何继承类）对象，或者抛出 DropItem 异常（如被处理的 item 是无效数据时），被丢弃的 item 将不会被之后的 Pipeline 组件所处理。

其中参数的说明如下。

（1）item：被爬取的 Item 对象，运行时框架将自动将 Item 对象传入。

（2）spider：爬取该 Item 对象的 Spider，运行时由框架自动传入。

在了解了 Item Pipeline 的基本概念后，继续补充之前爬取蜗牛官网 Note 信息的爬虫，在 pipelines.py 文件中定义 Item Pipeline 处理函数。打开 Scrapy 框架自动生成的 pipelines.py 文件，其中的默认代码如下。

```
# -*- coding: UTF-8 -*-

# Define your item pipelines here
#
# Don't forget to add your pipeline to the ITEM_PIPELINES setting
# See: http://doc.scrapy.org/en/latest/topics/item-pipeline.html


class WoniuSpiderPipeline(object):
    def process_item(self, item, spider):
        return item
```

Item Pipeline 中通常有 3 种操作，即过滤无效数据、数据去重、数据保存。下面利用代码来演示这 3 种操作。

1．过滤无效数据

在爬取页面数据时，可能由于页面加载、网站漏洞等原因导致某些数据无效，如在本节案例中，可能会遇到笔记标题为空、作者为空、文章内容过长等异常，此时可以在 Item Pipeline 中通过编写代码进行处理。假设现在的需求是过滤掉标题为空的数据，其实现代码如下。

```
# -*- coding: UTF-8 -*-

# Define your item pipelines here
#
```

```
# Don't forget to add your pipeline to the ITEM_PIPELINES setting
# See: http://doc.scrapy.org/en/latest/topics/item-pipeline.html
from scrapy.exceptions import DropItem


class WoniuSpiderPipeline(object):
    def process_item(self, item, spider):
        if item['title']:
            if item['title'] == '':
                item['title'] = '蜗牛学院Note'
            return item
        else:
            raise DropItem("没有获取到标题")
```

首先，导入 Scrapy 中定义的 DropItem 异常；然后，在 process_item 中定义处理逻辑。根据需求，无效数据指没有获取到 title 的 Note，即 item['title']为 None 的数据，所以应先做判断，如果其不为 None，再判断标题是否为空字符串，如果是空字符串，则为标题为空的数据赋默认值"蜗牛学院 Note"。如果获取的标题为 None，则直接抛出 DropItem 异常。凡是抛出 DropItem 异常的数据都将被抛弃，而不再被任何其他 Pipeline 处理。

这里要注意的是，每个 Item Pipeline 定义完后，直接运行项目时是不会生效的，因为必须在项目的 settings.py 中进行相关配置。在 settings.py 文件中找到图 4-37 所示内容。

图 4-37　Item Pipeline 的默认配置

默认是被注释的，需要先放开注释，再将写好的 Item Pipeline 加进去，相关代码如图 4-38 所示。

图 4-38　相关代码

其中，冒号后面的 300 是定义的 Item Pipeline 的权重系数。为什么要设置这个系数呢？因为在一个项目中可以定义并使用多个 Item Pipeline，这样就要解决这些 Item Pipeline 应该以怎样的优先顺序被调用的问题。Scrapy 就是根据定义的权重系数进行判断的。这个权重系数可以是 1～1000 中的任意整型值，数值越低，代表对应的 Pipeline 的优先级越高，即越先被调用。配置好 settings.py 中的 ITEM_PIPELINES 后，再运行这个 Spider，就会看到对应的 Item Pipeline 生效了。如果后期不想再使用某个 Item Pipeline 了，则将对应的 Item Pipeline 的权重系数设置为 None 即可，相当于禁用该 Item Pipeline。

2．数据去重

在 Item Pipeline 中，用户还可以编写一个用于去重的过滤器，以丢弃那些已经被处理过的 item。假设现在需要去掉 item 中 URL 重复的数据，则可以在 Item Pipline 中进行处理，代码如下。

```python
# -*- coding: UTF-8 -*-

# Define your item pipelines here
#
# Don't forget to add your pipeline to the ITEM_PIPELINES setting
# See: http://doc.scrapy.org/en/latest/topics/item-pipeline.html
from scrapy.exceptions import DropItem


class DuplicatePipeline(object):

    def __init__(self):
        self.url_seen = set()

    def process_item(self, item, spider):
        if item['url'] in self.url_seen:
            raise DropItem("item url重复")
        else:
            self.url_seen.add(item['url'])
            return item
```

这里使用了 set()，set()是一个无序不重复的元素集，可以保证其中的元素都是不重复的。在 process_item 方法中，对 item['url']进行了判断，如果某元素在 url_seen 集合中存在，则直接抛出 DropItem 异常，如果不存在，则将其加入到 url_seen 集合中，以达到去除重复元素的目的。

3．数据保存

在 Item Pipeline 中进行数据持久化的方法有多种，其中一种是利用 Scrapy 自身提供的内置数据存储方式生成一个带有爬取数据的输出文件，通常称为输出(feed)，其支持多种序列化格式，如 JSON、JSON lines、CSV、XML、Pickle、Marshal 等。以常用的 JSON 格式为例，要把爬取的蜗牛笔记数据保存为 JSON 格式的文件，需要做到两点：一是在文件中定义好 items.py，并把爬取的 item 保存到定义的 item 类中；二是通过命令行指定输出保存文件格式，命令如下。

```
scrapy crawl WoniuSpider -o result.json
```

大家可以看到，这里多了一个-o 参数。这个参数可以指定输出文件的位置及格式，此命令表示在当前路径中生成一个名为 result.json 的文件，并把爬虫爬取的结果保存到这个文件中。命令运行结束后，生成的文件如图 4-39 所示。

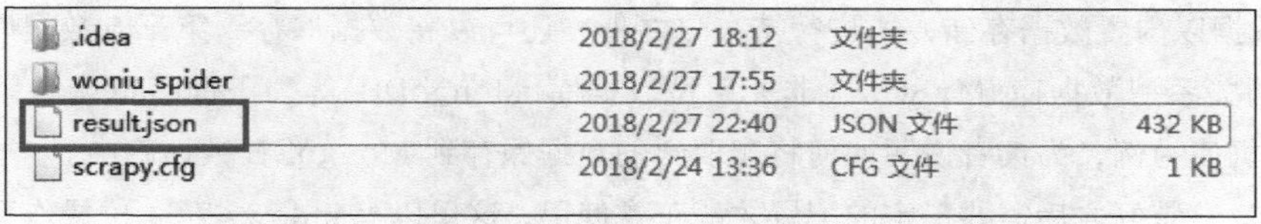

图 4-39　生成的文件

使用文本编辑工具打开 result.json 文件，其显示的结果如图 4-40 所示。

可以看到，这个文件中的中文全都显示为 Unicode 编码格式的"乱码"。最简单的解决方式是在项目的 settings.py 文件中指定 feed 的编码格式，即在 settings.py 中添加 FEED_EXPORT_ENCODING='utf-8'，如图 4-41 所示。

```
[
{"url": "http://www.woniuxy.com/note/91", "title": "\u5b9e\u9a8c:\u4f7f\u7528JMeter\u5b9e\u73b0Phpwind\u76
{"url": "http://www.woniuxy.com/note/90", "title": "\u5b9e\u9a8c:\u4f7f\u7528JMeter\u5b9e\u73b0Agileone\u7
{"url": "http://www.woniuxy.com/note/88", "title": "\u5b9e\u9a8c:\u57fa\u4e8eWeb\u524d\u7aef\u7684\u6027\u
{"url": "http://www.woniuxy.com/note/87", "title": "\u5b9e\u9a8c:\u76d1\u63a7\u5e76\u5206\u6790Windows\u54
{"url": "http://www.woniuxy.com/note/93", "title": "\u5b9e\u9a8c:\u4f7f\u7528LoadRunner\u5b9e\u73b0Phpwind
{"url": "http://www.woniuxy.com/note/92", "title": "\u5b9e\u9a8c:\u4f7f\u7528LoadRunner\u5b9e\u73b0Agileon
{"url": "http://www.woniuxy.com/note/32", "title": "\u8d44\u8baf:\u5165\u8bfb\u8717\u725b\u5b66\u9662\uff0
{"url": "http://www.woniuxy.com/note/95", "title": "\u6f2b\u8c08:#\u65b0\u73ed\u52a8\u6001# \u6210\u90fd\u
{"url": "http://www.woniuxy.com/note/31", "title": "\u5927\u8bdd\u9762\u5411\u5bf9\u8c61(\u4e
{"url": "http://www.woniuxy.com/note/86", "title": "\u5b9e\u9a8c:Robot Framework->\u5b9e\u73b0\u6570\u636e
{"url": "http://www.woniuxy.com/note/94", "title": "\u4f7f\u7528Appium\u6d4b\u8bd5Android\u5e
{"url": "http://www.woniuxy.com/note/33", "title": "\u8d44\u8baf:\u5b66\u4e60\u5065\u8eab\u4e24\u4e0d\u8be
{"url": "http://www.woniuxy.com/note/34", "title": "\u539f\u7406:\u5927\u8bdd\u9762\u5411\u5bf9\u8c61(\u4e
{"url": "http://www.woniuxy.com/note/89", "title": "\u8d44\u8baf:\u8717\u725b\u5b66\u9662\u6210\u6e1d\u4e2
{"url": "http://www.woniuxy.com/note/35", "title": "\u8d44\u8baf:\u6293\u4f4f\u4e94\u6708\u7684\u5c3e\u5df
{"url": "http://www.woniuxy.com/note/5", "title": "\u539f\u7406:\u5355\u4f8b\u6a21\u5f0f\u7684\u9677\u9631
```

图 4-40 显示的结果

```
#HTTPCACHE_STORAGE = 'scrapy.exte
FEED_EXPORT_ENCODING = 'utf-8'
#MONGODB_SERVER: 服务器地址，如果
MONGODB_SERVER = 'localhost'
```

图 4-41 配置编码格式

保存文件后，再次运行 "scrapy crawl WoniuSpider -o result.json" 命令，可以看到中文已经可以正常显示了，正常显示的 JSON 文件如图 4-42 所示。

```
[
{"url": "http://www.woniuxy.com/note/91", "title": "实验:使用JMeter实现Phpwind的性能测试", "author": "涛哥
{"url": "http://www.woniuxy.com/note/88", "title": "实验:基于Web前端的性能测试分析", "author": "涛哥
{"url": "http://www.woniuxy.com/note/86", "title": "实验:Robot Framework->实现数据驱动测试", "author": "
{"url": "http://www.woniuxy.com/note/92", "title": "实验:使用LoadRunner实现Agileone的接口测试", "author": "
{"url": "http://www.woniuxy.com/note/90", "title": "实验:使用JMeter实现Agileone的接口测试", "author": "涛哥
{"url": "http://www.woniuxy.com/note/87", "title": "实验:监控并分析Windows和Linux关键性能指标", "author": "
{"url": "http://www.woniuxy.com/note/93", "title": "实验:使用LoadRunner实现Phpwind的性能测试", "author": "
{"url": "http://www.woniuxy.com/note/95", "title": "漫谈:#新班动态# 成都校区3月15日，重庆校区3月26日，我们
{"url": "http://www.woniuxy.com/note/94", "title": "实验:使用Appium测试Android应用程序", "author": "涛哥", "tech_
{"url": "http://www.woniuxy.com/note/51", "title": "漫谈:程序员发展前景怎么样？", "author": "涛哥", "tech_
{"url": "http://www.woniuxy.com/note/54", "title": "漫谈:Monkey测试简介", "author": "涛哥", "tech_type": "J
{"url": "http://www.woniuxy.com/note/53", "title": "实验:jsp自定义标签", "author": "涛哥", "tech_type": "Ja
{"url": "http://www.woniuxy.com/note/55", "title": "漫谈:linux环境搭建流程", "author": "涛哥", "tech_type":
{"url": "http://www.woniuxy.com/note/5", "title": "原理:单例模式的陷阱", "author": "涛哥", "tech_type": "Ja
{"url": "http://www.woniuxy.com/note/11", "title": "漫谈:设计模式五大原则（2）：里氏替换原则", "author": "
{"url": "http://www.woniuxy.com/note/52", "title": "漫谈:Jmeter3.0(一) 搭建测试环境", "author": "涛哥", "te
{"url": "http://www.woniuxy.com/note/6", "title": "实验:设计模式五大原则（1）：单一职责原则", "author": "涛
{"url": "http://www.woniuxy.com/note/89", "title": "资讯:蜗牛学院成都两校区同时开班，2018让我们一同继续前行
```

图 4-42 正常显示的 JSON 文件

其他文件格式的操作与 JSON 文件格式的操作类似，此处不再赘述。

除了将数据以内置数据存储方式进行持久化之外，还可以将数据保存到第三方数据库中进行持久化，如常见的关系型数据库 MySQL、非关系型数据库 MongoDB 等。下面将以爬虫编写中常用的 MongoDB 数据库为例，为读者说明如何将爬取到的数据保存到 MongoDB 数据库中。

MongoDB 安装好之后需要一定的配置才能正常使用，这里以 Windows 7 64 位操作系统为例向读者说明安装和设置 MongoDB 的基本步骤。

（1）如果读者使用的是 Windows 7 和 Windows Server 2008 R2 的任意版本，则必须先到微软的官网下载一个系统的修复文件，以修复 Windows 7 和 Server 2008 R2 在 MongoDB 使用上的障碍。修复文件下载地址为 http://support.microsoft.com/kb/2731284。如果没有使用上述操作系统，则不需要下载该文件。

（2）到 MongoDB 官网下载对应本机的 MongoDB 版本，根据电脑操作系统的实际情况下载对应

的 MongoDB 版本即可。可选择的 MongoDB 版本如图 4-43 所示。

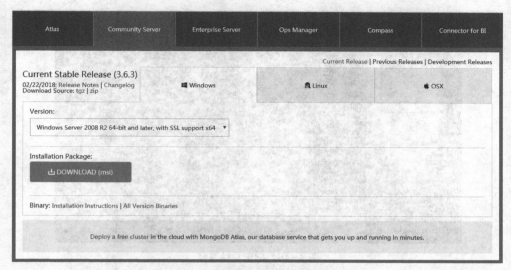

图 4-43　可选择的 MongoDB 版本

（3）MongoDB 的安装过程比较简单，直接单击"下一步"按钮进行安装即可。MongoDB 对安装路径没有特殊要求，但不能包含中文和特殊字符，这里安装到了 D:\MongoDB 中。安装完成后，用户可以在安装目录的 bin 文件夹中看到图 4-44 所示的文件。

Component Set	Binaries
Server	mongod.exe
Router	mongos.exe
Client	mongo.exe
MonitoringTools	mongostat.exe, mongotop.exe
ImportExportTools	mongodump.exe, mongorestore.exe, mongoexport.exe, mongoimport.exe
MiscellaneousTools	bsondump.exe, mongofiles.exe, mongooplog.exe, mongoperf.exe

图 4-44　安装目录中的文件

（4）设置 MongoDB 的运行环境。MongoDB 运行时需要指定一个 data 目录来保存数据，默认为 \data\db，但这个路径默认是不存在的，所以需要用户手工创建这个目录。可以打开任意目录，以新建文件夹的形式进行创建，也可以在命令行中使用 md 命令来创建，如图 4-45 所示。

```
C:\Users\t  3>md d:\MongoDB\data\db
```

图 4-45　创建文件

（5）启动 MongoDB 服务端。打开命令行窗口，将命令行定位到 MongoDB 的 bin 路径下，运行

mongod.exe，并通过--dbpath 参数指定步骤（4）中创建的数据文件路径，如图 4-46 所示。

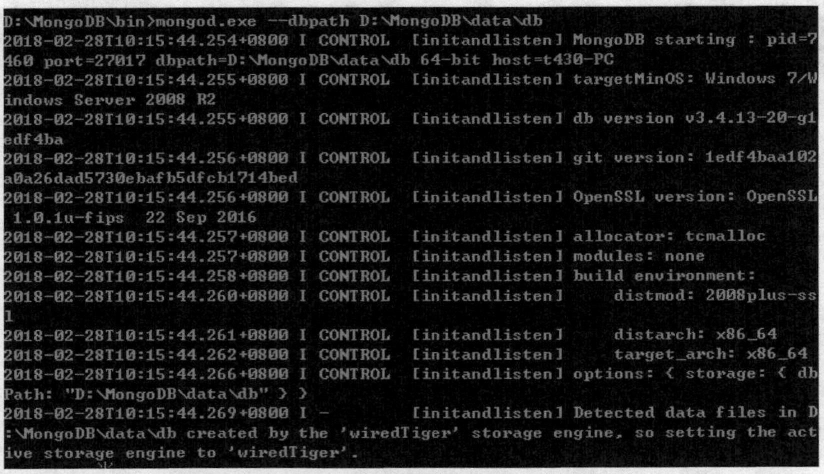

图 4-46 指定文件路径

如果命令行中输出"waiting for connections on port 27017"，则说明 MongoDB 服务启动成功，如图 4-47 所示。

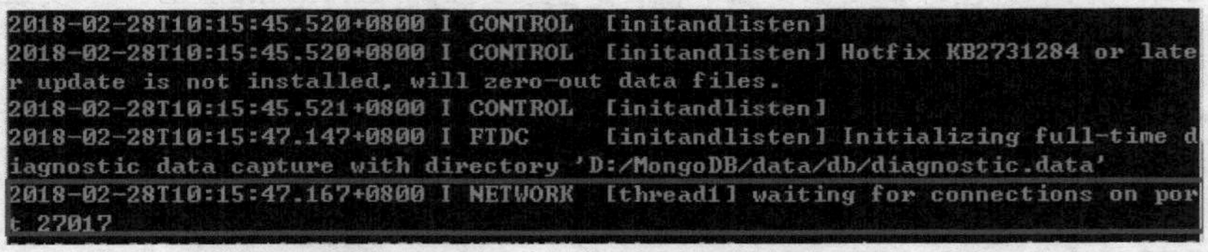

图 4-47 MongoDB 服务启动成功

（6）启动 MongoDB 的客户端并连接 MongoDB 服务。打开一个命令行窗口（注意，步骤（5）中打开的命令行窗口不能关闭，否则服务会停止），定位到 MongoDB 的 bin 文件夹下，运行 mongo.exe 即可，如图 4-48 所示。

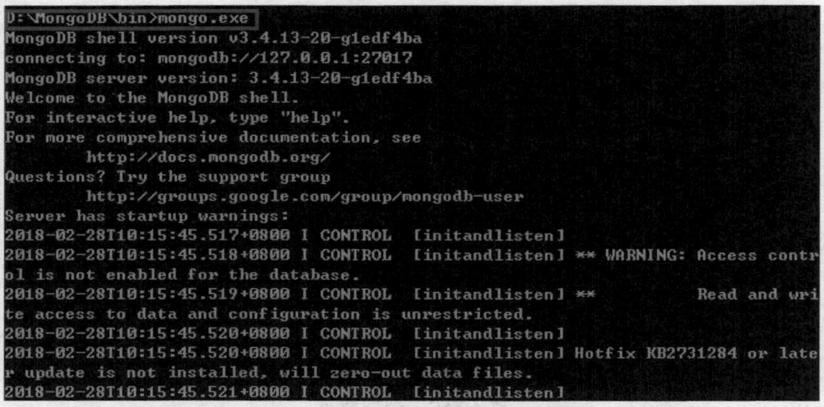

图 4-48 启动 MongoDB 的客户端

如果提示"Welcome to the MongoDB shell",则说明 MongoDB 已经启动并成功连接到 MongoDB 服务,可以正常使用了。

(7)为 MongoDB 配置 Windows 服务(这一步不是必需的,其主要用于使 MongoDB 随计算机自启动)。

(8)在 MongoDB 的 data 文件夹中建立一个 log 文件夹。这里创建了 D:\MongoDB\data\log 文件夹。

(9)在 MongoDB 根路径中创建配置文件 mongod.cfg,并指定 systemLog.path 和 storage.dbPath。这里创建了 D:\MongoDB\mongod.cfg。在 mongod.cfg 文件中输入以下内容并保存(安装路径请改成自己电脑上的实际路径。注意,空格不能用 Tab 键,字母的大小写敏感,尤其是 dbPath)。

```
systemLog:
    destination: file
    path: D:\MongoDB\data\log\mongod.log
storage:
    dbPath: D:\MongoDB\data\db
```

(10)安装 MongoDB 服务。以管理员权限打开一个命令行窗口,输入如下内容(安装路径请改成自己电脑上的实际路径,并注意"D:\MongoDB\bin\mongod.exe" 包括引号)。

```
"D:\MongoDB\bin\mongod.exe" --config "D:\MongoDB\mongod.cfg" --install
```

中间的空格不能输错,为了方便大家辨识,这里使用文字进行表示。

```
"D:\MongoDB\bin\mongod.exe"<一个空格>--config<一个空格>"D:\MongoDB\mongod.cfg"<一个空格>--install
```

(11)配置完毕后,即可启动、停止或移除 MongoDB 服务。

要启动 MongoDB 服务,可在命令行窗口中输入以下命令。

```
net start MongoDB
```

要停止 MongoDB 服务,可在命令行窗口中输入以下命令。

```
net stop MongoDB
```

要移除 MongoDB 服务,可在命令行窗口中输入以下命令(请注意更换为本机实际路径)。

```
"D:\MongoDB\bin\mongod.exe" --remove
```

(12)MongoDB 安装配置完毕后,用户要想在 Python 中直接连接并操作 MongoDB,则必须安装 MongoDB 的第三方库——pymongo。安装 pymongo 的过程很简单,直接通过 pip 命令进行安装即可(以管理员权限安装)。

```
pip install pymongo
```

至此,MongoDB 的相关安装和配置准备就绪。下面来学习 Scrapy 中如何利用 MongoDB 来保存爬取数据。

要想在 Scrapy 中连接 MongoDB 并将数据保存到 MongoDB 中,必须在 Scrapy 项目的 settings 中设置连接 MongoDB 必需的几个参数。各参数的说明如下。

① MONGODB_SERVER:数据库所在服务器的 IP 地址,必填。

② MONGODB_PORT:数据库连接对应的端口号,必填。

③ MONGODB_DB :数据库连接中创建的 database 名称,必填。

④ MONGODB_COLLECTION:用于存放数据的文档的名称,必填。

⑤ MONGODB_USER:数据库用户名,可选。

⑥ MONGODB_PWD:数据库密码,可选。

将这些参数加入 Scrapy 项目的 settings.py 文件中，如图 4-49 所示。

```
92  #MONGODB_SERVER：服务器地址，如果是远程地址,则换成对应的IP或域名
93  MONGODB_SERVER = 'localhost'
94  #MONGODB_PORT:服务器端口，默认为27017,如果修改过,则请填写实际端口
95  MONGODB_PORT = 27017
96  #MONGODB_DB：数据库名称。如果MongoDB中没有此名称,则会自动创建
97  MONGODB_DB = 'woniu_scrapy'
98  #MONGODB_COLLECTION：保存数据的集合名，如果MongoDB中没有此名称,则会自动创建
99  MONGODB_COLLECTION = 'note'
100 #MONGO_USER：数据库用户名，如果没有设置则不需要填写
101 #MONGO_USER = "your name"
102 #MONGO_PAW：数据库密码，如果没有设置则不需要填写
103 #MONGO_PAW = "your pass"
```

图 4-49 MongoDB 配置文件

各个字段的含义可参考图 4-49 中的注释，按照本机的实际情况进行配置即可。

配置完毕后，编写一个自定义的 Item Pipeline 类来进行处理，代码如下。

```python
from scrapy.exceptions import DropItem
from scrapy.conf import settings
import pymongo


class PymongoPipeline(object):
    def __init__(self):
        # 连接数据库
        self.client = pymongo.MongoClient(
                        host=settings['MONGODB_SERVER'],
                        port=settings['MONGODB_PORT'])
        # 若数据库登录需要账号、密码
        # self.client.admin.authenticate(settings['MONGO_USER'],
                                        settings['MONGO_PAW'])
        # 获得数据库的句柄
        self.db = self.client[settings['MONGODB_DB']]
        # 获得collection的句柄
        self.collection = self.db[settings['MONGODB_COLLECTION']]

    def process_item(self, self, item, spider):
        note_item = dict(item)  # 把item转换为字典形式
        self.collection.insert(note_item)  # 向数据库中插入一条记录
        # 将item返回，以供下一个Item Pipeline处理（如果这里不写return itme，则其
        # 他Item Pipeline无法继续处理这个item）
        return item

    # 退出该Pipeline的时候会被调用，主要用于释放数据库连接
    def __del__(self):
        print("退出pipeline")
        # 关闭数据库连接
        self.client.close()
```

在这段代码中，先导入 pymongo 库和 Scrapy 的配置库，这样才能在代码中连接 MongoDB 数据库以及访问 Scrapy 的 settings 文件；然后又定义了一个专门用于处理 MongoDB 数据存储的类 PymongoPipeline。既然是专门处理 MongoDB 数据存储的，那么肯定需要先建立对数据库的连接，所

以，在这个类的__init__方法中创建了一个 MongoDB 的客户端。

```
# 连接数据库
self.client = pymongo.MongoClient(
                    host=settings['MONGODB_SERVER'],
                    port=settings['MONGODB_PORT'])
# 若数据库登录需要账号、密码
# self.client.admin.authenticate(settings['MONGO_USER'],
                                 settings['MONGO_PAW'])
```

MongoClient 需要配置两个参数：host 和 port。配置的时候，从 settings 中读取的字段必须和 settings.py 文件中的一致，包括字母的大小写，否则会抛出异常。如果数据库配置了账号和密码，则需要配置 authenticate。连接好数据库后，用户可以从数据库中获取数据库名及 collection 名。

```
# 获得数据库的句柄
self.db = self.client[settings['MONGODB_DB']]
# 获得collection的句柄
self.collection = self.db[settings['MONGODB_COLLECTION']]
```

这里的 collection（集合）其实相当于关系型数据库中的表，MongoDB 中没有表的概念。如果指定的数据库名或集合名不存在，则 MongoDB 会自动创建相应的数据库或集合，而无须事先创建。

在__init__方法中完成了对数据库的连接及句柄获取后，需要实现 process_item 方法，这是每个 Item Pipeline 必须实现的方法。在 process_item 方法中可以实现 MongoDB 操作的主要逻辑。

```
def process_item(self, item, spider):
    note_item = dict(item)  # 把item转换为字典形式
    self.collection.insert(note_item)  # 向数据库中插入一条记录
    # return item  # return语句会在控制台输出原item的数据，可以不写
```

由于这里的 Item 对象本来就是以字典形式定义的（虽然不是真正的字典类型），所以将 Item 对象保存到如 MongoDB 这样以键值对形式保存数据的数据库中就非常方便。将 Item 对象用 dict 方法进行强制类型转换，使其转换为真正的字典类型，调用 MongoDB 中集合的 insert 方法并插入一条新数据即可，这样即可完成将爬取的数据保存到 MongoDB 中的操作。

使用完数据库后，需要进行资源清理。由于每个 Item Pipeline 对象在运行结束后都会自动调用__del__方法，因此可以重写这个方法，将资源清理的工作放到这个方法中。

```
def __del__(self):
    print("退出pipeline")
    # 关闭数据库连接
    self.client.close()
```

至此，将数据保存到 MongoDB 的 Item Pipeline 类就定义完成了。在运行 Spider 之前要配置 settings.py 的 ITEM_PIPELINES，在其中添加定义的类，如图 4-50 所示。

```
ITEM_PIPELINES = {
    'woniu_spider.pipelines.PymongoPipeline': 300,
    'woniu_spider.pipelines.WoniuSpiderPipeline': 600,
}
```

图 4-50 配置 ITEM_PIPELINES

运行结束后，查看 MongoDB 是否保存成功。打开命令行窗口，定位到 MongoDB 安装路径的 bin 文件夹（如果把 MongoDB 的 bin 文件夹加到系统的环境变量中，则可以直接运行），输入图 4-51 所示的命令来查看 MongoDB 中保存的数据。

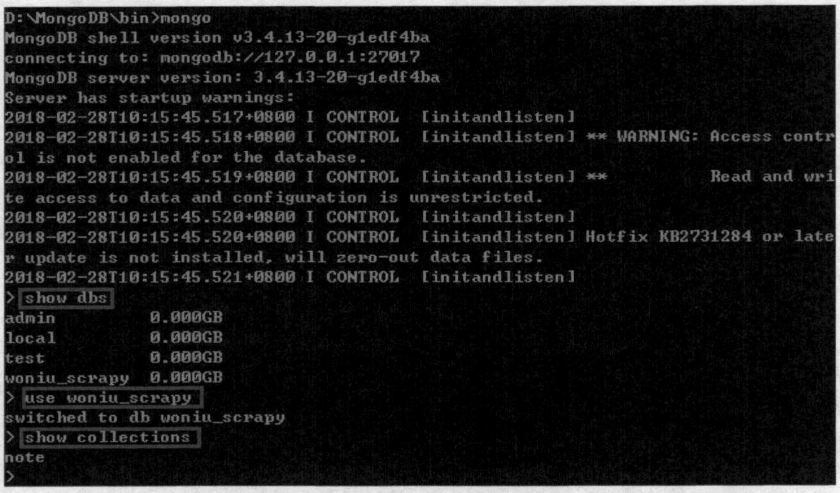

图 4-51 输入命令

其中，各选项的含义如下。

① show dbs：显示当前所有已存在数据库的名称。

② use <db_name>：切换到 db_name 对应的数据库，如果该数据库不存在，则自动创建。

③ show collections：显示当前数据库中所有集合的名称。

此时，可以查询 note 集合中的数据，其常用命令如图 4-52 所示。

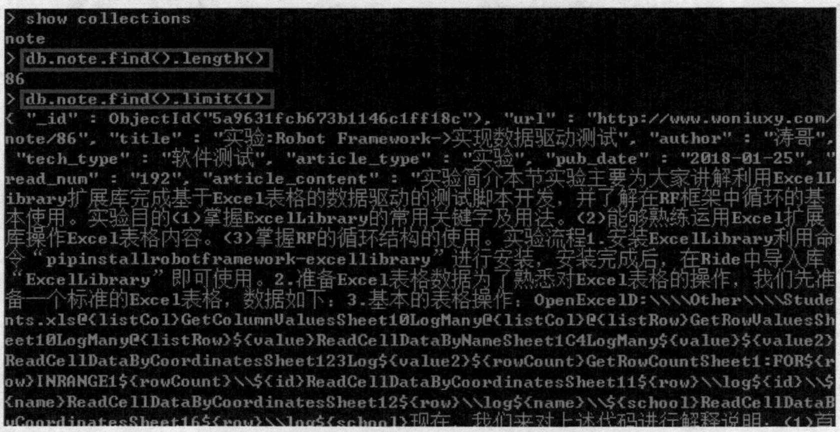

图 4-52 MongoDB 常用命令

其中，各选项的含义如下。

① db.note.find().length()：显示 note 集合中的数据长度。此处是 86，表明有 86 条数据被插入。

② db.note.find().limit(1)：显示 note 集合中的第一条数据的内容。显示的具体条数可以通过 limit 后面的参数来指定。如果不加 limit() 方法而直接运行 db.note.find()，则会显示所有数据。

至此，将爬取数据直接保存到 MongoDB 中的操作就完成了。

V4-7 Scrapy Pipeline 组件

4.7.4 中间件的用法

Scrapy 框架中主要有两类中间件：一类是 Downloader Middleware（下载器中间件），另一类是 Spider Middleware（爬取器中间件）。

1. 下载器中间件

下载器中间件是介于 Scrapy 的 request/response 处理的钩子框架，即 Scheduler（调度器）发送 request 之后和 Downloader 发送 response 给 Spider 之前，主要用作全局修改 Scrapy request 和 response 的一个轻量的、底层的系统，它可以帮助用户进一步定制自己的爬虫系统。Scrapy 框架为用户提供了很多内置的下载器中间件，即 DOWNLOADER_MIDDLEWARES_BASE，其默认配置如下。

```
{
    'scrapy.downloadermiddlewares.robotstxt.RobotsTxtMiddleware': 100,
    'scrapy.downloadermiddlewares.httpauth.HttpAuthMiddleware': 300,
    'scrapy.downloadermiddlewares.downloadtimeout.
                                    DownloadTimeoutMiddleware': 350,
    'scrapy.downloadermiddlewares.useragent.UserAgentMiddleware': 400,
    'scrapy.downloadermiddlewares.retry.RetryMiddleware': 500,
    'scrapy.downloadermiddlewares.defaultheaders.
                                    DefaultHeadersMiddleware': 550,
    'scrapy.downloadermiddlewares.redirect.MetaRefreshMiddleware': 580,
    'scrapy.downloadermiddlewares.httpcompression.
                                    HttpCompressionMiddleware': 590,
    'scrapy.downloadermiddlewares.redirect.RedirectMiddleware': 600,
    'scrapy.downloadermiddlewares.cookies.CookiesMiddleware': 700,
    'scrapy.downloadermiddlewares.httpproxy.HttpProxyMiddleware': 750,
    'scrapy.downloadermiddlewares.chunked.ChunkedTransferMiddleware': 830,
    'scrapy.downloadermiddlewares.stats.DownloaderStats': 850,
    'scrapy.downloadermiddlewares.httpcache.HttpCacheMiddleware': 900,
}
```

这些默认中间件都是启用状态的，如果不想启用其中的一个或多个，用户可将对应中间件的名称复制出来，将其放到 settings.py 中的 "DOWNLOADER_MIDDLEWARES" 部分，并将权重系数设置为 None 即可。例如，若想禁用 Spider 中请求失败后的 retry 功能，则可以禁用 scrapy.downloadermiddlewares.retry.RetryMiddleware，如图 4-53 所示。

```
DOWNLOADER_MIDDLEWARES = {
    # 'woniu_spider.middlewares.MyCustomDownloaderMiddleware': 543,
    'scrapy.downloadermiddlewares.retry.RetryMiddleware': None
}
```

图 4-53 配置 DOWNLOADER_MIDDLEWARES

同样，要想激活用户自己写的下载器中间件，则可以将自定义的下载器中间件加入到 settings.py 的 DOWNLOADER_MIDDLEWARES 中。settings.py 的 DOWNLOADER_MIDDLEWARES 中的设置会与 Scrapy 默认的 DOWNLOADER_MIDDLEWARES_BASE 进行合并（不是覆盖），而后根据顺序进行排序，最后得到启用中间件的有序列表，其中，第一个中间件是最靠近引擎的，最后一个中间件是最靠近下载器的。如果在项目中要使用自定义的下载器中间件，则必须要注意框架默认的 DOWNLOADER_

MIDDLEWARES_BASE 设置的顺序，由于每个中间件执行不同的动作，自定义的中间件可能会依赖于之前（或者之后）执行的中间件，因此顺序是很重要的。

和 Item Pipeline 类似，下载器中间件也是一个普通的 Python 类，但这个类必须实现以下一个或多个方法。

（1）process_request(request, spider)：当每个 request 通过下载器中间件时，该方法被调用。其中，request 参数是要处理的 request，spider 参数是该 request 对应的 Spider。process_request()必须返回以下内容之一：返回 None、返回一个 Response 对象、返回一个 Request 对象或抛出 IgnoreRequest 异常。

① 如果其返回 None，Scrapy 将继续处理该 request，执行其他的中间件的相应方法，直到合适的下载器处理函数被调用，该 request 才被执行（其 response 被下载）。

② 如果其返回 Response 对象，Scrapy 将不会调用其他的 process_request()或 process_exception()方法，或相应的下载函数，而将返回该 response。已安装的中间件的 process_response()方法会在每个 response 返回时被调用。

③ 如果其返回一个 Request 对象，则 Scrapy 停止调用 process_request 方法并重新调用返回的 request。当新返回的 request 被执行后，相应的中间件链会根据下载的 response 被调用。

④ 如果其抛出一个 IgnoreRequest 异常，则安装的下载器中间件的 process_exception()方法会被调用。如果没有任何一个方法处理该异常，则 request 的 errback（Request.errback）方法会被调用。如果没有代码处理抛出的异常，则该异常被忽略且不记录（不同于其他异常）。

（2）process_response(request, response, spider)：其中，request 参数是 response 所对应的 Request 对象，response 参数是被处理的 Response 对象，spider 参数是 response 所对应的 Spider 对象。process_request()必须返回以下内容之一：返回一个 Response 对象、返回一个 Request 对象或抛出一个 IgnoreRequest 异常。

① 如果其返回一个 Response 对象（可以与传入的 response 相同，也可以是全新的对象），该 response 会被链中的其他中间件的 process_response()方法处理。

② 如果其返回一个 Request 对象，则中间件链停止，返回的 request 会被重新调用下载。其处理方法类似于 process_request()返回 request。

③ 如果其抛出一个 IgnoreRequest 异常，则调用 request 的 errback(Request.errback)。如果没有代码处理抛出的异常，则该异常被忽略且不记录（不同于其他异常）。

（3）process_exception(request, exception, spider)：当下载处理器或 process_request()（下载器中间件）抛出异常（包括 IgnoreRequest 异常）时，Scrapy 会调用 process_exception()。其中，request 参数是产生异常的 Request 对象，exception 是抛出的异常对象，spider 是 request 对应的 Spider 对象。process_exception()应该返回以下内容之一：返回 None、返回一个 Response 对象，或者返回一个 Request 对象。

① 如果其返回 None，则 Scrapy 将会继续处理该异常，并调用已安装的其他中间件的 process_exception()方法，直到所有中间件都被调用完毕，再调用默认的异常处理。

② 如果其返回一个 Response 对象，则已安装的中间件链的 process_response()方法被调用。Scrapy 将不会调用任何其他中间件的 process_exception()方法。

③ 如果其返回一个 Request 对象，则返回的 request 将会被重新调用下载，这将停止中间件的

process_exception()方法的执行，如同返回一个 response 那样。

下面来看自定义下载器中间件的例子。平时通过爬虫发送请求时，经常会动态设置请求的 User-Agent，以防止被网站的反爬措施拦截，用户可以编写一个下载器中间件来实现这个目的，在发送 request 之前修改 request 的内容。首先，编写一个下载器中间件来输出没有设置 User-Agent 前 Scrapy 框架使用的默认 User-Agent。打开框架自动生成的 middleware.py 文件，添加一个自定义下载器中间件类，代码如下。

```python
class FakeUserAgentMiddleware(object):

    def process_request(self, request, spider):
        print("头部信息为：", request.headers["User-Agent"])
```

为了输出发送的请求的用户头信息，需要实现 process_request 方法。在这个方法中输出 request.headers，取出其中的 User-Agent 即可。定义好了之后，在 settings.py 文件中添加该下载器中间件，如图 4-54 所示。

图 4-54　添加下载器中间件

运行结果如图 4-55 所示。

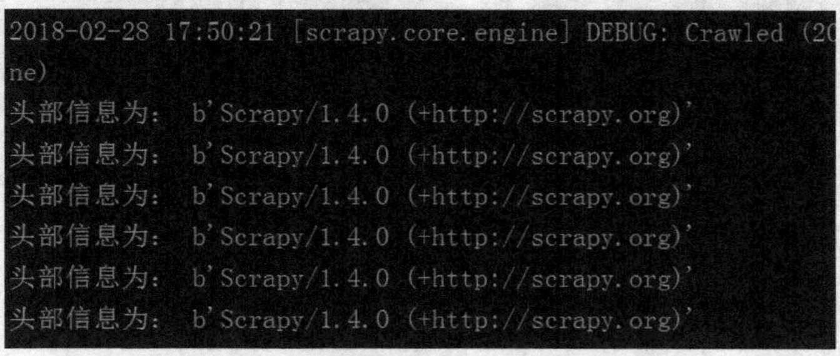

图 4-55　运行结果

从输出的结果可以看出，Scrapy 框架默认的头部信息为 Scrapy 专门的 UA，但蜗牛学院的官网并没有设置反爬机制，否则这个爬虫肯定会被拦截。下面通过下载器中间件动态修改每次请求的 User-Agent，代码如下。

```python
from scrapy import signals
from faker import Faker


class FakeUserAgentMiddleware(object):

    def __init__(self):
        self.f = Faker(locale='zh_CN')

    def process_request(self, request, spider):
```

```
        ua = self.f.user_agent()
        print("头部信息为:", ua)
        request.headers.setdefault("User-Agent", ua)
```

这段代码借助了前面介绍过的 faker 库来生成随机的模拟 User-Agent，代码运行后生成的随机 User-Agent 如图 4-56 所示。

```
头部信息为: Mozilla/5.0 (Windows CE) AppleWebKit/5341 (KHTML, like Gecko) Chrome/30.0.819.0 Safari/5341
头部信息为: Mozilla/5.0 (Macintosh; PPC Mac OS X 10_8_5) AppleWebKit/5351 (KHTML, like Gecko) Chrome/51.0.841.0 Safari/5351
头部信息为: Mozilla/5.0 (X11; Linux x86_64) AppleWebKit/5351 (KHTML, like Gecko) Chrome/16.0.828.0 Safari/5351
头部信息为: Mozilla/5.0 (compatible; MSIE 9.0; Windows 98; Win 9x 4.90; Trident/4.1)
头部信息为: Opera/8.94.(X11; Linux i686; nan-TW) Presto/2.9.170 Version/12.00
头部信息为: Mozilla/5.0 (Macintosh; Intel Mac OS X 10_12_5 rv:6.0; ru-UA) AppleWebKit/534.14.2 (KHTML, like Gecko)
```

图 4-56   生成的随机 User-Agent

可以看到，每次发送的请求的 User-Agent 都被改成了随机模拟的值，这样就能够绕过浏览器进行检测。

2．爬虫中间件

和下载器中间件类似，爬虫中间件是到 Scrapy 的 Spider 处理机制的"钩子"框架，主要用于处理发送给 Spiders 的 Response 及 Spider 产生的 Item 和 Request。

同样，Scrapy 框架默认提供了一些预置的爬虫中间件，被预定义在 Scrapy 框架的 SPIDER_MIDDLEWARES_BASE 中，其默认值如下。

```
{
    'scrapy.spidermiddlewares.httperror.HttpErrorMiddleware': 50,
    'scrapy.spidermiddlewares.offsite.OffsiteMiddleware': 500,
    'scrapy.spidermiddlewares.referer.RefererMiddleware': 700,
    'scrapy.spidermiddlewares.urllength.UrlLengthMiddleware': 800,
    'scrapy.spidermiddlewares.depth.DepthMiddleware': 900,
}
```

这些爬虫中间件默认都是开启的，如果不想使用其中的一个或多个，则可像下载器中间件一样，在 settings.py 文件的 SPIDER_MIDDLEWARES 部分进行设置，把要禁用的爬虫中间件的权重系数设置为 None。如图 4-57 所示，可以禁用'scrapy.spidermiddlewares.httperror.HttpError Middleware'。

```
SPIDER_MIDDLEWARES = {
    # 'woniu_spider.middlewares.WoniuSpiderSpiderMiddleware': 543,
    'scrapy.spidermiddlewares.httperror.HttpErrorMiddleware': None
}
```

图 4-57   禁用 SPIDER_MIDDLEWARES

另外，如果用户自定义了爬虫中间件，则要注意其与默认的爬虫中间件之间的优先级关系。在 settings.py 中进行设置时，最好参考一下默认爬虫中间件的权重值，特别是当两个不同的爬虫中间件可能会影响爬取操作结果时。

爬虫中间件是一个普通的 Python 类，要实现一个爬虫中间件，只需要在这个类中实现以下一个或多个方法即可。

（1）process_spider_input(response, spider)：当 response 通过 Spider 中间件时，该方法被调用，

处理该 response。其中，参数 response 是被处理的 Response 对象，spider 是该 response 对应的 Spider 对象。

process_spider_input()应该返回 None 或者抛出一个异常。如果其返回 None，则 Scrapy 将会继续处理该 response，调用所有其他的中间件直到 Spider 处理该 response。如果其抛出一个异常，则 Scrapy 将不会调用任何其他中间件的 process_spider_input()方法，并调用 request 的 errback。errback 的输出将会以另一个方向被重新输入到中间件链中，使用 process_spider_output()方法来处理，当其抛出异常时会再次调用 process_spider_exception()。

（2）process_spider_output(response, result, spider)：当 Spider 处理 response 返回 result 时，该方法被调用。其中，response 参数表示生成该输出的 Response 对象，result 参数表示 spider 返回的 Result 对象，spider 参数表示被处理的结果对应的 Spider 对象。process_spider_output()必须返回包含 Request、dict 或 Item 对象的可迭代对象。

（3）process_spider_exception(response, exception, spider)：当 Spider 或（其他 Spider 中间件）的 process_spider_input()抛出异常时，该方法被调用。其中，response 参数表示异常被抛出时被处理的 Response 对象，exception 表示被抛出的异常对象，spider 表示抛出该异常的 Spider 对象。

process_spider_exception()必须返回 None，或者返回一个包含 Response、dict 或 Item 对象的可迭代对象。

如果其返回 None，则 Scrapy 将继续处理该异常，调用中间件链中的其他中间件的 process_spider_exception()方法，直到所有中间件都被调用为止，该异常到达引擎（异常将被记录并被忽略）。

如果其返回一个可迭代对象，则中间件链的 process_spider_output()方法被调用，其他的 process_spider_exception()将不会被调用。

（4）process_start_requests(start_requests, spider)：该方法以 Spider 启动的 request 为参数被调用，执行的过程类似于 process_spider_output()，但其没有相关联的 response 并且必须返回 Request（不是 Item）对象。其接收一个可迭代的对象（start_requests 参数）且必须返回另一个包含 Request 对象的可迭代对象。

接下来以一个简单的例子来介绍如何使用上述方法来自定义一个爬虫中间件。假设现在要实现这样的效果：在每次 Spider 解析 response 前，先判断页面是否有 Note 列表，如果超出有效页面范围（如当前总共只有 9 页，但故意访问第 11 页的内容），则在控制台输出页面无内容的提示。根据要求，可以编写一个爬虫中间件，并重写 process_spider_input(response, spider)方法，代码如下。

```
class WoniuSpiderSpiderMiddleware(object):
    def process_spider_input(self, response, spider):
        # Called for each response that goes through the spider
        # middleware and into the spider.

        # Should return None or raise an exception.
        # 判断页面中是否出现了noContent图片
        img = response.XPath(
                    "//img[@src='/page/img/noContent.png']").extract()
        if len(img) > 0:
            print("当前页面{}无内容！".format(response.url))
        return None
```

为了观察效果，先修改之前编写的 WoniuSpider.py，使爬虫爬取的有效页数超出有效范围，代码如下。

```
start_urls = ["http://www.woniuxy.com/note/page-{}".format(str(i)) for i in range(9, 20)]
```

这样修改相当于只有前 9 页才有数据，从第 10 页开始都会在控制台输出"当前页面无内容"的提示。接下来，修改 settings.py，在 SPIDER_MIDDLEWARES 中加入刚刚编写的 WoniuSpiderSpider Middleware。其运行结果如图 4-58 所示（这里仅截取部分内容）。

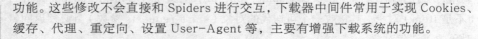

图 4-58　运行结果

可以发现，运行结果实现了预期效果。以上就是编写爬虫中间件的基本方法，实现爬虫中间件的其他方法与此例类似，读者可以根据需要进行练习。

Scrapy 框架提供的中间件还有很多，下载器中间件和爬虫中间件是其中使用得最广泛、操作最灵活的。要想使爬虫框架使用更灵活、扩展性更强，必须掌握这两者的用法。

下载器中间件和爬虫中间件虽然使用起来比较相似，但也有所不同，主要区别如下。

① 下载器中间件主要用于全局修改所有的请求和响应内容，也可以实现根据响应生成特定请求的功能。这些修改不会直接和 Spiders 进行交互，下载器中间件常用于实现 Cookies、缓存、代理、重定向、设置 User-Agent 等，主要有增强下载系统的功能。

V4-8　Scrapy MiddlewareS

② 爬虫中间件主要用于进出到 Spiders 中的请求、Items、异常、start_requests 等数据进行修改。虽然有些功能和下载器中间件有相似的地方，但爬虫中间件无法实现根据响应生成特定请求的功能。爬虫中间件位于爬虫和下载器之间，典型的应用是通过爬虫中间件过滤出非法的 HTTP 状态码。

4.8　Scrapy 中对同一项目不同的 Spider 启用不同的配置

根据需要，有时会在 Scrapy 的 Spiders 中编写不同的 Spider 以实现不同的功能，但一般在 settings.py 中启用 Item Pipeline 以及各种 Middlewares 时，是对该项目中所有的 Spiders 生效的。如果在项目中要求不同的 Spider 使用不同的 Item Pipeline 或 Middleware，只通过设置 settings.py 是无法达到目的。那么能不能针对不同的 Spider 使用不同的特定的配置呢？答案是肯定的，本节就来学习 Scrapy 中如何针对同一项目不同 Spider 使用不同的配置。

要想在同一个项目的不同 Spider 中使用不同的配置，首先要解决的一个问题就是调用 Item

Pipeline 或 Middlewares 时,判断当前调用 Item Pipeline 或 Middleware 的是哪个 Spider,能不能获得这个 Spider 的实例。那么如何做到这点呢?通过观察前面写的 Item Pipeline 或 Middleware 的源码可以发现,其实不管是 Item Pipeline 还是 Middleware,其中的每个方法其实都带有一个 spider 参数,spider 参数代表当前调用方法的 Spider 对象实例。Spider 对象实例中有没有什么属性可以帮助用户判断当前是哪个 Spider 实例呢?通过前面的学习可知,在调试时可以很方便地看到各个变量在运行时的值,所以不妨在代码中添加断点来看看。这里以本章编写的爬取蜗牛学院官网"蜗牛笔记"项目中的 Item Pipline 为例,先在 process_item 方法中添加断点,如图 4-59 所示。

图 4-59 在 process_item 方法中添加断点

设置好断点后,进行调试运行,结果如图 4-60 所示。

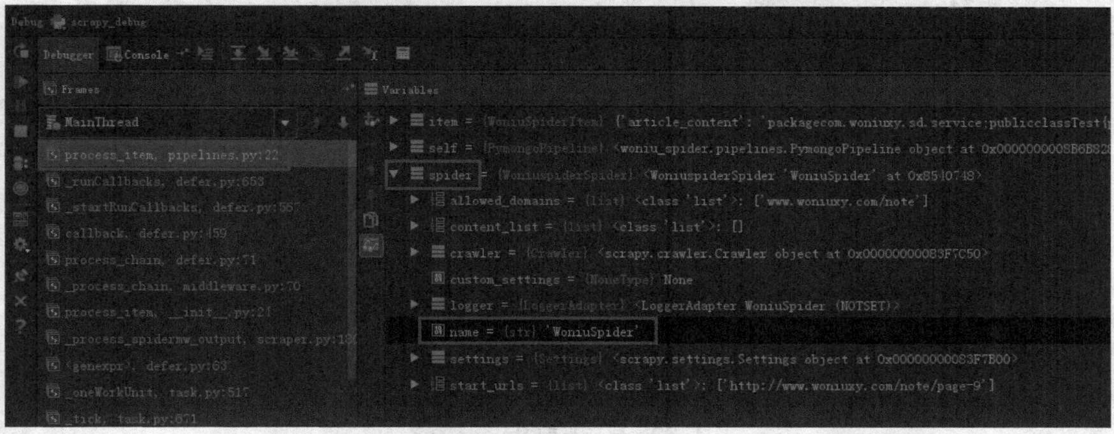

图 4-60 调试运行结果

从调试运行结果可以看出,process_item 方法中的 Spider 对象中有一个属性 name,name 对于每个 Spider 来说都是特定的,这就意味着可以从这个属性判断出当前是哪个 Spider 在调用方法。所以,只需要在每个 Item Pipeline 类的 process_item 方法中使用 spider.name 进行判断即可,代码如下。

```
def process_item(self, item, spider):
    if spider.name == 'WoniuSpider':
        note_item = dict(item)  # 把item转换为字典形式
        self.collection.insert(note_item)  # 向数据库中插入一条记录
        # return item  # 会在控制台输出原item数据,可以不写
    else:
        print("当前spider名称为:", spider.name)
```

下面来测试这段代码能否生效。为了方便区分效果,可以在当前项目中再增加一个新的 Spider,使用 genspider 命令快速生成一个 Spider,如图 4-61 所示。

```
E:\pycharm_project\scrapy_project\woniu_spider\woniu_spider>scrapy genspider baiduspider www.baidu.com
Created spider 'baiduspider' using template 'basic' in module:
  woniu_spider.spiders.baiduspider
```

图 4-61　使用 genspider 命令快速生成 Spider

这个 Spider 以百度首页为 start_url，随便定义一个 Item，代码如下。

```
class BDItem(scrapy.Item):
    title = scrapy.Field()
```

为了使 Item Pipeline 生效，在代码中需要 yield 此 Item，代码如下。

```
# -*- coding: UTF-8 -*-
import scrapy
from woniu_spider.items import BDItem


class BaiduspiderSpider(scrapy.Spider):
    name = 'baiduspider'
    allowed_domains = ['www.baidu.com']
    start_urls = ['http://www.baidu.com/']

    def parse(self, response):
        bd_item = BDItem()
        yield bd_item
```

这段代码用于演示 process_item 能否识别不同的 Spider。如果当前运行的 Spider 不是 "WoniuSpider"，则会输出当前 Spider 的 name 值。运行百度 Spider，在命令行中输入 "scrapy crawl baiduspider" 会显示当前 Spider 的名称，如图 4-62 所示。

```
2018-03-01 10:05:46 [baiduspider] INFO: Spider opened: baiduspider
2018-03-01 10:05:46 [scrapy.extensions.telnet] DEBUG: Telnet console listening on 127.0.0.1:6023
头部信息为:  Mozilla/5.0 (X11; Linux i686) AppleWebKit/5311 (KHTML, like Gecko) Chrome/54.0.859.0 Safari/5311
2018-03-01 10:05:46 [scrapy.core.engine] DEBUG: Crawled (200) <GET http://www.baidu.com/> (referer: None)
当前spider名称为: baiduspider
```

图 4-62　显示当前 Spider 的名称

当前运行的 Spider 的名称确实为 baiduspider，看来这个方法是可行的，但其也存在一定的局限性：如果当前项目的 Spider 比较多，对每个方法都进行 if 判断是很麻烦的，有没有更简单的方法呢？经过查询官方文档发现，Scrapy 为每个 Spider 都提供了一个 "custom_settings" 属性，这个属性有什么作用呢？Scrapy 的设置共分为三类：default_settings，project_settings 和 custom_settings。其中，default_settings 是 Scrapy 默认启用的设置，如前面介绍的 Middlewares 和 Item Pipelines 的基本设置等，这些是写到 Scrapy 的包中的，由 Scrapy 自动启用，最好不要随意改动这些设置。如图 4-63 所示，用户并没有在项目中设置这些 Middlewares，但其也生效了，其实这就是 default_settings。

```
2018-03-01 10:05:45 [scrapy.middleware] INFO: Enabled downloader middlewares:
['scrapy.downloadermiddlewares.httpauth.HttpAuthMiddleware',
 'scrapy.downloadermiddlewares.downloadtimeout.DownloadTimeoutMiddleware',
 'scrapy.downloadermiddlewares.defaultheaders.DefaultHeadersMiddleware',
 'scrapy.downloadermiddlewares.useragent.UserAgentMiddleware',
```

图 4-63　default_settings 中的默认设置

project_settings 就是通过 settings.py 设置的所有属性，这些属性可以由用户自己设置，若其和 default_settings 的设置相同，则自动覆盖 default_settings 中的设置。custom_settings 是在每个 Spider 中设置的，如果这里的设置和 project_settings 或 default_settings 相同，则以 custom_settings 为准。明白了这个原则，用户就可以通过在不同的 Spider 中设置不同的 custom_settings 来解决设置问题了。

下面为 baiduspider 专门编写一个 Item Pipeline 的类，并使其与之前编写的 WoniuSpider 区分开来，代码如下。

```python
class BDPipeline(object):

    def process_item(self, item, spider):
        print("当前spider的名字为:", spider.name)
```

此 Item Pipeline 的作用为：当有 Item 需要处理时，输出调用这个方法的 Spider 的名称。下面不在 settings.py 中设置 ITEM_PIPELINES，而是在 baiduspider.py 中通过修改 custom_settings 来设置，代码如下。

```python
# -*- coding: UTF-8 -*-
import scrapy
from woniu_spider.items import BDItem


class BaiduspiderSpider(scrapy.Spider):
    name = 'baiduspider'
    allowed_domains = ['www.baidu.com']
    start_urls = ['http://www.baidu.com/']
    custom_settings = {
        'ITEM_PIPELINES': {'woniu_spider.pipelines.BDPipeline': 300},
    }

    def parse(self, response):
        bd_item = BDItem()
        yield bd_item
```

配置好之后，在命令行窗口中输入 "scrapy crawl baiduspider" 并运行，运行结果如图 4-64 所示。

```
2018-03-01 10:48:01 [scrapy.extensions.logstats] INFO: Crawled 0 pages (at 0 pages/min), sc
s/min)
2018-03-01 10:48:01 [baiduspider] INFO: Spider opened: baiduspider
2018-03-01 10:48:01 [scrapy.extensions.telnet] DEBUG: Telnet console listening on 127.0.0.1
头部信息为: Mozilla/5.0 (Windows; U; Windows NT 4.0) AppleWebKit/532.43.7 (KHTML, like Gec
32.43.7
2018-03-01 10:48:01 [scrapy.core.engine] DEBUG: Crawled (200) <GET http://www.baidu.com/>
当前spider的名字为: baiduspider
2018-03-01 10:48:01 [scrapy.core.scraper] DEBUG: Scraped from <200 http://www.baidu.com/>
```

图 4-64　运行结果

从运行结果中可以看出，设置的 Pipeline 已经生效，而 settings.py 中没有进行 ITEM_PIPELINES 的设置，所以不会影响到其他爬虫。

通过 custom_settings 设置各爬虫的配置信息是最好的解决方案，通过这种方法，可以轻松地对不同的 Spider 配置不同的组件。

4.9 Scrapy 分布式爬虫的运行原理

Scrapy 本身是一个非常强大且好用的爬虫框架，通过一些简单的代码即可快速实现一个爬虫项目。但前面实现的 Scrapy 爬虫都是基于单机运行的，如果待爬取的页面很多，这样的单机爬虫就无法满足需求了，此时，分布式爬虫的优势就体现出来了。在本节中，将先从框架源码角度了解 Scrapy+Redis 实现分布式爬虫的原理，再在后续的内容中结合现有的框架进行分布式爬虫的实践。

4.9.1 实现多机分布式爬取的关键

1. 对单机请求队列的改造

通过前面的学习可知，作为单机运行的 Scrapy 爬虫，所有的网络请求都维护在本机的请求队列中，由调度器统一进行请求的调度和分发。而当想要使此工作由多台不同的主机来完成时，会有什么不同呢？如果将爬取任务分布给不同的主机，爬取的操作还是不变的，但如果主机各自维护一个请求队列，那么肯定会造成大量重复的访问和无效爬取。所以，最关键的一点就是对本地维护的请求队列进行改造，将单机维护的请求队列改为一个可供多机访问的、共享的请求队列，有了共享的请求队列以后，不同主机的调度器在获取新的请求地址的时候，就不再从本机的请求队列中进行调度，而是统一地从共享请求队列中获取请求地址，从而实现分布式爬取。

在分布式爬虫架构中，共享请求队列应该由一台主机进行统一管理和维护，承担这一职责的机器一般被称为 Master（主机），而其他使用共享请求队列的机器被称为 Slave（从机），从机的主要职责是爬取数据、处理数据及存储爬取的数据，其除了从 Master 统一获取请求地址之外，其他工作和单机爬虫没有任何区别。改造成分布式爬虫之后，基于主从架构的分布式爬虫如图 4-65 所示。

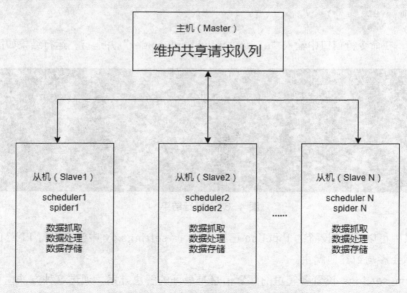

图 4-65 基于主从架构的分布式爬虫

2. 防止中断

由单机爬取变为多机爬取后,网络异常、机器设备异常等不可控的因素随之增加,在运行过程中,一台或多台工作机可能会因发生宕机、断网等异常而导致爬取中断,此时必须要有相应的机制来处理中断,即告诉工作机中断后应该如何继续运行。一般来说,处理原则是让每台工作机在 Scrapy 启动时判断共享请求队列中有没有数据,如果有数据,则从共享队列中取得下一个请求来执行爬取操作;如果没有数据,则重新从 start_urls 池中找到新的请求进行爬取并向队列中添加请求。

3. 请求去重

由于多机爬取时,各个 Spider 在不断地取出请求和加入新的请求,难免会有请求重复的情况出现,因此去重是一个非常重要的工作。那么如何去重呢?原生 Scrapy 框架本身已经提供了基于请求指纹的方式进行去重判断,在分布式架构中,只需要借助共享请求队列提供的数据结构,在将新的请求指纹加入 request 队列之前进行判断即可。

4. 根据队列维护的要求进行工具选型

队列使用什么来进行维护呢?用户首先想到的可能是文件、数据库或特定的某些数据结构,具体使用可取决于人们的需求。对于共享队列来说,最基本的要求是能实现快速存取、方便操作、支持序列化及反序列化、支持去重算法。基于这些要求,结合目前业界的技术发展情况,Redis 数据库无疑是比较好的选择。关于 Redis 数据库的内容前面介绍过,目前已经有人实现了基于 Scrapy + Redis 的分布式开源爬虫框架,Scrapy + Redis 的官方源码地址为 https://github.com/rmax/scrapy-redis。

Scrapy + Redis 项目的主体由 Redis 和 Scrapy 组成。从具体内容来看,和原有的 Scrapy 框架相比,Scrapy + Redis 框架主要重写了 Scrapy 中原有的调度器和爬虫部分,并实现了新的请求队列结构和去重功能。

Scrapy + Redis 提供了 Scheduler、Dupefilter、Pipeline、Spider、Queue 等主要组件的实现,读者明白这些组件的工作原理,也就理解分布式爬虫框架的基本思想了。由于 Scrapy + Redis 的官网上并没有太多介绍,所以可以从源码角度来进行理解。Scrapy + Redis 的源码文件并不多,重点理解图 4-66 中框选的 6 个文件即可掌握该框架的绝大部分内容。

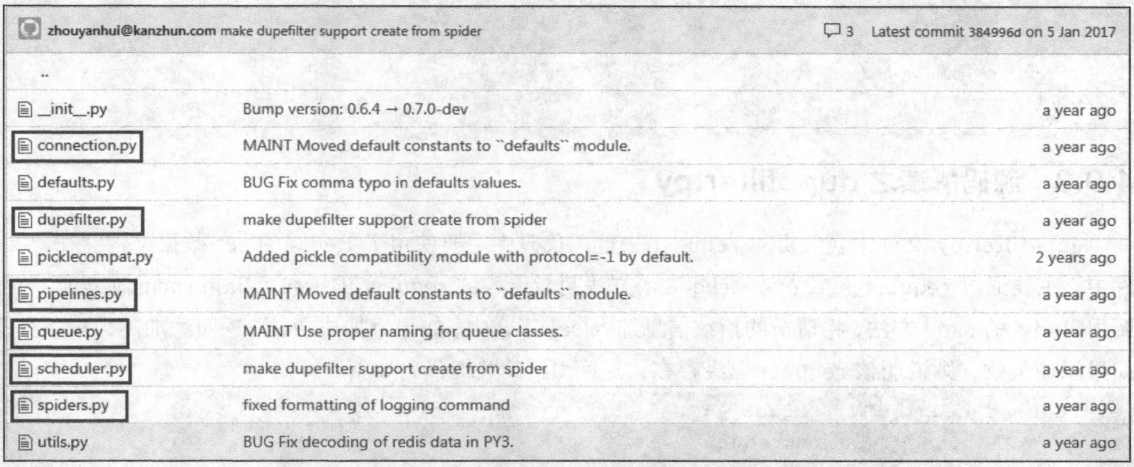

图 4-66 需要重点理解的内容

4.9.2 源码解读之 connection.py

connection.py 的主要作用是读取 settings.py 中关于 Redis 数据库的配置，并根据这些配置实例化 Redis 连接，而实例化后的 Redis 对象会被 Dupefilter 和 Scheduler 调用。这个文件中定义了 SETTINGS_PARAMS_MAP，其代码如下。

```python
# Shortcut maps 'setting name' -> 'parmater name'.
SETTINGS_PARAMS_MAP = {
    'REDIS_URL': 'url',
    'REDIS_HOST': 'host',
    'REDIS_PORT': 'port',
    'REDIS_ENCODING': 'encoding',
}
```

其保存了 Redis 队列主机的相关信息，这些信息将被传递给 get_redis(**kwargs)方法并连接 Redis 主机，最终得到 Redis 实例。

```python
def get_redis(**kwargs):
    """Returns a redis client instance.
    Parameters
    ----------
    redis_cls : class, optional
        Defaults to ''redis.StrictRedis''.
    url : str, optional
        If given, ''redis_cls.from_url'' is used to instantiate the class.
    **kwargs
        Extra parameters to be passed to the ''redis_cls'' class.
    Returns
    -------
    server
        Redis client instance.
    """
    redis_cls = kwargs.pop('redis_cls', defaults.REDIS_CLS)
    url = kwargs.pop('url', None)
    if url:
        return redis_cls.from_url(url, **kwargs)
    else:
        return redis_cls(**kwargs)
```

4.9.3 源码解读之 dupefilter.py

dupefilter.py 文件主要负责对 request 去重，代码中主要使用了 Redis 的 set 数据结构。在此文件中，主要通过 request_seen(self, request)方法判断传入的 request 的指纹（fingerprint）信息，再调用 Redis 的 sadd 方法，将请求的指纹信息加入 set 集合中，如果添加成功，则返回添加的数据条数；如果添加失败，则说明该 request 已经存在，返回 0。其关键代码如下。

```python
def request_seen(self, request):
    """Returns True if request was already seen.
    Parameters
    ----------
    request : scrapy.http.Request
```

```
        Returns
        -------
        bool
        """
        fp = self.request_fingerprint(request)
        # This returns the number of values added, zero if already exists.
        added = self.server.sadd(self.key, fp)
        return added == 0
```

而 self.request_fingerprint(request)实际上又调用了 Scrapy 自身的 fingerprint 接口,代码如下。

```
from scrapy.dupefilters import BaseDupeFilter
from scrapy.utils.request import request_fingerprint

def request_fingerprint(self, request):
    """Returns a fingerprint for a given request.
    Parameters
    ----------
    request : scrapy.http.Request
    Returns
    -------
    str
    """
    return request_fingerprint(request)
```

Scrapy 的 request_fingerprint 方法是 scrapy.util 包中定义的默认去重机制。它是如何判断 request 的 fingerprint 信息的呢？下面来看 request_fingerprint 的源码。

```
def request_fingerprint(request, include_headers=None):
    if include_headers:
        include_headers = tuple(to_bytes(h.lower())
                            for h in sorted(include_headers))
    cache = _fingerprint_cache.setdefault(request, {})
    if include_headers not in cache:
        fp = hashlib.sha1()
        fp.update(to_bytes(request.method))
        fp.update(to_bytes(canonicalize_url(request.url)))
        fp.update(request.body or b'')
        if include_headers:
            for hdr in include_headers:
                if hdr in request.headers:
                    fp.update(hdr)
                    for v in request.headers.getlist(hdr):
                        fp.update(v)
        cache[include_headers] = fp.hexdigest()
    return cache[include_headers]
```

可以看出,它使用了哈希的 SHA1 算法,即保存请求信息 method、url、body 的状态,headers 进行更新并存入缓存,在 request_seen 中判断当前的请求是否需要去重。Dupefilter 会在调度器的类中用到,每一个 request 在进入调度之前都要进行判重,如果重复则不需要参加调度,直接舍弃即可。

4.9.4 源码解读之 pipelines.py

pipelines.py 文件主要用来实现分布式处理 Item,当在 settings.py 中启用该文件定义的 Redis

Pipeline 时，它会将 Item 存储在 Redis 中以实现分布式处理。与在 Scrapy 中编写的 Pipeline 一样，该文件实现了一个 Item Pipieline 类，和 Scrapy 的 Item Pipeline 是同一个对象。从源码中可以看到，在 Pipeline 的初始化过程中，其读取了配置文件中的值，所以通过 from_settings 和 from_crawler 进行了读取。在 process_item 方法中调用了 Twisted 框架中的 deferToThread 方法，以实现同步函数的非阻塞执行。deferToThread 调用了 _process_item 方法，它是 pipelines.py 文件的核心，这个方法的代码如下。

```
def _process_item(self, item, spider):
    key = self.item_key(item, spider)
    data = self.serialize(item)
    self.server.rpush(key, data)
    return item

def item_key(self, item, spider):
    """Returns redis key based on given spider.
    Override this function to use a different key depending on the item
    and/or spider.
    """
    return self.key % {'spider': spider.name}
```

在 _process_item 方法中，先调用了 item_key 方法，再利用 Spider 的 name 属性作为 key，最后将 item 串行化之后保存到 Redis 数据库对应的 value 中。value 是 list 类型的，存入的每个 item 都是 list 中的一个结点。Pipeline 把提取出的 item 存起来，以便于延后处理数据。在实际的爬虫运行中，一般不会启用 Redis Pipeline，因为它会使每个从机在爬取时将所有的 item 都存入 Redis 队列中，这无疑加大了网络开销和 Redis 数据库的压力，一般直接将爬取的 item 取出来放到本地的数据库中即可。

4.9.5 源码解读之 queue.py

queue.py 文件主要用于维护消息队列。这里主要实现了 3 种队列：FifoQueue 队列、优先级队列 PriorityQueue 及 LifoQueue。默认使用的是第二种队列，在实际使用中，用户可以自行在 settings.py 文件中进行修改。settings.py 文件中的相关设置如下。

```
# 使用优先级队列进行请求调度（默认使用这种队列）
#SCHEDULER_QUEUE_CLASS = 'scrapy_redis.queue.PriorityQueue'

# 要使用哪种队列就把哪种队列的注释符号删掉，再把另外两种队列注释掉即可
#SCHEDULER_QUEUE_CLASS = 'scrapy_redis.queue.FifoQueue'
#SCHEDULER_QUEUE_CLASS = 'scrapy_redis.queue.LifoQueue'
```

queue.py 文件的主体定义了上面提到的这几个容器类，这些容器类和 Redis 交互较多。容器的结构是类似的，只不过分别是队列、栈和优先级队列，这 3 个容器会被 Scheduler 对象实例化，以实现 request 的调度。例如，使用 FifoQueue 作为调度队列的类型时，request 的调度方法就是先进先出，而使用 LifoQueue 时是先进后出。

FifoQueue 的实现过程如下：其 push 函数和其他容器一样，但推入的 request 请求先被 Scrapy 的接口 request_to_dict 变成了一个 dict 对象（之所以转换成 dict 对象而不是 Request 对象，是因为 Request 对象结构很复杂，有方法、有属性，不容易进行串行化），之后使用 picklecompat 中的 serializer （即实现了 loads 和 dumps 方法的对象串行化对象）将其串行化为字符串，使用一个特定的 key（该

key 在同一种 Spider 中是相同的存入 Redis）；而调用 pop 时，其实就是从 Redis 中使用特定的 key 读取其值（一个 list），从 list 中读取最早进去的那个，于是就实现了先进先出。

```
class FifoQueue(Base):
    """Per-spider FIFO queue"""

    def __len__(self):
        """Return the length of the queue"""
        return self.server.llen(self.key)

    def push(self, request):
        """Push a request"""
        self.server.lpush(self.key, self._encode_request(request))

    def pop(self, timeout=0):
        """Pop a request"""
        if timeout > 0:
            data = self.server.brpop(self.key, timeout)
            if isinstance(data, tuple):
                data = data[1]
        else:
            data = self.server.rpop(self.key)
        if data:
            return self._decode_request(data)
```

最后，这些容器类都会作为调度器调度 request 的容器，调度器在每个从机上都会进行实例化，并且和 Spider 一一对应，所以分布式运行时会有一个 Spider 的多个实例和一个调度器的多个实例存在于不同的从机上。但是，因为调度器都使用相同的容器，而这些容器都连接同一个 Redis 服务器，且都使用 Spider name+queue 来作为 key 读写数据，所以不同从机上的不同爬虫实例共用一个 request 调度池，实现了分布式爬虫之间的统一调度。

4.9.6 源码解读之 scheduler.py

scheduler.py 文件主要用于对 Scrapy 中自带的调度器进行改造，以使其拥有 crawler 的分布式调度功能，其利用的数据结构来自于 queue.py 中实现的数据结构。要在 Scrapy 中使用该调度器，必须在 settings.py 中进行设置，代码如下所示。

```
# Enables scheduling storing requests queue in redis.
SCHEDULER = "scrapy_redis.scheduler.Scheduler"
```

这个文件重写了原生 Scrapy 框架的 Scheduler 类，并以其代替了 scrapy.core.scheduler 的原有调度器。其实，原有调度器的逻辑并没有很大的改变，而主要使用了 Redis 作为数据存储的媒介，以达到各个爬虫之间的统一调度。

调度器负责调度各个 Spider 的 request 请求，调度器初始化时，通过 settings.py 文件读取 queue 和 dupefilters 的类型（一般使用默认设置即可），配置 queue 和 dupefilters 使用的 key（一般是 Spider 的 name 加上 queue 或 dupefilters，这样对于同一种 Spider 的不同实例，即可使用相同的数据块）。在整个请求的调度过程中，有两个方法起到了比较关键的作用：一个是 enqueue_request，另一个是 next_request。其代码如下所示。

```
def enqueue_request(self, request):
```

```
    if not request.dont_filter and self.df.request_seen(request):
        self.df.log(request, self.spider)
        return False
    if self.stats:
        self.stats.inc_value('scheduler/enqueued/redis',
                              spider=self.spider)
    self.queue.push(request)
    return True

def next_request(self):
    block_pop_timeout = self.idle_before_close
    request = self.queue.pop(block_pop_timeout)
    if request and self.stats:
        self.stats.inc_value('scheduler/dequeued/redis',
                              spider=self.spider)
    return request
```

每当一个 request 要被调度时，enqueue_request 就将被调用，调度器使用 dupefilters 来判断 URL 是否重复，如果不重复，就将其添加到 queue 的容器中（先进先出、先进后出和优先级调度均可，可以在 settings 中配置）。当调度完成时，next_request 被调用，调度器通过 queue 容器的接口，取出一个 request，将它发送给相应的 Spider，让 Spider 进行爬取操作。

调度器中还有两个比较重要的配置参数：一个是 SCHEDULER_PERSIST，另一个是 SCHEDULER_FLUSH_ON_START。这两个参数都可以通过 settings.py 进行配置，两个参数的值都是布尔类型。其中，SCHEDULER_PERSIST 的作用是使调度器在任务执行完成后不清空请求队列的数据，默认值为 False；SCHEDULER_FLUSH_ON_START 的作用是当爬虫暂停或停止后，决定重新启动爬虫时是否要清空请求队列，其默认值为 False，如果设置为 True，则相当于无法支持中断后继续爬取操作，一般保持默认值即可。

4.9.7 源码解读之 spider.py

spider.py 文件主要针对原生 Scrapy 框架的 Spider 进行了改造，改造后的 Spider 能够从 Redis 中读取要爬的 URL，并执行爬取任务。若爬取过程中返回更多的 URL，那么继续爬取直至所有的 request 完成；再继续从 Redis 中读取 URL，循环这个过程。

从代码角度看，Spider 源码的改动程度并不是很大，主要是通过 connect 接口为 Spider 绑定了 spider_idle 信号。什么是信号呢？信号其实是 Scrapy 中提供的一种消息事件机制，Scrapy 通过信号来通知事件发生。基于这种机制，用户即可绑定不同的事件进行事件处理。Scrapy 中可处理的常见的信号如表 4-1 所示。

表 4-1 Scrapy 中可处理的常见的信号

信号名称	触发条件
engine_started	当 Scrapy 引擎启动爬取时发送该信号
engine_stopped	当 Scrapy 引擎停止时发送该信号（如爬取结束时）
item_scraped	当 Item 被爬取，并通过所有 Item Pipeline 后（没有被丢弃），发送该信号
item_dropped	当 Item 通过 Item Pipeline，有些 pipeline 抛出 DropItem 异常并丢弃 item 时，发送该信号

续表

信号名称	触发条件
spider_closed	当某个 Spider 被关闭时，该信号被发送。该信号可以用来释放每个 Spider 在 spider_opened 时占用的资源
spider_opened	当 Spider 开始爬取时发送该信号。该信号一般用来分配 Spider 的资源，但其也能做任何事
spider_idle	当 Spider 进入空闲（idle）状态时发送该信号。空闲意味着 Requests 正在等待被下载、Requests 被调度或 Items 正在 Item Pipeline 中被处理。当该信号的所有处理器被调用后，如果 Spider 仍然保持空闲状态，引擎将会关闭该 Spider。当 Spider 被关闭后，spider_closed 信号将被发送
spider_error	当 Spider 的回调函数产生错误（如抛出异常）时，发送该信号
request_scheduled	当引擎调度一个 Request 对象用于下载时，发送该信号
response_received	当引擎从下载器获取到一个新的 Response 时，发送该信号
response_downloaded	当一个 HttpResponse 被下载时，由下载器发送该信号

回到 spider.py 文件，在 Spider 初始化时，通过 setup_redis 函数初始化和 Redis 的连接。之后通过 next_requests 方法从 Redis 中取出 start-url，使用的 key 是 settings 中 REDIS_START_URLS_AS_SET 定义的。这里有一点需要注意，这里的初始化 URL 地址集合和前面的 queue 中维护的 URL 地址集合并不是同一个集合（queue 队列中使用的 key 是 Spider name+queue 或者 dupefilters），queue 中的 URL 集合用于调度器的调度，初始化 URL 集合是存放入口 URL 地址的，它们都存在 Redis 中，但是使用不同的 key 来区分，读者可以把它们理解成不同的"表"。当中断发生后，重新启动爬虫时，该 Spider 先从 queue 中取出请求，如果 queue 中没有这个请求，再去 start_urls 集合中取。

```
def next_requests(self):
    """Returns a request to be scheduled or none."""
    use_set = self.settings.getbool('REDIS_START_URLS_AS_SET',
                                    defaults.START_URLS_AS_SET)
    fetch_one = self.server.spop if use_set else self.server.lpop
    # XXX: Do we need to use a timeout here?
    found = 0
    # TODO: Use redis pipeline execution.
    while found < self.redis_batch_size:
        data = fetch_one(self.redis_key)
        if not data:
            # Queue empty.
            break
        req = self.make_request_from_data(data)
        if req:
            yield req
            found += 1
        else:
            self.logger.debug("Request not made from data: %r", data)

    if found:
        self.logger.debug("Read %s requests from '%s'", found, self.redis_key)
```

Spider 使用少量的 start-url 可以发现很多新的 URL，这些 URL 会进入调度器进行判重和调度，当调度池内没有 URL 的时候，会触发 spider_idle 信号，从而触发 Spider 的 next_requests 函数，再次从 Redis 的 start-url 池中读取一些 URL。

```
def schedule_next_requests(self):
    """Schedules a request if available"""
    # 调用next_requests方法获取请求队列的请求
    for req in self.next_requests():
        self.crawler.engine.crawl(req, spider=self)

def spider_idle(self):
    """Schedules a request if available, otherwise waits."""
    # 每次在spider_idle消息发生时就调用next_requests方法再次从Redis的start_url中
    # 取url
    self.schedule_next_requests()
    raise DontCloseSpider
```

以上就是从源码角度分析的 Scrapy + Redis 框架的主要结构，通过阅读它的源码，读者可以基本了解此框架的主要运行原理以及内容爬取、请求调度等主要业务的处理过程。

接下来进行总结。

（1）从总体结构来看，此框架实现了两种分布式：Spider 分布式以及 Item 处理分布式，而最关键的爬虫分布式部分是由调度器实现的，Item 分布式部分主要是由 Pipelines 实现的，而其他模块都可以看作辅助功能模块。

V4-9 Scrapy 分布式源码解读

（2）此框架重写了 Scheduler 和 Spider 类，实现了调度、Spider 启动和 Redis 的交互，实现了新的 Dupefilter 和 Queue 类，实现了判重及调度器和 Redis 的交互，因为每个主机上的爬虫进程都访问同一个 Redis 数据库，所以调度和判重统一进行管理，实现了分布式爬虫的目的。

4.10 利用 Scrapy+Redis 进行分布式爬虫实践

通过上一节内容，读者应基本了解了利用 Scrapy+Redis 实现分布式爬虫框架的原理和处理流程，本节将利用 Scrapy+Redis 框架来改造之前的基于原生 Scrapy 框架编写的蜗牛官网 Note 页面爬虫的项目，使之变为一个分布式爬虫。通过本节的学习，读者应掌握使用 Scrapy+Redis 编写分布式爬虫的流程、条件及运行过程。

4.10.1 运行环境准备

首先需要准备 3 台电脑，即一台主机（即 Master，后面简称主机）、两台从机（Slave，后面用 S1 和 S2 指代）。主机和从机的配置及环境要求如下。

1. 主机

操作系统：不限，Windows、Linux 和 MacOS 均可。

软件环境：安装 Redis 数据库并启动 Redis 服务。

2. 从机

操作系统：不限，Windows、Linux 和 MacOS 均可。

软件环境：安装 Python 基础开发环境、Scrapy 框架、Scrapy-Redis 库和 MongoDB 数据库。

在从机上安装 Scrapy-Redis 库的方式很简单，可以直接使用 pip 命令进行安装，命令如下。

```
pip install scrapy-redis
```

准备运行环境时需要注意：主机上不需要安装 Scrapy 等爬虫环境，只需要安装 Redis 并启动相关服务即可；从机上不需要安装 Redis，但需要安装 MongoDB，并且需要安装好 Scrapy 和 Scrapy-Redis 相关的库。

4.10.2 修改 Scrapy 项目配置及相关源码

准备好运行环境后，需要将原项目的相关文件代码按照 Scrapy-Redis 的要求进行修改。首先，需要修改 settings.py，设置 Scrapy-Redis 的相关组件。必须要配置的与 Scrapy-Redis 相关的 settings.py 参数主要有以下 3 个。

```
# Enables scheduling storing requests queue in redis.
# 启用基于Scrapy-Redis的调度器
SCHEDULER = "scrapy_redis.scheduler.Scheduler"

# Ensure all spiders share same duplicates filter through redis.
# 启用统一的去重机制
DUPEFILTER_CLASS = "scrapy_redis.dupefilter.RFPDupeFilter"

# 配置Redis数据库的地址和连接参数，当Redis数据有用户名和密码时，必须通过此参数进行配置
# REDIS_URL = 'redis://user:pass@hostname:9001'

# 如果Redis数据库没有配置用户名和密码，则可以使用以下两个参数进行配置
#REDIS_HOST = 'host_ip'
#REDIS_PORT = 6379

# 以上两种Redis配置方式任选其一即可
# 配置MONGODB_SERVER：服务器地址，如果是远程地址请换成对应的IP或域名
MONGODB_SERVER='你的服务器IP地址'
# MONGODB_PORT：服务器端口，默认27017，如果修改过请填写实际端口MONGODB_PORT=27017
# MONGODB_DB：数据库名称。如果MONGODB中没有的话，将会自动创建
MONGODB_DB='woniu_scrapy'
# MONGODB_COLLECTION：保存数据的集合名，如果MONGODB中没有的话，将会自动创建
MONGODB_COLLECTION='note'
```

这是 Scrapy-Redis 相关的最小配置（注意保留其他 Scrapy 的基本配置，不能删除），完成了这些配置之后，其他文件不需要做任何修改，即可启动爬虫。

修改完了项目的配置文件，还需要对具体的爬虫文件进行修改，也就是 spiders 文件夹下的 spider 文件。在这个文件夹中，主要修改以下几个地方。

首先，原来写的 spider 是基于 scrapy.Spider 这个类的，现在需要把它改为基于 scrapy_redis.RedisSpider 这个类，代码如下：

```
# 在代码中导入scrapy_redis的RedisSpider类
from scrapy_redis.spiders import RedisSpider

# 将自己写的spider改为继承RedisSpider类
class WoniuspiderSpider(RedisSpider):
```

接下来，需要设置一个 redis key 的属性，这个 redis key 属性通常以字符串的键值对形式提供。这个 redis key 属性设置之后有什么作用呢？当爬虫运行起来之后，将用这个 redis key 作为 start url 的标志，告诉爬虫调度器起始 url 是什么。当然，具体定义成什么值并没有特殊的限制。代码如下：

```
redis_key="woniu:start_urls"
```

最后，还要去掉之前的 start urls，因为在分布式爬虫中，start urls 不会再硬编码到项目的代码中，而是在爬虫启动后，在 redis 中通过 lpush 命令将 start urls push 到请求队列中，再通过分布式爬虫的调度器将起始爬取 url 地址分配给对应的爬虫客户端。

运行这个爬虫后，可以从 Redis 中看到请求队列，前期的请求数不断增加，而后期随着待爬取的请求越来越少，请求队列的数目会逐渐减少直至 0。如果队列中没有数据了，则 Redis 的 request 集合会消失。共享 requests 队列中的数据如图 4-67 所示。

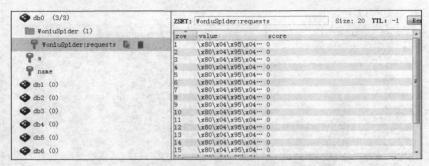

图 4-67　共享 requests 队列中的数据

4.10.3　部署到不同的从机中

如果该爬虫项目文件在一台从机上调试成功了，则可以将其复制到其他的从机上。当从多台不同的机器远程访问 Redis 队列时，需要对 Redis 进行设置，否则访问会失败。设置方法如下：在 Redis 的安装目录中打开 redis.conf 文件，找到 "bind 127.0.0.1" 并将其注释掉，如图 4-68 所示。

如果只允许特定的主机进行访问，则可以保留 bind，并在其后面添加所有主机的 IP 地址（用空格分隔），如图 4-69 所示。

```
# bind 127.0.0.1
```
　　图 4-68　注释语句

```
bind 192.168.1.100 10.0.0.1
```
　　图 4-69　添加所有主机的 IP 地址

部署完毕后，即可在各机器上分别启动爬虫进行分布式爬取。

4.10.4　其他可选配置参数

前面介绍了 Scrapy-Redis 项目运行时的最小配置，用户也可以在 settings.py 中增加其他配置。常见的配置如下。

（1）SCHEDULER_PERSIST：如果配置为 True，则运行结束后，Redis 中的 requests 队列不会清空。

（2）'scrapy_redis.pipelines.RedisPipeline'：配置在 ITEM_PIPELINES 后，所有的 item 将会存储到 Redis 中，但会拖慢整体爬取进度，增加 Redis 服务器的压力。

V4-10　分布式爬虫实战

关于其他参数，读者可以参考 Scrapy-Redis 的官网示例项目进行学习。

第5章

爬虫数据分析及可视化

学习目标：

（1）掌握数据分析及可视化的基本概念。
（2）掌握相关工具的使用方法。

本章导读：

■通过爬虫获取数据并不是爬取数据的最终目的。对于数据分析工作来说，获取数据只是第一步。数据真正的价值在于数据内部包含的信息，这些信息通常是零散的、隐藏的，需要根据一定的规则，借助相关工具进行进一步的挖掘、分析、处理，才能将其整理出来，并借助各种数据报表、文件等方式展现出来，最终实现数据的价值。本章将通过对常用数据分析工具的学习，了解数据分析和可视化的基本方法，为今后进行进一步的数据处理打下基础。本章主要包括以下内容。
（1）安装 Jupyter Notebook 和 Highcharts 库。
（2）熟悉 Jupyter Notebook 的基本用法。
（3）熟悉 Highcharts 库的基本用法。
（4）利用 Juypter Notebook 和 Highcharts 实现数据分析和展示。
（5）利用词云实现可视化效果。

5.1 安装 Jupyter Notebook 和 Highcharts 库

"工欲善其事，必先利其器"，在进行具体的数据分析和可视化学习之前，熟悉数据分析和可视化操作常用的库是非常重要的。在本节的内容中，主要会用到数据分析中常用的基于 Python 的交互式编辑器 Jupyter Notebook，以及能够利用不同图表来展示统计数据的 Highcharts 库，所以需要读者将这些库安装好并搭建好环境，以方便深入学习和使用。

5.1.1 Jupyter Notebook

通常，在进行数据分析的过程中，为了与用户进行有效沟通，需要重现整个分析过程，并将说明文字、代码、图表、公式、结论整合在一个文档中。显然，传统的文本编辑工具并不能满足这一需求，这里推荐一个在 Python 的数据分析和可视化相关操作中经常使用的工具——Jupyter Notebook，它不仅能在文档中交互式地执行 Python 代码，还能以网页形式进行分享，使用非常方便。

究竟什么是 Jupyter Notebook 呢？Jupyter Notebook 是一个交互式笔记本，除了 Python 外，它还支持运行 40 多种编程语言。Jupyter Notebook 本质上是一个 Web 应用程序，可用于创建和共享文学化程序文档，支持实时代码、数学方程、可视化等。其主要用途包括数据清理和转换、数值模拟、统计建模、机器学习等。

Jupyter 默认包含以下组件：Jupyter Notebook 和 Notebook 文件格式、Jupyter Qt 控制台和内核消息协议，以及其他的组件。在实际的数据分析和使用中，主要涉及的是 Jupyter Notebook，其使用界面如图 5-1 所示。

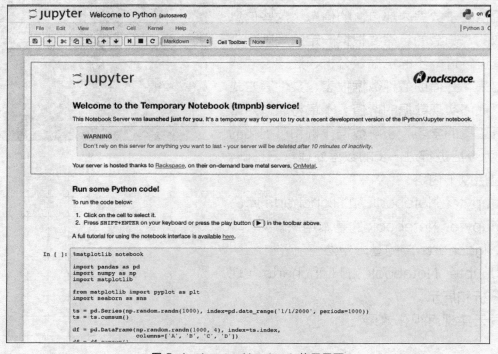

图 5-1　Jupyter Notebook 使用界面

关于 Jupyter Notebook 的其他介绍，读者可以参考 Jupyter Notebook 的官网信息，地址为 http://jupyter.org/。

5.1.2 使用 Jupyter Notebook 的原因

为什么进行数据分析和展示需要使用 Jupyter Notebook，而不能使用 PyCharm 等传统的 IDE 软件呢？要回答这个问题，必须知道数据分析工作的特点。数据分析工作一般是有一个流程的，需要不断计算并画图。这里存在一个大致的"顺序"，如先对数据进行处理，去掉有问题的数据，再从各个角度尝试数据在各个维度的分布情况，并根据用户自己的想法、要求，进行具体的分析和计算，最后对计算结果做进一步的分析。这有些类似于解数学题，需要不断演算和尝试。传统的 IDE 软件（如 Pycharm 等）没有办法做到这一点，而 Jupyter Notebook 做这种操作会更方便，结果直接产生在 Cell 下面。Jupyter Notebook 中显示的统计图表如图 5-2 所示。

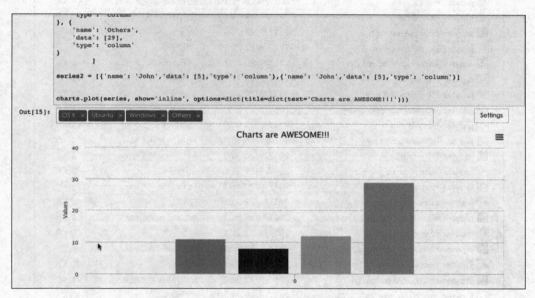

图 5-2　Jupyter Notebook 中显示的统计图表

另外，Jupyter Notebook 支持通过脚本定制一些比较方便的功能，如一键隐藏所有运行结果、在侧边栏中展示所有内容的目录等。

基于这些传统 IDE 软件、Excel 工具等不具备的特点，在做数据分析时，优先选择 Jupyter Notebook 作为开发工具。当然，Jupyter Notebook 也有弱点，如不支持函数跳转、项目代码的组织功能差等，因此，其无法完全取代 IDE 软件。

5.1.3　Jupyter Notebook 的安装和配置

无论是使用 Windows、Linux 还是 MacOS，Jupyter Notebook 都可以通过使用 pip 命令进行安装。安装命令如下。

```
pip install jupyter
```

如果同时安装了 Python 2 和 Python 3，则运行上述命令后，Jupter Notebook 可能会安装到

Python 2 的目录中，如果想将其安装到 Python 3 的目录中，则可以使用以下命令：

```
Python3 -m pip install jupyter（适用于Windows）
```

或是：

```
pip3 install jupyter（适用于Linux）
```

其中，-m 参数表示将后面指定的模块当作脚本去运行，即通过 Python 3 的解释器运行 pip 模块进行安装，所以能够指定安装的位置。同样地，对于 Python 2，可以使用 Python2 -m pip install jupyter 命令进行安装。安装完成后，如果能够在 Python 对应的 Scripts 目录中找到图 5-3 所示的文件，则说明安装成功。

名称	修改日期	类型	大小
jsonschema.exe	2017/9/20 6:01	应用程序	73 KB
jsonschema-script.py	2018/1/15 10:45	JetBrains PyChar...	1 KB
jupyter.exe	2017/9/19 21:10	应用程序	40 KB
jupyter-console.exe	2017/9/19 21:10	应用程序	40 KB
jupyter-console-script.py	2017/9/22 2:29	JetBrains PyChar...	1 KB
jupyter-kernelspec.exe	2017/9/19 21:10	应用程序	40 KB
jupyter-kernelspec-script.py	2017/9/20 4:51	JetBrains PyChar...	1 KB
jupyter-lab.exe	2017/9/19 21:10	应用程序	40 KB
jupyter-labextension.exe	2017/9/19 21:10	应用程序	40 KB
jupyter-labextension-script.py	2017/9/20 6:30	JetBrains PyChar...	1 KB
jupyter-labhub.exe	2017/9/20 6:30	应用程序	73 KB
jupyter-labhub-script.py	2018/1/15 10:46	JetBrains PyChar...	1 KB
jupyter-lab-script.py	2017/9/20 6:30	JetBrains PyChar...	1 KB
jupyter-migrate.exe	2017/9/19 21:10	应用程序	40 KB
jupyter-migrate-script.py	2017/9/20 4:37	JetBrains PyChar...	1 KB
jupyter-nbconvert.exe	2017/9/19 21:10	应用程序	40 KB
jupyter-nbconvert-script.py	2017/9/26 5:02	JetBrains PyChar...	1 KB
jupyter-nbextension.exe	2017/9/21 2:21	应用程序	40 KB
jupyter-nbextension-script.py	2017/9/22 3:59	JetBrains PyChar...	1 KB
jupyter-notebook.exe	2017/9/21 2:21	应用程序	40 KB
jupyter-notebook-script.py	2017/9/22 3:59	JetBrains PyChar...	1 KB
jupyter-qtconsole.exe	2017/9/19 21:10	应用程序	40 KB
jupyter-qtconsole-script.py	2017/9/22 2:32	JetBrains PyChar...	1 KB
jupyter-run.exe	2017/9/19 21:10	应用程序	40 KB
jupyter-run-script.py	2017/9/20 4:51	JetBrains PyChar...	1 KB
jupyter-script.py	2017/9/20 4:37	JetBrains PyChar...	1 KB

图 5-3　Jupyter Notebook 安装文件

如果用户使用的是 Anaconda 版本的 Python，则由于其已经自带了 Jupyter Notebook，因此无需再进行安装。

5.1.4　安装过程中可能遇到的错误

对于 Windows 用户来说，在安装 Jupyter Notebook 的时候，可能会收到缺少 zmp.libsodium 的错误报告，其有两种解决方案：一种是直接通过 pip install libsodium 安装缺少的库文件，另一种是尝试从微软的官方网站下载 vcforpython27.msi 文件，此文件的作用是安装 Python 2.7 相关 WHL 包所必需的编译器及相关的系统头文件,下载地址为 https://www.microsoft.com/en-us/download/details.aspx?id=44266(其他支持 Python 3.x),将文件下载下来后双击安装即可。

对于 Linux 的 Ubuntu 系统用户来说,可能会遇到 Python C 扩展的问题,如果遇到这个问题,则可以尝试使用如下命令解决。

```
apt-get install build-essential python3-dev
```

安装完毕后,Jupyter Notebook 可以直接使用。如果读者事先已经把 Python 的 Scripts 目录设置到了环境变量中,则可以直接在命令行窗口中启动 Jupyter Notebook,如图 5-4 所示。

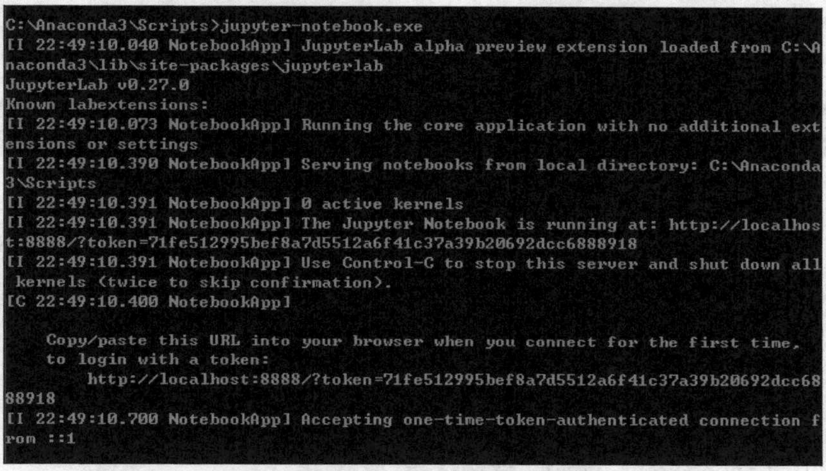

图 5-4 启动 Jupyter Notebook

Jupyter Notebook 启动完成之后,Notebook Server 将会通过基于 HTTP 和 WebSockets 协议的请求和浏览器进行交互,负责保存和加载 Notebook 文件的内容,所以,Jupyter Notebook 会根据系统的默认浏览器设置自动打开浏览器,打开命令行所在目录的文件列表,如图 5-5 所示。

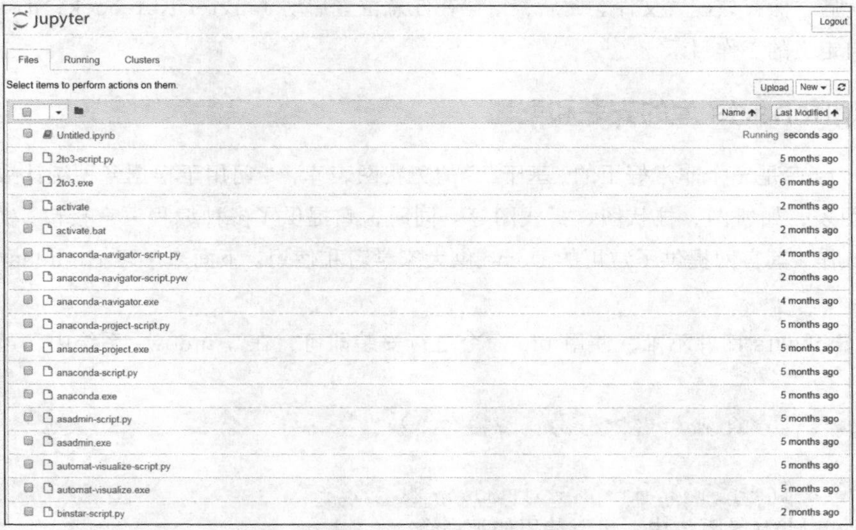

图 5-5 Jupyter Notebook 文件列表

单击列表顶部的"Untitled.ipynb"文件，即可打开一个新的 Notebook 文件。至此，Jupyter Notebook 即可正常使用。

5.1.5 Jupyter Notebook 的常用设置

在实际使用 Jupyter Notebook 的过程中，用户常常会将所有的 Jupyter Notebook 文件集中在某一个工作目录中，但当在其他的目录中通过命令行窗口启动 Jupyter Notebook 时，则无法定位到工作目录。有没有方法可以让用户无论在哪个路径下启动 Jupyter Notebook，都能自动定位到工作目录呢？其设置方法如下。

（1）在命令行窗口中运行命令"jupyter notebook --generate-config"，如图 5-6 所示。

```
C:\Users\t430>jupyter notebook --generate-config
Writing default config to: C:\Users\t430\.jupyter\jupyter_notebook_config.py
```

图 5-6　运行命令

（2）运行命令后，会在 C 盘的 Users 目录中生成一个"jupyter_notebook_config.py"文件。使用任意文本编辑器打开该文件，找到"c.NotebookApp.notebook_dir=''"，把路径改为工作目录即可，如这里改为"E:\Training\Python"，如图 5-7 所示。

```
#c.NotebookApp.nbserver_extensions = {}

## The directory to use for notebooks and kernels.
c.NotebookApp.notebook_dir = 'E:\Training\Python'

## Whether to open in a browser after starting. The spe
#  platform dependent and determined by the python stan
#  module, unless it is overridden using the --browser
```

图 5-7　配置 Jupyter Notebook 的默认目录

配置成功后，保存该配置文件。此后，用户在任意位置启动 Jupyter Notebook，都可以看到它自动打开用户自定义的工作目录。

5.1.6 Highcharts 库的安装和配置

Highcharts 库是一个非常好用的、基于 JS 的免费图表库，专门用于根据各种统计数据生成不同类型的统计图表，如饼图、柱状图、折线图等。同时，它提供了多种编程语言接口，通过 Python 也可以进行操作，其官网提供了常用的 Demo 供大家学习和使用。下面来学习 Highcharts 库的安装和配置。

安装 Highcharts 库并不难，使用 pip 命令进行安装即可，在 Windows 系统中，可以使用如下命令。

```
Python3 -m pip install charts    （针对Python 3）
    或
Python2 -m pip install charts    （针对Python 2）
```

在 Linux 和 MacOS 系统中，可以使用如下命令。

```
pip install charts       （针对Python 2）
```

或

```
pip3 install charts    （针对Python 3）
```

安装完毕之后，需验证安装是否成功。先通过命令行窗口打开 Jupyter Notebook，再在第一个空行中输入"import charts"，并按"Shift+Enter"组合键运行该命令。运行之后，提示错误信息，如图 5-8 所示。

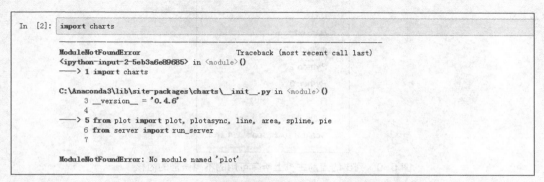

图 5-8　提示错误信息

引起这个错误的原因是在 charts 库中没有包含 Matplotlib 相关的 pyplot 模块的引用，在 GitHub 上下载相应的替换文件替换原来的库文件即可解决。替换方法如下：打开 Python 安装路径下的 site-packages 文件夹，找到 charts 文件夹，将下载的替换文件复制进去替换原文件即可。替换文件的下载地址为 https://github.com/qingchunjun/charts_replace_files。替换完成后，重新在 Jupyter Notebook 中运行"import charts"命令，可发现 charts 的 Server 能够正常运行了。

至此，Jupyter Notebook 和 Highcharts 已经安装并配置成功。

V5-1　环境配置和安装

5.2　熟悉 Jupyter Notebook 的基本用法

本节将带领读者熟悉 Jupyter Notebook 的基本用法及相关命令。Jupyter Notebook 在使用上主要有两大优势。第一大优势是可以交互式命令行的方式执行 Python 语句。什么是交互式命令行方式呢？就是输入一个语句后，可以立即运行这个语句得到执行结果，而无须像 PyCharm 等传统的 IDE 软件一样，运行时必须对程序进行整体执行。Python 自带的 Shell 环境中每个命令只能执行一次，重新执行时必须再输一遍命令，使用很不方便，Jupyter Notebook 可以解决这个问题。另外，Jupyter Notebook 在执行命令时还支持以不同的方式显示执行结果，如动态生成各种图表、图片等。Jupyter Notebook 的第二大优势是，除了可以完成普通的命令执行操作并输出结果之外，它还是一个标准的多功能笔记本，能够完美支持 Markdown 格式的文本。

5.2.1　创建一个新的 Notebook 文件

启动 Jupyter Notebook 后，如果想要创建一个新的 Notebook，只要单击右上角的"New"按钮即可。单击"New"按钮之后，会列出当前主机上所有可用的不同语言的内核，如图 5-9 所示（注意，如果电脑上只装了 Python 3，那么这里只会显示 Python 3 的选项）。

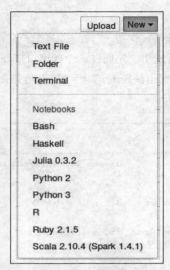

图 5-9 列出的当前主机上所有可用的不同语言的内核

如想创建一个基于 Python 3 的文件，则选择"Python 3"即可。选择对应的语言后，Jupyter Notebook 会在当前目录中创建一个名为"Untitled.ipynb"的文件，并打开另一个浏览器，进入新建 Notebook 界面，如图 5-10 所示。

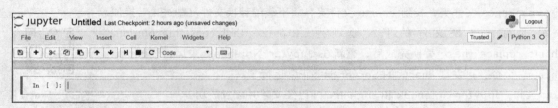

图 5-10 新建 Notebook 界面

Jupyter Notebook 界面由以下部分组成。

（1）菜单栏。

（2）主工具栏，提供了保存、导出、重载 Notebook 及重启内核等选项卡。

（3）快捷键。

（4）Notebook 工作区，即 Notebook 的内容编辑区域。

用户可以慢慢熟悉这些工具和选项卡，如果想要详细了解有关 Notebook 或一些库的具体信息，则可以使用菜单栏右侧的"Help"。

Notebook 工作区是 Notebook 的主要区域，由被称为单元格（Cell）的部分组成。每个 Notebook 由多个单元格构成，而每个单元格又可以有不同的用途，且可以独立或关联其他单元格并运行语句。

5.2.2 在 Jupyter Notebook 中运行代码

图 5-11 所示为一个代码单元格，每个单元格都会以[ ]开头。在这种类型的单元格中，可以输入任意代码并执行。例如，输入 1+2 并按"Shift+Enter"组合键之后，单元格中的代码会被计算，光标也会被移动到一个新的单元格中，并得到运算结果。

```
In [1]: 1+2
Out[1]: 3
```

图 5-11　代码单元格

Out[1]表示这个输出对应的输入单元格的是 In[1]，实际操作中，根据绿色边框线，用户可以轻松地识别出当前工作的单元格。

在第二个单元格中输入其他代码，例如：

```
for i in range(0,10):
    print(i)
```

代码运行后，Jupyter Notebook 输出了结果，如图 5-12 所示。

```
In [2]: for i in range(1, 5):
            print(i)
        1
        2
        3
        4
```

图 5-12　输出结果

这次没有出现类似"Out[2]"的文字是因为将结果输出了，没有返回任何值。Jupyter Notebook 有一个非常有趣的特性——可以修改之前的单元格，并对其重新进行计算，这样即可更新整个文档。试着把光标移回第一个单元格，并将 1+2 修改成 2+3，按"Shift+Enter"组合键重新计算该单元格，会发现结果马上更新为 5。如果不想重新运行整个脚本，只想用不同的参数测试某个程序，Jupyter Notebook 的这个特性则会更加明显，它也可以重新计算整个 Notebook，只要选择"Cell"→"Run All"选项即可，如图 5-13 所示。

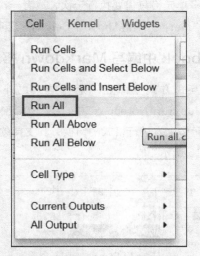

图 5-13　选择"Cell"→"Run All"选项

一个 Notebook 可以增加多行单元格，如果编写的 Notebook 有很多输出，用户又不想保留这些输出，则可以选择"Cell"→"All Output"→"Clear"选项，删除全部输出结果，如图 5-14 所示。

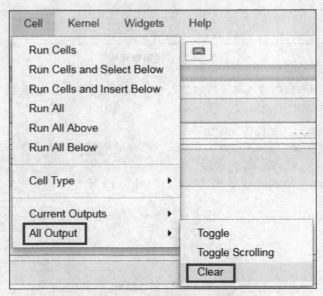

图 5-14　删除全部输出结果

单元格的常见操作如下。

（1）如果想删除某个单元格，则可以先选择该单元格，再选择"Edit"→"Delete Cell"选项。

（2）如果想移动某个单元格，则选择"Edit"→"Move Cell [Up | Down]"选项即可。

（3）如果想剪贴某个单元格，则可以先选择"Edit"→"Cut Cell"选项，再选择"Edit"→"Paste Cell [Above | Below]"选项。

（4）如果 Notebook 中有很多单元格只需要执行一次，或者一次性执行大段代码，则可以选择合并这些单元格再选择"Edit"→"Merge Cell [Above | Below]"选项。

5.2.3　在 Jupyter Notebook 中编写 Markdown 格式文档

除了能够在单元格中以交互式方式立即显示运行结果之外，Jupyter Notebook 还支持以 Markdown 格式编辑文档。在 Jupyter Notebook 中，每个单元格既可以编写代码，又可以编辑 Markdown 文档。用户可以在单元格上方进行格式的切换，其支持的格式有 Code、Markdown、Raw NBConvert、Heading，如图 5-15 所示。

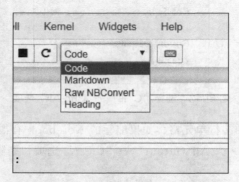

图 5-15　Jupyter Notebook 支持的格式

其中，Code 就是我们平时编写的代码，当单元格是 Code 格式时，可以通过按"Shift+Enter"组合键进行运行；如果当前单元格是 Markdown 格式，则运行后会变成由 Markdown 控制的文档。

5.3 熟悉 Highcharts 库的基本用法

V5-2 Jupyter Notebook 的基本使用

Highcharts 库是一个著名的基于 JS 编写的第三方图表库，利用 Highcharts 可以创建出样式丰富的可交互式图表。所谓可交互式图表，指的是拥有可单击增减列、可设置性数据、定制性内容的图表。它并不是一个静态图表，功能非常强大。由于 Highcharts 是基于 JS 编写的，无法通过 Python 直接调用，所以 charts 库应运而生，有了它，可以通过 charts 的接口调用 Highcharts 中的所有功能，基本能够满足用户进行数据分析及数据展示的要求。本节将学习 charts 库的基本用法，为后面的数据展示打下基础。

5.3.1 Highcharts 的基本组成

Highcharts 图表的基本组成如图 5-16 所示。图 5-16 有助于读者了解设置图表时各种参数的意义，图中标注的各个部分的名称对应着相应的设置参数名称。

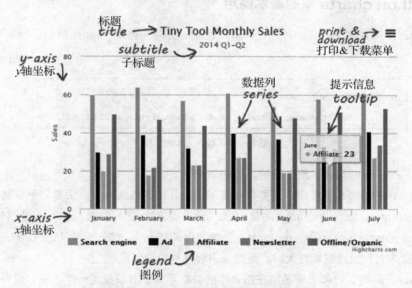

图 5-16 Highcharts 图表的基本组成

Highcharts 库支持的主要图表类型如下所示。
① line：直线图。
② spline：曲线图。
③ area：面积图。
④ areaspline：曲线面积图。
⑤ arearange：面积范围图。
⑥ areasplinerange：曲线面积范围图。

⑦ column：柱状图。
⑧ columnrange：柱状范围图。
⑨ bar：条形图。
⑩ pie：饼图。
⑪ scatter：散点图。
⑫ boxplot：箱线图。
⑬ bubble：气泡图。
⑭ errorbar：误差线图。
⑮ funnel：漏斗图。
⑯ gauge：仪表图。
⑰ waterfall：瀑布图。
⑱ polar：雷达图。
⑲ pyramid：金字塔图。

关于上述图表信息的具体介绍，读者可以参考 Highcharts 的官网 https://api.hcharts.cn/highcharts。

5.3.2 Python charts 库的基本使用

安装好 charts 库并在 Python 中使用 charts 之前，必须先通过 import 语句进行导入，如图 5-17 所示。

```
In [1]: import charts
        Server running in the folder E:\Training\Python at 127.0.0.1:58770
```

图 5-17 导入 charts 库

如果显示 Server running，则说明导入并启动成功。

charts 库本身的结构并不复杂，主要包含以下两个方法，但这两个方法都用于绘制一个图表。

（1）charts.plot(series, options)：series 代表绘制图表时所用的数据，options 是相关的绘制选项。

（2）charts.plotasync(series, options)：参数的含义与 plot 方法一致，区别在于，该方法主要用于异步处理绘制图表，当数据量过大时，可避免引起内存资源问题。

在使用 charts 库时，对每个要显示在图表中的数据系列都必须设置一个名称。用户可以通过以下 3 种方式来设置名称。

（1）如果只需要绘制单个数据系列，则可以通过 name 参数来进行设置，代码如下。

```
charts.plot(data, name='My Chart')
```

其中，data 可以是一个列表，也可以是一个二维数组。接下来以一个例子来看看具体如何使用，代码如下。

```
data = [1,2,5,9,6,3,4,8]
options = dict(height=400, title=dict(text='My first chart!'))
charts.plot(data, options=options, name='List data', show='inline')
```

其中，"show"参数在使用 Jupyter Notebook 时必须设置，"inline"表示在 Notebook 中以一行

表示结果，不更新当前页面。代码运行结果如图 5-18 所示。

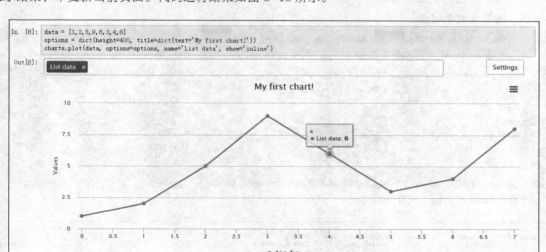

图 5-18　运行结果

从图 5-18 可以看到，图中每个节点的"List data"由 data 参数指定的列表定义。但每个节点数据的说明文字在当前写法中是不支持自定义的，Highcharts 会默认显示每个节点的 index。这里显示的是第 5 个节点，按照 index 从 0 开始，正好显示"4"。如果想要定义节点说明，则必须将 data 定义为一个二维列表，代码如下。

```
data = [['一月',8],['二月',7],['三月',4],['五月',3],['六月',9],['七月',0],['八月',10],['九月',5],['十月',5], ['十一月',5], ['十二月',5]]
charts.plot(data, name='Second list data', show='inline', options=dict(title=dict(text='My second chart!')))
```

其运行结果如图 5-19 所示。

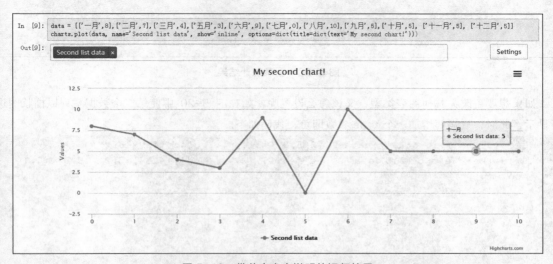

图 5-19　带节点文字说明的运行结果

从图 5-19 中可以看到，每个节点的说明文字可以自定义了。

（2）如果想在一个表上绘制多个数据系列，则必须使用系列格式进行设置。系列其实就是一个字典类型，其包含两个属性——data 和 name，代码如下。

```
charts.plot(dict(data=data, name='My series'))
```

下面来看一个图上显示多个数据系列的例子，代码如下。

```
s1 = dict(name='List data', data=[1,2,5,9,6,3,4,8], color='#2b908f')
s2 = dict(name='Second list data', data=[[1,8],[2,7],[3,4],[4,3],[5,9],[6,0],[7,10]])

options = {
    'title': {'text': 'A chart with two lines, wow!'}
}

charts.plot([s1, s2], show='inline', options=options)
```

图表统计结果如图 5-20 所示。

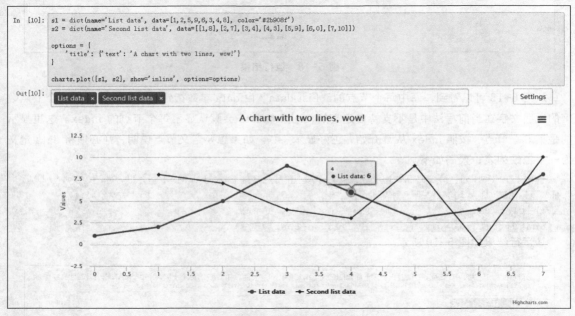

图 5-20　图表统计结果

如果想要更改为其他图表类型，又该怎么设置呢？如在图 5-20 中使第二个数据系列以柱状图进行显示，此时，只需要增加一个 type 参数即可，代码如下。

```
s1 = dict(name='List data', data=[1,2,5,9,6,3,4,8], color='#2b908f')
s2 = dict(name='Second list data', data=[[1,8],[2,7],[3,4],[4,3],[5,9],[6,0],[7,10]],
type='column')

options = {
    'title': {'text': 'A chart with two lines, wow!'}
}

charts.plot([s1, s2], show='inline', options=options)
```

柱状图如图 5-21 所示。

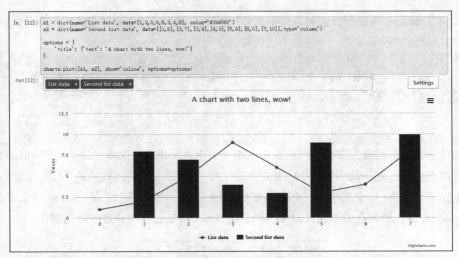

图 5-21 柱状图

5.3.3 charts 的 option 属性设置

charts 中的 option 设置有两种类型：一种是 Highcharts 自带的 option，另一种是 charts 库封装的 option。

1. 在 charts 中实现 Highcharts 自带的 option

Highcharts 自带的 option 是指 Highcharts API 中自带的所有可能的 option 设置。在使用 charts 库时，option 设置可以通过一个字典结构的变量来进行赋值。以设置图表的自定义标题文字和缩放功能为例，可以看到 Highcharts 的 API 中是按图 5-22 和图 5-23 进行描述的。

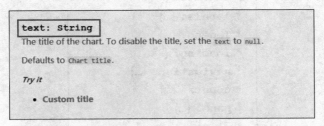

图 5-22 Highcharts 中设置 title 的 API

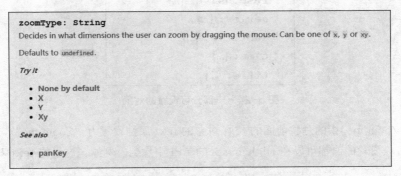

图 5-23 Highcharts 中设置缩放的 API

那么如何在 charts 中进行设置呢？由于这些值实际上都是以键值对的形式进行赋值的，所以，在 Python 中可以将这些设置放到一个字典中进行赋值，代码如下。

```
options = dict(
    title=dict(text='Zoom me!'),
    chart=dict(zoomType='xy')
)
charts.plot([s1, s2], options=options, show='inline')
```

请读者注意，所有的设置项都必须包含在一个大的字典结构中，这段代码中使用 options=dict(...) 包含了所有的设置项。对于其中的每个设置项来说，如第一个"title"，其中的 title=dict(...)，这里的 title 指的是要设置的对象名称，可以设置的对象很多，大家可以在 https://api.highcharts.com/highcharts/ 中找到所有的可设置对象名称，图 5-24 所示为一部分可设置的对象。

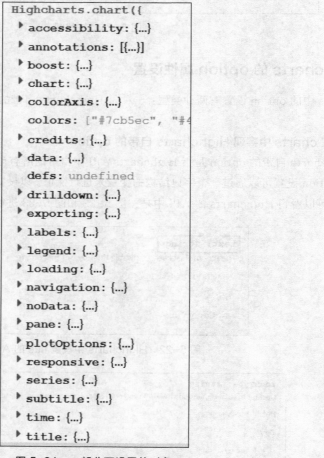

图 5-24 一部分可设置的对象

dict(text='Zoom me')指的是将前面的 text 对象的 text 属性设置为"Zoom me"。该对象的属性、设置值类型及可以设置的值都可以在 Highcharts 的 API 中找到。例如，这里的 text 对象的所有属性如图 5-25 所示。

```
▼ title: {
    align: "center"
    floating: false
    margin: 15
    style: { "color": "#33333…
    text: "Chart title"
    useHTML: false
    verticalAlign: undefined
    widthAdjust: -44
    x: 0
    y: undefined
  }
```

图 5-25　text 对象的所有属性

单击每个属性的名称后，在其右侧会显示具体的说明。了解这些规则后，用户即可根据需要设置 option。

2．在 charts 库中封装的 option

除了 Highcharts 自带的 API 外，charts 还封装了一些专用于这个库的 option 设置，这些设置是独立于 Highcharts 本身的 API 的。可以设置的 option 如下所示。这些 option 可统一通过 plot() 方法进行调用。

① type：指定图表的类型，如折线图、区域图、柱状图、饼图等，等同于在 Highcharts 中设置 {chart: {type:type}}。

② height：指定绘制图表的高度。

③ save：指定一个保存图表的文件名。当前可以设置两种保存类型：保存为 SVG 文件或保存为 HTML 文件。其中，HTML 文件可以单独保存并使用。

④ stock：指定当前图表使用 Highstock 还是使用 Highcharts。

⑤ show：指定应该如何显示当前图表，可以设置为 inline（当前单元格显示）、tab（新的页面显示）或 window（新的窗口显示）。

⑥ display：设置在图表中初始显示的字段值，以列表或布尔值表示。如果设置为 True，则显示所有字典；如果设置为 False，则默认不显示任何字段。

V5-3　熟悉 Highcharts 库的基本用法

5.4　利用 Jupyter Notebook 和 Highcharts 实现数据分析和展示

在熟悉了 Jupyter Notebook 和 Python 的 charts 库的基本使用之后，本节将利用之前爬取的蜗牛学院的 Note 数据为数据源，结合 Jupyter Notebook 和 Highcharts 进行基本的数据分析和图表展示。通过本节的学习，读者应掌握使用 Jupyter Notebook 和 Highcharts 实现初步数据分析和展示的能力。

5.4.1 数据分析的流程

和常规的编码工作一样,进行数据分析和可视化也是有流程的。一般来说,进行数据分析和展示至少需要经过以下几个步骤。

1. 了解数据分析需求

首先,用户应该了解数据分析和展示的需求是什么,如需要分析的数据的类型、数据范围及统计分析维度,再根据不同的展现需求,确定用哪种图表进行数据展示。

2. 数据清洗和整理

了解数据分析需求、确定数据展示方法后,用户还需要对数据进行清洗和整理。为什么要清洗和整理数据呢?一般来说,不管是使用爬虫在网上爬取的数据,还是从其他渠道获取的数据,都有可能存在部分异常或格式不符合要求的情况,这会对后面的数据分析和展示效果造成影响,所以通常需要先针对数据库中的数据进行分析,再对异常数据进行清洗,确保数据的有效性,并封装成特定数据结构。

3. 更新数据库

数据清洗和整理完毕后,需要对数据库中的数据进行更新,以确保下一次从数据库提取数据的时候,所有的数据都是规整、符合数据展现要求的。当然,在更新数据库之前,需要对原始数据进行备份。

4. 数据可视化

数据可视化即根据数据库中更新好的数据及选定的统计图表类型,编写代码进行数据可视化操作。

5.4.2 数据分析实践

假设要对之前爬取的蜗牛笔记数据进行简单的数据分析和可视化操作,即统计各种类型文章的阅读数。在实现这个需求的时候,用户可按照数据分析和统计的步骤来进行分析。

(1)统计需求如何实现。本需求中的统计条件比较简单,只要按文章类型分组,并计算每种类型的阅读总数即可,这在实现上没有问题。在数据可视化方面,数据展现可以用柱状图、折线图等实现,也不存在问题。

(2)数据清洗。由于本爬虫爬取的数据比较简单,基本不存在无效及干扰数据,所以可以略过数据清洗及更新过程。

(3)数据可视化。要想进行最后的数据可视化的编码,需要在代码中完成以下操作:从数据库中按照需求找出对应的数据,将这些数据组织成charts需要的格式,并调用相应的图表进行显示。

分析完毕,下面来进行具体实现。首先,连接到MongoDB,代码如下。

```
import pymongo
# 连接MongoDB服务器
client = pymongo.MongoClient('localhost', 27017)
# 连接到woniu_scrapy数据库,名称不能写错,若写错,则MongoDB将创建该数据库
woniu = client['woniu_scrapy']
# 使用note集合
note_list = woniu['note']
```

连接到 MongoDB 后,从数据库中查找数据并存储到相应的变量中,代码如下。

```
note_info = dict()
for i in note_list.aggregate([{'$group':{'_id':"$tech_type", 'num_total':{'$sum':
```

```
1}}}]):
    note_info[i['_id']] = i['num_total']
```

由于这里需要统计每个种类的文章总数，相当于要进行数据的聚合操作，类似于关系型数据库的 group 和 count 操作。在 MongoDB 中，要想进行聚合操作，必须使用 aggregate 关键字，$group 代表按照指定字段分组，_id 字段是 aggregate 关键字必须指定的一个字段，这里可以指定为要分组的字段，按 tech_type 进行分组。$sum 是 MongoDB 的关键字，指的是统计该分组的总数。运行 aggregate 命令后，MongoDB 将返回一个字典列表，并将信息存储到定义的字典中。输出字典中的值，检查数据是否正确。输出信息如图 5-26 所示。

```
note_info = dict()
for i in note_list.aggregate([{'$group':{'_id':"$tech_type", 'num_total':{'$sum':1}}}]):
    note_info[i['_id']] = i['num_total']
for k, v in note_info.items():
    print(k, v)

学员投稿 3
Web前端 7
Python开发 2
软件测试 25
Java开发 16
业界资讯 6
学院动态 30
```

图 5-26　输出信息

接下来，根据图表中要求的数据格式构造数据。这里主要是构造一个 series 数据序列。因为要在每列同时显示种类名称及这个种类的文章数量，所以数据序列应该由一个二维数组组成。data 的组成如下。

```
data = [[x, y] for x, y in note_info.items()]
```

通过这个列表推导式，就可以得到一个以类别名称和文章数量组成的二维数组。接下来使 data 连同 name、type 等参数组成 series，代码如下。

```
series = dict(name='文章总数', data=[[x, y] for x, y in note_info.items()], type='column')
# type代表图表类型为柱状图
```

使用 options 参数给这个图表添加标题，代码如下。

```
options = {
    'title': {'text': '各类型文章总数统计'}
}
```

最后，将全部代码组合起来运行一下，代码如下。

```python
import pymongo
# 连接MongoDB服务器
client = pymongo.MongoClient('localhost', 27017)
# 连接到woniu_scrapy数据库，名称不能写错，如果写错，MongoDB将创建该数据库
woniu = client['woniu_scrapy']
# 使用note集合
note_list = woniu['note']

note_info = dict()
for i in note_list.aggregate([{'$group':{'_id':"$tech_type", 'num_total':{'$sum':1}}}]):
    note_info[i['_id']] = i['num_total']
```

```
series = dict(name='文章总数', data=[[x, y] for x, y in note_info.items()], type='column')
options = {
    'title': {'text': '各类型文章总数统计'}
}
charts.plot(series=series, show='inline', options=options)
```

代码运行后，各类型文章总数统计图如图 5-27 所示。

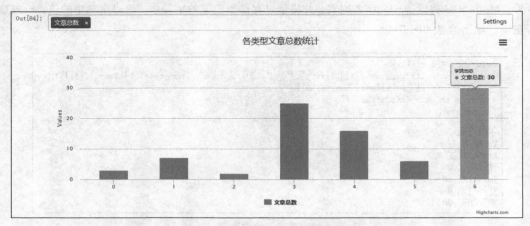

图 5-27 各类型文章总数统计图

统计结果基本上达到了案例要求，但 x 轴应该显示类型名称，而不应该只显示 index，这样不太直观，故应将 x 轴改为类型名称。这里给出 Highcharts 提供的样例，其提供的百分比堆叠柱形图如图 5-28 所示。

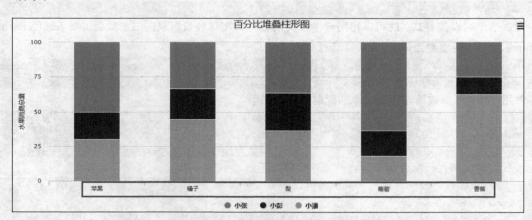

图 5-28 Highcharts 提供的百分比堆叠柱形图

从图 5-28 中可以发现，x 轴对应显示的名称是由下面的语句定义的。

```
xAxis: {
    categories: ['苹果', '橘子', '梨', '葡萄', '香蕉']
}
```

按此例在 options 中构造一个字典即可，代码如下。

```
options = {
    'title': {'text': '各类型文章总数统计'},
```

```
'xAxis': {
    'categories': [x for x in note_info.keys()]
}
}
```

添加完成后，再次运行代码，结果如图 5-29 所示。

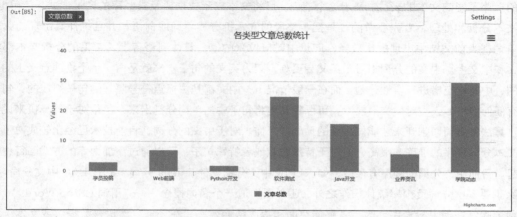

图 5-29 运行结果

可以发现，这次比较完整地实现了需求。

当然，这里只是列举了一个非常简单的数据分析和统计的例子。通过这个例子可以看出，要做好数据分析和可视化，库的使用很简单，关键在于对数据分析需求的理解以及 MongoDB 数据库的操作。只有熟悉不同数据分析的方式及 MongoDB 的操作，才可能制作出更复杂、更具有商业价值的数据分析结果。

V5-4 数据分析及可视化实践

5.5 利用词云实现可视化效果

除了利用传统的图表数据来进行数据的分析和展示之外，还可以利用更丰富的数据展现格式来进行数据可视化的操作，如对于数据准确性要求不高的数据分析场景，可以利用现在比较流行的、直观的词云效果来进行展示，让用户通过直观的词云文字效果看到哪些是出现频率比较高的关键词，从而达到较好的数据可视化效果。本节中会用到几种比较关键的技术，如 wordcloud 组件和 jieba 分词器。本节将学习以下内容。

（1）了解基本的中文分词统计知识。
（2）掌握 jieba 分词器的原理和使用。
（3）掌握 wordcloud 的使用。
（4）能够使用任意中文文本生成词云图片。

本节主要会用到两个 Python 的类库：一个是 jieba 分词器，另一个是 wordcloud，可针对中文或英文生成词云。

5.5.1 jieba 分词器

jieba 分词器是针对文本进行分词的工具。为什么要对文本进行分词处理呢？要解释这个问题必须从文本处理的一般流程说起。由于文本处理并不是本书的主要内容，所以这里仅做简单介绍。

通常，在利用机器进行文本处理时，由于机器无法直接理解文字的字面意思，更无法理解一句话是什么意思，所以要先将文本转换为结构化的数据形式。怎么转换呢？为了方便，经常会使用向量空间模型（Vector Space Model，VSM）来表示文本。VSM 模型有一个假设前提，即假设文档中的词语之间的顺序不影响文本的表达。基于这个前提，可将文本表示成词语及其频率的向量形式。简单地说，要做文本分析和处理，首先要做的，是把一整段的文本拆分成单词或词语，并且统计其出现的频率，每个单词在当前文档中出现的次数当作向量中对应位置的值。具体到语言上，常见的分析文本都集中在英文和中文上。中文的分词相对于英文会更难，因为英文的句子本来就是由一个个物理意义上的单词组成的，中间由空格进行自然分割。而在一般情况下，中文都是由标点符号隔开的句子组成的，句子中间没有任何空格。人类对中文很熟悉，可以轻易地将句子中的单词分割出来，但是对于计算机来说，需要通过算法将单词切割开来才能做后续的预处理工作。对于中文的分词，目前技术已经比较成熟了，通用的文本分词程序的准确率很高，而对于特殊领域或者特殊句子，可以通过添加词库的方式强行将字合到一起。目前中文分词的程序有很多，如 NLPIR 中文分词软件、jieba 分词、THULAC 中文分词等。

除了要了解分词及频率统计操作之外，还必须知道一个名词概念——停用词（Stop Words）。什么是停用词呢？在信息检索中，为节省存储空间和提高搜索效率，在处理自然语言数据（或文本）之前或之后会自动过滤掉某些字或词，这些字或词即为停用词。这些停用词都是人工输入、非自动化生成的，生成后的停用词会形成一个停用词表。但是，并没有一个明确的停用词表能够适用于所有的工具。在实际处理中，通常需要下载最新的停用词表。

停用词大致分为两类：一类是人类语言中包含的功能词，这些功能词极其普遍，与其他词相比，功能词没有什么实际含义，如英文中的 the、is、at、which、on，中文中的"的""啊""嗯""不过"等。但是对于文本分析工作来说，当所要分析的短语包含功能词，或 take the 等复合名词时，这些停用词的使用就会出现问题，因为它们不具备实际意义，会对分析结果造成较大干扰。另一类词包括词汇词，如 want，这类词应用十分广泛，在文本中出现的频率也非常高，但对文本分析没有实际意义，因此也属于停用词的范围。所以，通常会把这些词从待分析文本中移除，从而提高分析性能及结果的准确率。

5.5.2 jieba 分词器的特点及安装方法

jieba 分词器支持以下 3 种分词模式。
（1）精确模式：试图将句子精确地切开，适合文本分析。
（2）全模式：把句子中所有的可以成词的词语扫描出来，速度非常快，但是无法解决歧义问题。
（3）搜索引擎模式：在精确模式的基础上，对长词再次切分，提高召回率，适用于搜索引擎分词。

此外，jieba 分词器还支持繁体分词、自定义词典及 MIT 授权协议，所以应用范围非常广泛。
安装 jieba 分词器的方法比较简单，使用传统的 pip 命令进行安装即可，命令如下。

```
pip install jieba
```

jieba 分词器的主要功能就是分词，分词的准确性可以通过算法的调整及自定义词典进行提升。对于基本分词功能来说，主要有以下几个方法。

（1）jieba.cut 方法：接收 3 个输入参数，即需要分词的字符串；cut_all 参数，用来控制是否采用全模式；HMM 参数，用来控制是否使用 HMM 模型（即隐马尔可夫模型，是一种统计模型）。

（2）jieba.cut_for_search 方法：接收两个参数，即需要分词的字符串；是否使用 HMM 模型。该方法适用于搜索引擎构建倒排索引的分词，粒度比较细。

待分词的字符串可以是 Unicode 或 UTF-8 字符串、GBK 字符串。

注意：不建议直接输入 GBK 字符串，因为其可能被错误解码成 UTF-8。

（3）jieba.cut 及 jieba.cut_for_search 方法：返回的结构都是一个可迭代的 generator，可以使用 for 循环来获得分词后得到的每一个词语，或者用 jieba.lcut 及 jieba.lcut_for_search 直接返回 list。

（4）jieba.Tokenizer(dictionary=DEFAULT_DICT)方法：新建自定义分词器，可用于使用不同词典。jieba.dt 为默认分词器，所有全局分词相关函数都是该分词器的映射。

针对以上方法，可以通过一个示例来了解相关用法，代码如下。

```
# encoding=utf-8
import jieba

seg_list = jieba.cut("我来到蜗牛学院", cut_all=True)
print("Full Mode: " + "/ ".join(seg_list))  # 全模式

seg_list = jieba.cut("我来到蜗牛学院", cut_all=False)
print("Default Mode: " + "/ ".join(seg_list))  # 精确模式

seg_list = jieba.cut("他来到了蜗牛学院")  # 默认是精确模式
print(", ".join(seg_list))

seg_list = jieba.cut_for_search("小明硕士毕业于中国科学院计算所，后在蜗牛学院深造")  # 搜索引擎模式
print(", ".join(seg_list))
```

jieba 分词器的分词结果如图 5-30 所示。

```
C:\Anaconda3\python.exe E:\pycharm_project\practice\practice\jieba_demo.py
Building prefix dict from the default dictionary ...
Loading model from cache C:\Users\t430\AppData\Local\Temp\jieba.cache
Loading model cost 1.799 seconds.
Prefix dict has been built succesfully.
Full Mode: 我/ 来到/ 蜗牛/ 学院
Default Mode: 我/ 来到/ 蜗牛/ 学院
他, 来到, 了, 蜗牛, 学院
小明, 硕士, 毕业, 于, 中国, 科学, 学院, 科学院, 中国科学院, 计算, 计算所, , , 后, 在, 蜗牛, 学院, 深造
```

图 5-30　jieba 分词器的分词结果

jieba 分词器的功能非常强大，其他用法及相关说明请读者参考 jieba 分词器的 GitHub 首页：https://github.com/fxsjy/jieba。

5.5.3　wordcloud 词云组件

词云又称文字云，是对文本数据中出现频率较高的"关键词"在视觉上的突出呈现，其将关键词渲染成类似云一样的彩色图片，从而使人一眼就可以了解文本数据的主要表达意思。词云以图片作为背景，以分析的数据作为填充，使数据展现得更加形象。

1. 词云组件的安装

wordcloud 可以直接使用 pip 命令进行安装，命令如下。

```
pip install wordcloud
```

如果使用的是 Anaconda 版本的 Python，则可以使用 conda 的安装命令。

```
conda install -c https://conda.anaconda.org/amueller wordcloud
```

如果使用 pip 或 conda 安装出错，则可以直接下载 WHL 文件进行安装。WHL 文件的下载地址为 https://www.lfd.uci.edu/~gohlke/pythonlibs/#wordcloud，下载对应的版本即可。

2. 快速生成词云图片

下面通过一个例子来快速生成词云图片，代码如下。

```python
from wordcloud import WordCloud
import matplotlib.pyplot as plt

text = """
The Zen of Python, by Tim Peters
Beautiful is better than ugly.
Explicit is better than implicit.
Simple is better than complex.
Complex is better than complicated.
Flat is better than nested.
Sparse is better than dense.
Readability counts.
Special cases aren't special enough to break the rules.
Although practicality beats purity.
Errors should never pass silently.
Unless explicitly silenced.
In the face of ambiguity, refuse the temptation to guess.
There should be one-- and preferably only one --obvious way to do it.
Although that way may not be obvious at first unless you're Dutch.
Now is better than never.
Although never is often better than *right* now.
If the implementation is hard to explain, it's a bad idea.
If the implementation is easy to explain, it may be a good idea.
Namespaces are one honking great idea -- let's do more of those!
"""
wordcloud = WordCloud(background_color="white", width=1000, height=860, margin=2).generate(text)

# width、height、margin用于设置图片属性

# generate 可以对全部文本进行自动分词，但是对中文支持不好。如果有中文，则可以先使用jieba
# 分词先做分词操作，再调用wordcloud进行处理
# wordcloud = WordCloud(font_path = r'font_path').generate(text)
# 可以通过指定font_path参数来设置字体集

# background_color参数用于设置背景颜色，默认颜色为黑色

plt.imshow(wordcloud)
plt.axis("off")
```

```
plt.show()
wordcloud.to_file('wc.png')
```

在这段代码中，以著名的"Python 之禅"为目标文本，展示了最简单的词云设置方式。其关键代码如下。

```
wordcloud = WordCloud(background_color="white", width=1000, height=860, margin=2).
generate(text)
```

wordcloud()方法是一个构造方法，调用后将返回一个 wordcloud 对象。这个方法涉及的几个参数比较常见：background_color 用于设置生成的词云的背景颜色，width、height、margin 用于设置生成的词云的宽、高及词云的边距。通过调用 wordcloud 对象的 generate 方法，即可根据 generate 方法的 text 参数提供的文字生成词云对象，再调用 matplotlib.pyplot 方法将其绘制成图片即可。生成的最终图片效果如图 5-31 所示。

图 5-31　生成的最终图片效果

从原理上看，wordcloud 的处理流程并不复杂，但也涉及分词、词频统计等基本步骤，其大体上可分为以下几个步骤。

（1）对文本数据进行分词，并调用 process_text()方法，这一步的主要任务是去除停用词。

（2）计算每个词在文本中出现的频率，生成一个哈希表。词频用于确定一个词的重要性。

（3）根据词频的数值按比例生成图片的布局。代码中有一个名为"IntegralOccupancyMap"的类，这是词云的关键算法所在，是词云的数据可视化方式的核心，负责生成词的颜色、位置、方向等信息。

（4）将词按对应的词频在词云布局图上生成图片，核心方法是 generate_from_frequencies，不论是 generate()还是 generate_from_text()，都会用到 generate_from_frequencies 方法完成词云上各词的着色，默认为随机着色。

（5）词语的各种增强功能大都可以通过 wordcloud 的构造函数实现，其中提供了 20 多个参数，并可以自行扩展。

5.5.4 利用蜗牛笔记数据生成词云

前面介绍了生成词云所涉及的基本组件和基本用法,下面将通过使用之前蜗牛官网爬取的 Note 数据中各篇笔记内容字段来实践如何生成一个基于图片背景的词云图片,以此词云表明在蜗牛笔记中出现得最多的词汇。实现步骤如下。

(1)准备一张背景图片。可以任意指定一张图片,但建议使用图片具体内容与背景区分度较大的图片,如果图片背景与主体区分度不大,则生成的效果不一定理想。这里选定的背景图片如图 5-32 所示。

图 5-32 选定的背景图片

(2)在 MongoDB 中读取之前爬虫爬取的各篇笔记的文字内容,代码如下。

```
client = pymongo.MongoClient("localhost", 27017)
woniu = client['woniu_scrapy']
note = woniu['note']

content = ''
for i in note.find():
    content += i['article_content']
```

通过这段代码可以从 MongoDB 中查询出所有笔记的文字内容,并将其保存在 content 变量中。

(3)这里处理的是中文文字,wordcloud 中的 generate 方法对中文的支持并不是很好,但可以借助 jieba 分词器进行处理。其代码如下。

```
def gen_freq_dic(filtered_data):
    segment = jieba.lcut(filtered_data)
    words_df = pd.DataFrame({'segment': segment})
    stopwords = pd.read_csv("stopwords.txt",
                            index_col=False,
                            quoting=3,
                            sep=" ",
                            names=['stopword'],
                            encoding='utf-8')
    words_df = words_df[~words_df.segment.isin(stopwords.stopword)]
    words_stat = words_df.groupby(by=['segment'])['segment']
                                        .agg({"计数": numpy.size})
    words_stat = words_stat.reset_index().sort_values(by=["计数"],
```

```
                                              ascending=False)
word_frequence = {x[0]: x[1] for x in words_stat.head(100).values}
print(word_frequence)
word_frequence_dict = {}
for key in word_frequence:
    word_frequence_dict[key] = word_frequence[key]

return word_frequence_dict
```

gen_freq_dic 方法接收一个传入的字符串参数，这个字符串即为待处理的文本。在此案例中，可以将查询的所有笔记正文内容的字符串传入这个方法。在这个方法中，先调用 jieba 的 lcut 方法返回分词后的列表。为了方便进行词频分组统计的处理，这里引入了 pandas 库，利用 pandas 的 DataFrame 类型可完成词频统计、分组等工作。DataFrame 是在 pandas 库中定义的二维的、大小可变的、成分混合的、具有标签化坐标轴（行和列）的表数据结构。Data Frame 基于行和列标签进行计算，可以被看作序列对象提供的类似字典的一个容器，它是 pandas 库中最常用的数据结构之一。

接下来，通过 pandas 库的 read_csv 方法读取停用词，操作之前需要事先将停用词表下载到本机中，并在代码中指定存放位置，停用词表可以通过网络得到最新版本。先从待处理字符中去掉停用词，这里用了一个按位取反的算法，从 dataframe 中去掉所有和停用词相关的字符。去掉停用词后，通过 DataFrame 提供的词语分组和统计方法统计词频，形成一个词频字典，返回给调用方法。执行该方法后，返回的结果如下。

```
{'蜗牛': 545, '测试': 531, '一个': 471, '中': 420, '{': 405, '}': 403, '学院': 400, '使用': 285, '代码': 236, '方法': 229, '需要': 211, '进行': 207, '实现': 197, '接口': 197, '学习': 182, '对象': 166, '学员': 163, '项目': 159, '类': 154, '技术': 147, '后': 141, '完成': 138, '时间': 135, '开发': 129, '请求': 128, '系统': 121, '标签': 121, '页面': 119, '做': 119, '数据': 116, '脚本': 115, '企业': 115, '下': 114, '就业': 113, '小': 112, '月': 108, '年': 107, '工作': 107, '实验': 105, '功能': 103, '属性': 103, 'IT': 102, '时': 102, '人': 102, '方式': 101, '文件': 100, '需求': 98, '行业': 97, '用户': 96, '运行': 95, 'td': 93, '操作': 93, '直接': 92, '只': 92, '问题': 92, '关注': 90, '产品': 89, '信息': 89, '老师': 89, 'out': 88, '好': 85, '模式': 85, '学生': 84, '提供': 84, '安装': 84, '支持': 81, '已经': 81, '程序员': 81, '软件': 80, '过程': 80, 'println': 78, 'System': 78, 'name': 77, '值': 77, '处理': 76, '设计': 75, '校区': 75, 'python': 75, '选择': 75, '最': 74, '团队': 73, '所有': 72, '设置': 72, '参数': 72, '内容': 72, 'Java': 69, '硬盘': 69, '函数': 69, '情况': 69, '分析': 69, '经验': 69, '新': 69, '元素': 68, '性能': 67, '一些': 67, '培训': 67, '程序': 67, '微信': 66, '了解': 65, '发展': 65}
```

这里只列出了前 100 个词语的词频字典，观察结果可以发现，这些词中有字符，如 "{"、"}"，以及非中文的字符，如果想要过滤这些字符，则可以在把字符串传入这个方法之前，先通过一个正则表达式把所有非中文字符过滤掉，留下全部的中文字符。其代码如下。

```
pattern = re.compile(r'[一-颢]+')    # 过滤所有非中文字符
filtercontent = ''.join(re.findall(pattern, content))
gen_freq_dic(filtercontent)
```

注意代码中的正则表达式，它的意思是过滤所有非中文字符，即留下中文字符。过滤后再次运行分词代码，得到的结果如下，可见已经过滤掉了所有非中文字符。

```
{'蜗牛': 545, '测试': 524, '一个': 471, '中': 405, '学院': 400, '使用': 285, '代码': 233, '方法': 229, '需要': 211, '进行': 207, '实现': 196, '接口': 193, '学习': 182, '对象': 165, '学员': 163, '项目': 159, '技术': 147, '类': 141, '后': 140, '完成': 138, '时间': 135, '
```

请求': 128, '开发': 125, '标签': 121, '做': 120, '页面': 119, '系统': 117, '数据': 115, '脚本': 115, '企业': 115, '就业': 113, '小': 112, '下': 111, '工作': 107, '实验': 105, '属性': 103, '功能': 103, '方式': 101, '文件': 99, '人': 98, '需求': 98, '行业': 97, '时': 96, '用户': 96, '运行': 95, '只': 93, '操作': 93, '问题': 92, '直接': 92, '关注': 90, '信息': 89, '老师': 89, '月': 88, '产品': 87, '模式': 85, '提供': 84, '学生': 84, '年': 83, '安装': 83, '好': 81, '支持': 81, '程序员': 81, '已经': 81, '过程': 80, '处理': 76, '软件': 75, '选择': 75, '校区': 75, '设计': 74, '最': 74, '团队': 73, '参数': 72, '内容': 72, '所有': 72, '设置': 72, '值': 71, '新': 70, '情况': 69, '硬盘': 69, '函数': 69, '经验': 69, '性能': 67, '一些': 67, '元素': 67, '培训': 67, '微信': 66, '了解': 65, '分析': 65, '发展': 65, '人才': 65, '成都': 65, '官方': 64, '调用': 64, '用于': 64, '职业': 64, '程序': 63, '提交': 63, '添加': 63, '定义': 63, '互联网': 62}

（4）通过 gen_freq_dic 方法返回了根据词频排序的字典后，可以将这个词频字典传给 wordcloud 对象的 generate_from_frequencies 方法并进行处理，代码如下。

```
def generate_wordcloud_jieba(word_frequence_dict):
    # 设置词云属性
    color_mask = imread('python.png')
    wordcloud = WordCloud(font_path="simhei.ttf",  # 设置字体可以显示中文
                          background_color="white",  # 背景颜色
                          max_words=100,  # 词云显示的最大词数
                          mask=color_mask,  # 设置背景图片
                          max_font_size=100,  # 设置字体最大值
                          random_state=42,
                          width=1000, height=860, margin=2)  # 设置图片默认的大小,
# 如果使用背景图片,那么保存的图片大小将会按照其大小保存,margin表示词语边缘距离

    # 生成词云，可以用generate输入全部文本，也可以在计算好词频后使用generate_from_
frequencies函数
    wordcloud.generate_from_frequencies(word_frequence_dict)
    # 从背景图片生成颜色值
    image_colors = ImageColorGenerator(color_mask)
    # 重新着色
    wordcloud.recolor(color_func=image_colors)
    # 保存图片，也可以不保存
    wordcloud.to_file('output.png')
    plt.imshow(wordcloud)
    plt.axis("off")
    plt.show()
```

由于这里需要使用一张背景图片作为词云的背景，所以在生成 wordcloud 对象时需要指定一个 mask 参数作为背景图片蒙版，也可以通过 font_path 生成中文字符所用的字体，前提是所用的电脑上安装了这种字体，否则会报错。在 Windows 操作系统中，字体文件保存在 C:\Windows\Fonts 目录下，用户可以选择适合的字体文件进行设置。在字体文件上单击鼠标右键，在弹出的快捷菜单中选择"属性"选项，在弹出的属性对话框中可以看到字体的名称，如图 5-33 所示。

还有一个比较关键的操作是读取原背景图片的颜色，这主要是通过 wordcloud 提供的 ImageColorGenerator 对象实现的，读取颜色后，通过 wordcloud 对象的 recolor 方法重新着色，并通过 pyplot 进行绘图及输出即可，最终效果如图 5-34 所示。

V5-5 词云可视化

图 5-33 查看字体的名称

图 5-34 最终效果

参考文献

[1] 韦玮. 精通 Python 网络爬虫：核心技术、框架与项目实战[M]. 北京：机械工业出版社，2017.
[2] 崔庆才. Python 3 网络爬虫开发实战[M]. 北京：人民邮电出版社，2018.
[3] 范传辉. Python 爬虫开发与项目实战[M]. 北京：机械工业出版社，2017.